U0186908

向海经济下广西海洋产业
转型机理、驱动因素与推进策略

李　燕◎著

新 华 出 版 社

图书在版编目(CIP)数据

向海经济下广西海洋产业转型机理、驱动因素与推进策略 / 李燕著.
—北京：新华出版社，2023.2
ISBN 978-7-5166-6727-9

Ⅰ.①向… Ⅱ.①李… Ⅲ.①海洋开发—产业发展—研究—广西 Ⅳ.①P74

中国国家版本馆 CIP 数据核字(2023)第 031649 号

向海经济下广西海洋产业转型机理、驱动因素与推进策略

作　　者：李　燕

责任编辑：徐文贤　　**封面设计**：马静静

出版发行：新华出版社
地　　址：北京石景山区京原路 8 号　**邮　　编**：100040
网　　址：http://www.xinhuapub.com
经　　销：新华书店
新华出版社天猫旗舰店、京东旗舰店及各大网店
购书热线：010－63077122　**中国新闻书店购书热线**：010－63072012

照　　排：北京亚吉飞数码科技有限公司
印　　刷：北京亚吉飞数码科技有限公司
成品尺寸：170mm×240mm
印　　张：20.25　1/16　**字　　数**：368 千字
版　　次：2023 年 6 月第一版　**印　　次**：2023 年 6 月第一次印刷
书　　号：ISBN 978-7-5166-6727-9
定　　价：96.00 元

前　言

习近平总书记高度重视海洋强国建设，围绕海洋事业多次发表重要讲话、作出重要指示，强调“建设海洋强国是实现中华民族伟大复兴的重大战略任务”。[①] 习近平总书记提出：“纵观世界经济发展的历史，一个明显的轨迹，就是由内陆走向海洋，由海洋走向世界，走向强盛。”海洋强国战略对于新时代中国特色社会主义事业的发展具有重要意义。

2012 年，中国共产党第十八次全国代表大会提出“建设海洋强国，发展海洋经济、保护海洋生态、开发海洋资源”的思想。2017 年，中国共产党第十九次全国代表大会提出“坚持陆海统筹，加快建设海洋强国”的思想，中国自此进入海洋建设的新征程。2018 年，《中共中央国务院关于建立更加有效的区域协调发展新机制的意见》指出要“建立区域战略统筹机制”，其中核心内容之一是推动陆海统筹发展。2021 年，中华人民共和国国民经济和社会发展第十四个五年（2021—2025 年）规划和 2035 年远景目标纲要提出，积极拓展海洋经济发展空间，坚持陆海统筹、人海和谐、合作共赢，协同推进海洋生态保护、海洋经济发展和海洋权益维护，加快建设海洋强国。

习近平总书记一直关心和重视广西海洋的发展战略和发展格局。

2015 年全国两会期间，政府工作报告中明确赋予了广西“构建面向东盟的国际大通道、打造西南中南地区开放发展新的战略支点、形成 21 世纪海上丝绸之路和丝绸之路经济带有机衔接的重要门户”发展的“三大定位”。广西作为对内承接、对外联通的贸易枢纽，为未来更好地发展海上经济与贸易奠定了坚实的基础。

2017 年习近平总书记在视察广西北海时首提“向海经济”，这是习近平总书记在中国特色社会主义进入新时代提出的新命题，对广西发展

---

① 刘赐贵：《努力推动海洋强国建设取得新成就》，《人民日报》2014 年 6 月 7 日。

赋予的新使命，为经济社会发展指明了重要方向、指出了重要途径，为广西如何释放海的潜力，给出了科学指南。① 向海经济是海洋经济与外向型经济较高层次的整合，是一种创新、协调、开放、绿色、共享的经济形式。自“向海经济”提出以来，沿海地区以新发展理念为指导，释放“海”的潜力，逐步形成了以通道为纽带、以港口为支点、以经济区建设为支撑、以海洋经济为主导的向海发展空间布局，加快形成全面对外开放新格局。“向海经济”是一个全新的战略概念，打造好向海经济就是要将发展步伐从沿海区域迈向更深更远的海洋，发展“陆海统筹”“由陆及海”的开放型经济，实现陆海经济整体联动升级。

2021 年 4 月，习近平总书记在广西考察时强调：“要主动对接长江经济带发展、粤港澳大湾区建设等国家重大战略，融入共建‘一带一路’，高水平共建西部陆海新通道，大力发展向海经济，促进中国—东盟开放合作，办好自由贸易试验区，把独特区位优势更好转化为开放发展优势。”②

广西壮族自治区党委、政府高度重视，全面深入贯彻落实习近平总书记重要指示精神，先后出台了《关于加快发展向海经济推动海洋强区建设的意见》（桂发〔2019〕38 号）和《广西加快发展向海经济推动海洋强区建设三年行动计划（2020—2022 年）》（桂政办发〔2020〕63 号）等政策性文件，发布了《广西向海经济发展战略规划（2021—2035 年）》《广西海洋经济发展“十四五”规划》等规划文件，持续深入推进海洋强区战略，积极拓展海洋发展新需求新空间、培育壮大现代海洋产业体系、加快构建向海经济发展新格局。

广西海洋资源丰富，海洋经济引擎作用明显。2021 年广西海洋生产总值达 1828.2 亿元，比上年增长 14.4%，占广西 GDP 比重为 7.4%。海洋经济是向海经济的重要组成部分。2021 年，广西实施向海产业壮大等六大行动，建设重大项目 352 个，总投资 1.89 万亿元，2021 年广西向海经济生产总值 4202 亿元，同比增长 12.9%，占广西 GDP 比重 17.0%。

面对世界百年未有之大变局，中国正在加快构建国内国际双循环相互促进的新发展格局，为广西迎来了发展向海经济、推进海洋产业转型

① 邓建胜等：《构建全方位开放发展新格局》，《人民日报》2022 年 6 月 16 日。

② 李纵等：《开放发展 向海图强》，《人民日报》2022 年 7 月 30 日。

发展的重大战略机遇期。《区域全面经济伙伴关系协定》(RCEP)正式生效、中国—东盟自贸区升级版加快推进、西部陆海新通道上升为国家战略、平陆运河规划实施、新一轮西部大开发战略实施,广西北部湾经济区和北部湾城市群、中国(广西)自由贸易试验区、面向东盟的金融开放门户等一批国家级开放平台加快建设,以及“强首府”和“北钦防一体化”战略深入实施,都为广西加快完善向海发展基础设施、密切与周边省份和东盟国家合作、承接东部沿海地区产业转移、完善向海产业链和构建现代向海产业体系,实现“大通道+大平台+大产业”的融合发展带来重大的市场机遇和优越的发展环境。

广西充分利用濒临海洋的区位优势,抓住海洋经济发展的机遇,增大资金、技术和人才等生产要素的投入力度,推进海洋强区建设,大力发展海洋产业。广西海洋产业总体保持增长趋势,从一定程度上拉动了广西区域经济增长,对区域全面发展作出重要贡献,但也存在着海洋产业结构不合理、海洋科研创新能力低、海洋产业同质化现象严重、海洋生态环境污染等问题,海洋产业转型发展是亟须解决的问题。海洋产业转型发展,即海洋产业结构的合理化和高度化,不是低水平的海洋产业集聚,而是海洋产业的根本性变革。海洋产业转型发展的核心内容是海洋产业组织和结构的高度化、海洋产业相关技术内容的高度化、海洋产品结构和生产形态的高度化。海洋产业的转型发展不是某些因素的单方面作用,而是经济因素、技术因素、社会因素等因素相互作用的结果。

发展向海经济是实现海洋经济转型发展、可持续发展的必然选择。向海经济将孕育新产业、引领经济新增长。广西发展向海经济,是产业结构转型发展的重要途径。发展向海经济要更加注重产业转型发展和生态环境保护修复,坚持环境友好型的可持续发展模式,建设绿色海洋产业链,加强临海临港等产业园区的绿色改造。

向海经济与现代海洋产业发展机遇下,新时期广西海洋产业发展的理论支撑、驱动因素与推进策略就成为必须系统研究的重大问题。

本书系统梳理向海经济下海洋产业转型发展的综合理论基础,包括新时期全球经济格局下海洋产业发展特征、规律与趋势,向海经济、海洋经济、海洋产业、海洋产业转型等概念的基本内涵、主要特征与内在关联等,为向海经济下海洋产业转型发展提供理论研究工作基础与综合理论基础;深刻揭示向海经济下海洋产业发展驱动机理,包括基于新时期全球经济格局,分析向海经济下海洋产业转型发展的主要驱动因素及驱动力量特征、驱动促进路径、驱动一般机理及其理论内涵，揭示向海经济下海洋产业转型发展的驱动规律，为海洋产业转型发展与产业结构演变等理论提供新的学术探索空间与新的学术成果积累；全面构建向海经济下广西海洋产业转型推进策略，包括全面借力国家大力发展向海经济与海洋强国战略的综合性举措、基于“一带一路”对接门户的推进策略、基于港口物流平台、物流枢纽的推进策略、基于海洋—港口—腹地关联网络的推进策略、基于创新推动海洋产业转型升级的一系列措施等，并提出广西海洋产业转型发展保障措施，为向海经济下广西海洋产业转型发展提供直接的决策参考与实际指导，也为其他沿海省市或地区提供相关研究与相关实践的综合性参考。

本书共九章，主要内容包括：世界海洋发展与中国海洋发展、相关概念界定与理论基础分析、向海经济下海洋产业转型机理与理论逻辑、向海经济下海洋产业转型发展驱动因素与驱动路径、广西全面发展向海经济新引擎、广西海洋产业发展概况、国内外典型案例分析、向海经济下广西海洋产业转型推进策略、向海经济下广西海洋产业转型保障措施。

北部湾大学坐落于西部陆海新通道重要枢纽城市、北部湾经济区滨海城市——钦州市，是一所专注于多领域发展的全日制综合性大学，以工学、理学、管理学等学科为主。2007 年，北部湾大学走在广西众多高校的前列，一马当先开设了涉海专业，填补了广西有海洋而广西高校无海洋专业的历史空白；2011 年，它成为广西唯一一所获得国家高级海船船员和国家一级渔业船员培养培训资质的本科高校。除此之外，北部湾大学先后成为全国应用技术大学联盟首批理事高校、广西新建本科院校整体转型发展试点院校、广西壮族自治区人民政府与国家海洋局共建高校、国家“十三五”规划建设的“应用型本科高校”项目单位。

北部湾大学立足于广西北部湾地区的发展，面向南海和东盟，为国家战略和区域经济发展培育具有国际视野、高度社会责任感且实践、创新、就业创业能力较强的高素质复合型、应用型人才。学校坚持走海洋性、应用型、国际化发展道路，全力推进协同育人、协同创新，不断深化应用型人才培养模式改革，不断调整和优化学科专业结构，为促进地方经济社会发展、科技创新和文化传承提供坚强的人才保障和智力支持。

北部湾海洋发展研究中心（以下简称“研究中心”）是广西壮族自治区教育厅 2019 年 9 月下文立项的广西高校人文社会科学重点研究基地，是广西特色新型智库联盟成员单位。研究中心以服务国家“一带一路”建设和中央赋予广西“三大定位”、支撑广西加快发展向海经济、推动海洋强区建设为使命，立足区位优势，发挥学科作用，凸显研究特色，在广西海洋发展战略研究、政策建言、人才培养、文化传承等方面发挥积极的引领和示范作用。

研究中心形成北部湾港航物流与湾区经济、北部湾海洋文化与东盟合作、北部湾海洋资源评价与管理、北部湾海洋政策与现代治理等四大研究方向，下设形成港航物流与湾区经济、海洋文化与东盟合作、海洋资源评价与管理、海洋政策与现代治理等4个子中心，有专兼职研究员100余人。

本书是广西高校人文社会科学重点研究基地“北部湾海洋发展研究中心”重点研究成果、2021年广西哲学社会科学规划研究课题一般项目：向海经济下广西海洋产业转型机理、驱动因素与推进策略（项目编号：21BYJ020）研究成果、2023年广西北部湾经济区发展专项资金（重大人才）项目（项目名称：陆海新通道北部湾研究院）研究成果。

感谢许旭志、刘洪、王盛连、肖敏、刘晓霞、周雅倩、张钊薇、吴宗楠、孙亮、朱林森、刘新文、伍德燕（以上排名不分先后）参与本书的撰写工作。

由于水平所限，本书中必有很多疏漏甚至谬误，希望得到读者的指正！

作　者

2022年11月

目　录

第一章　世界海洋发展与中国海洋发展

第一节　世界海洋

地球总表面积的71%是海洋，世界上有80%以上的国家是沿海国，60%以上的人群生活在靠近海洋的地区。海洋承载了人类文明，孕育了各种生物生命，它可以解决人口剧增、资源短缺、环境恶化等问题，也是各国战略发展的重要资源，对人类社会发展的影响越来越大。

地球上有四大洋，分别是太平洋、印度洋、大西洋、北冰洋。

太平洋是世界上最大、最深，边缘海和岛屿最多的大洋，太平洋总面积约为18134.4万平方千米，约占世界海洋总面积的49.8%。太平洋的水容量在各大洋中排名第一，是印度洋的3倍，是陆地水容总量的16倍。如果从地球仪的南太平洋的角度看，会看到整个地球都是蓝色的一片。太平洋海底都是由深度为7000到8000米的海沟围着。在关岛周围有着世界上最深的海洋，平均深度达9000米的马里亚纳海沟，其中最深的地方甚至达到了11000米深。2020年11月，中国“奋斗者”号曾经在马里亚纳海沟深度10909米的地方成功坐底。太平洋最深的那部分海沟被称为“挑战者海沟”，太平洋海底通过这些深沟部分陷到地球内部。在太平洋西面底部有大量通过火山活动形成的海山，也是地球上最大的海山密集地带，平均高度超过5000米。

印度洋总面积约为7492万平方千米，约占世界海洋总面积20%，印度洋对人们来说很熟悉，印度洋的存在对人类活动有着很大的影响。印度洋的地理位置非常重要，是四大洋的枢纽，印度洋是世界经济的钥匙。印度洋形成初期，印度大陆北移与欧亚大陆进行碰撞，形成了喜马拉雅山脉。印度洋的一大特点是它是由3个海岭聚集而成，且由非洲、澳大利亚、南极这三个板块交汇于此。印度洋的另一大特点是它有两条向南北方向延伸的海岭，其中东侧的海岭呈直线状，不超过4000千米，相对高度4000米，宽3000千米，被称为“东经90度海岭”，这条海岭沿东方向90度并呈现向南北延伸，是地球上除了中央海岭外最大的海岭。印度洋有着世界上最大的海沟，从苏门答腊岛到爪哇岛，海沟长度约5000千米。

大西洋总面积约为9337万平方千米，南北长15742千米，东西宽约6852千米，占世界海洋总面积的26%，平均水深3627米。比起太平洋和印度洋，大西洋的海底地形则简单得多。大西洋的中心有座“大西洋中央海岭”，它北至北冰洋，南达南极海，横跨整个大西洋，是世界上规模最大的山脉，水深约有2500多米，顶部的东西两侧水深依次变深，最深可达6000米，与陆地山脉有点相似，不过在构造上仍有区别。大西洋海底火山着地的地方产生了中央海岭，新生海底分别向东西移动，因此离中央海岭距离越远，海底火山年龄越大，最古老的海底火山延至大陆附近，年龄约有1.5亿岁左右。大西洋的海底不存在巨型的海沟，因此1.8亿年前大陆分裂时形成的海底并没有陷入地层内部，都留在海底。同时大西洋的海山和海下高原也没有太平洋和印度洋的多，现存的海山都是热点火山运动所形成的。大西洋最大的沃尔维斯湾海岭都是冰岛热点和特里斯林热点的活动所形成的。

北冰洋也称为北极海，面积仅1310万平方千米、平均深度为1296米，最深不过5527米，是世界上最浅最小以及最冷的大洋，但却具有重要的战略地位。北冰洋以北极圈为中心，在地球的最北方，四周被加拿大、阿拉斯加、俄罗斯、冰岛等国环绕，与白令海峡和太平洋相通，并与格林兰海与大西洋相连，是世界大洋中跨经度最长的大洋，也是目前唯一无人居住的大洋。

一、世界主要海洋国家发展及其海洋发展演变

（一）英国

1. 英国海洋发展概况

英国曾经被称为“日不落帝国”，位于大西洋沿岸，在海洋资源方面

具有绝对优势。英吉利海峡和多佛海峡作为英国的自然屏障，使得英国在自我防御方面具有天然的地理优势。通过岛国与海峡的战略作用，英国控制着北欧和北海的航线，切断了波罗的海至大西洋的海上运输路线，使波罗的海至大西洋的交通道路受到限制，中断了从地中海到东方的路线。在15世纪"大航海时代"背景下，英国集中精力扩大海权力量，迅速拓展海权规模。16世纪中期，英国不断发动一系列殖民战争，完全控制了海洋。

此外，快速的经济增长也是确保英国海洋开发的坚实物质基础。英国是工业革命进行得最彻底的国家，在维多利亚时代，英国确立了以英国为中心的世界体制，成为当时世界上最强大的国家。强大的综合国力支持了英国海军的发展壮大，加快了英国海运进程，推动了英国海洋经济的迅速发展。

2. 英国海洋发展重心演变

(1)以初级海洋产业为主

在2000年之前，英国的海洋发展政策限制较少，主要集中在一个部门或地区，重点是近海捕鱼、近海石油和天然气勘探等行业。在接下来的十年里，英国海事立法了一系列海事政策，确定了英国整体海事战略目标。2010年2月，英国政府公布了《2010—2025年英国海洋科学战略》，这是一项以海洋科学和技术为重点的海事部门发展战略。2010年3月，英国发布《2010年英国海洋能源行动计划》，提出了海洋可再生能源的科学框架。2011年，英国发布《英国海洋产业增长战略》，促进了海洋设备产业、商业航运、海洋休闲产业和可再生能源的发展。2013年，英国发布《海上风电产业战略——产业和政府行动》，该行动方案为海上风电发展奠定了基础。自此，英国以海洋科技和保护海洋环境为主题制定了系统性的政策，且较为侧重海洋新能源行业。随后，英国发布了《2030年全球海洋技术趋势》和《科学装置战略路线图》，从全球、区域和部门层面阐述了英国海洋科学和技术的未来发展。

(2)推动港口业发展

2019年2月，英国政府发布了《2050年海事战略》，强调了英国作为全球海事中心的地位，在未来30年内英国将保持世界航运的领先地位。这充分表明了英国对港口业发展的重视。总的来说，为了实现英国全球海事战略的目标，英国从国际角度制定了海事战略，重点是利用海洋科技发展新的海洋产业，并以此为基础制定海事战略，促进全球海事合作。2020 年，英国政府将继续通过差额合约电价制度，支持各种海洋可再生能源技术。2021 年，英国国家商业、能源和工业战略部已经宣布，2021 年下半年，英国对可再生能源进行第四轮固定的上网电价拍卖。

(二)澳大利亚

1. 澳大利亚海洋发展概况

澳大利亚地理位置优越，四面环海，拥有丰富的海洋资源和保存完好的海洋生态系统，在发展海洋服务人类、创造价值方面有巨大的潜力。海洋娱乐和海洋休闲旅游业是澳大利亚的国家支柱产业之一，这两个行业高度发达。

澳大利亚海洋发展具有几大优势。一是科技优势：澳大利亚发行《澳大利亚海洋科学与技术计划》和《国家海洋科学计划 2015—2025：驱动澳大利亚蓝色经济发展》的国家级海洋科技计划，大力发展海洋科技，依靠强大的科技优势引领海洋经济的全面发展。二是政策环境优势：澳大利亚制定了完善的海洋经济政策，其政策制定和实施重点是发展海洋产业和保护海洋环境。三是国际环境优势：澳大利亚总体上是一个外向型的经济体，一个稳定而积极的国际环境能够促进经济的可持续发展。作为澳大利亚经济的重要组成部分，海洋运输业高度依赖国际市场，一个和平稳定的国际环境对其发展至关重要。四是地理区位优势：澳大利亚是南半球最发达的国家，是连接南太平洋和印度洋的重要节点，也是世界上重要的南航航线的节点，是进入南太平洋地区的中转站，控制着海上重要的交通干线。

2. 澳大利亚海洋发展重心演变

(1)完善海洋生态系统管理

1997 年，澳大利亚海洋科学研究所(AIMS)发布了《2015—2025 年 AIMS 战略计划》，旨在增加对亚热带海洋资源的勘探，增加对海洋资源的利用，加强对海洋生态系统的有效管理以及其在区域蓝色经济中的影响力。它不仅促进了海洋油气资源和鱼类资源的开发和利用，还强调了对公海、南极洲和其他地区海洋空间的开发和利用。从海洋环境保护的观点来看，澳大利亚建立了一个强大且综合的生态环境保护体系。自20世纪60年代初，澳大利亚逐渐在联邦、州和地方各级引入了法律和法规，仅联邦政府就颁布了50多部环境法，包括《环境与生物多样性保护法》《濒危物种保护法》和《大堡礁海洋公园法》等，地方政府也颁布了数百部有关环境保护的法律。近年来，澳大利亚仍然在不断完善有关环境保护的法律和法规，并建立有效的环境监管机构和"环境警察"。

(2)增强海上贸易联系

1996年澳大利亚与日本建立频繁的海上贸易往来，并逐步与印度、美国以及东南亚国家建立了"泛亚地区"贸易合作联系。2008年以前，日本成为澳大利亚最大的贸易合作方。2008年以后，澳大利亚与中国的战略合作不断增多，两国的贸易关系更加密切。自此，中国取代日本，一举成为澳大利亚最大的海上贸易合作方、出口目的地以及进口来源地。澳大利亚充分发挥其海洋科学和技术发展方面的巨大优势，科学制定国家海洋事业发展的规划方案，并通过海洋事务和对外援助提高了其在世界范围内的海洋话语权。

(三)美国

1. 美国海洋发展概况

作为典型的世界性海洋霸权大国，美国的独特海洋发展之路对世界的发展产生了极为深远的影响。美国拥有丰富的海洋资源，美国的海洋利用和开发技术是世界上最领先和最先进的。对美国而言，海洋经济是美国经济中极其重要且充满活力的部分，美国的六大海洋工业中心均以海洋和五大湖为载体。美国是一个四面环海的国家，位于大西洋和太平洋之间，地处墨西哥湾和加勒比海之间。太平洋和大西洋是美国的天然屏障。因此，美国优越的地理条件为海洋经济发展提供了便利。在全力保护国家安全和海洋权益方面，美国通过在海外建立海洋发展基地，同时在国内加勒比海峡和夏威夷群岛地区加大开发力度，逐步实现海洋霸权国家的目标。近年来，美国的海洋经济整体实力呈上升趋势，对国家的经济和就业贡献巨大。海洋经济已经逐渐成为美国经济的一个重要组成部分，并继续吸引着人们越来越多的兴趣和支持。

2. 美国海洋产业分布

美国海洋生物资源丰富，地域分布范围广阔。滨海旅游、海洋资源开采和海上运输是美国海洋经济的几大支柱。得克萨斯州、加利福尼亚州、佛罗里达州和纽约州是美国海洋经济最发达的区域。美国海洋产业的地理分布非常典型：阿拉斯加的渔业规模在国内最大；华盛顿州海洋生物资源最为丰富；海洋建筑主要集中在加利福尼亚州、得克萨斯州、佛罗里达州和路易斯安那州，分布范围广阔。石油气勘测和提炼为主的海洋矿业大多集中在墨西哥湾、阿拉斯加半岛和加利福尼亚州；太平洋沿岸、大西洋沿岸和夏威夷沿海具有良好的滨海旅游资源，故滨海休闲旅游业发展势头良好；太平洋西海岸对海产品具有巨大的商业需求，故加州的海洋产业规模最大。佛罗里达州、新泽西州、得克萨斯州等港口码头吞吐量庞大，航运业发展基础良好。大型军用造船业主要集中在华盛顿州和弗吉尼亚州，小规模造船业包括海洋捕鱼和休闲船艇等行业，分布则比较均衡。

3. 美国海洋发展重心演变

(1)以海权扩张为主

1898 年，在美国、西班牙战争之后，美国将其军事统治权力扩展到大西洋和西太平洋，确立了美国作为海上大国的地位，并开始实行对外开放政策。在第一次世界大战之前，美国已经确立了世界大国的地位。第二次世界大战后，美国海军出现在世界所有的海洋区域。苏联解体后，美国海军获得了对海洋的独特控制权。1916 年，美国通过“大海军法案”，在这一时期美国社会各界包括工农界、学术界、金融界等都大力支持海军力量的进一步壮大，这些都为美国在军队中构筑海上力量奠定了坚实的基础。

(2)注重海洋开发与科技进步

在进入 21 世纪前，美国加快了海洋开发和科技进步的步伐。2004 年以来，美国先后发布了《21 世纪海洋计划》和《美国海洋行动计划》，系列行动计划提出通过海洋科技的进步，力求科学、可持续地开发利用海洋资源。2007 年美国国家科学技术委员会制定的未来十年海洋科技发展规划中，着重提出了 6 大研究主题和 20 个重点领域，核心是海洋资源评价、海洋环境变化勘测与预警及海洋对人类健康的影响。2018 年，该委员会发布了 2018—2028 年美国海洋科技发展愿景，其主要目标是促进海洋与整个地球系统的关系、海洋经济大发展、海上安全、海洋与人类健康，建设和谐的沿海社会。

(3)促进海洋经济可持续发展

在墨西哥湾漏油事件发生后，美国白宫国家海洋委员会正式公布了海洋国家政策实施计划。该计划显示了联邦政府机构应按照应用科学和国家公共投资政策原则采取的六项措施。政府政策规划不仅要满足美国经济发展需要，也要承诺兼顾生态环境保护与经济发展的平衡，包括美国海洋、海岸和北美五大湖生态系统。这份关于海洋和沿海管理的行动计划，标志着一个为期八年的海洋保护政策时代的开始。2018 年 6 月，美国总统特朗普政府发布了《美国经济、安全和环境海洋政策行政命令》，重点关注海洋开发和创造以及就业的影响，以及实施利用海洋资源促进经济的措施。美国将 2021 年定为国家海洋月，并鼓励美国人采取行动，保护、养护和恢复海洋和海岸线。到 2030 年，美国政府的目标是通过其“2021 年国家海洋月”倡议，保护至少 30% 的美国土地和水域。此外，美国政府还致力于开发海上风能，并投资沿海基础设施，以防止海平面上升和大风。

(四)日本

1. 日本海洋发展概况

日本政府认为，掌握海洋控制权是海洋持续性发展的重要前提。作为一个岛国，日本的未来很大程度上依赖于海洋经济发展。海洋空间战略的核心是制海权，是不断增强海军力量，并通过不断的海战打败对方海军。日本的海洋开发不同于英国和美国，虽然在海洋发展早期，日本就建立了强大的海洋军队，但并没有获取强有力的海洋霸权，在海权的扩张中遇到了重大障碍。

纵观日本海洋开发历史，发现海洋战略是国家安全与发展背景下的重要战略。海洋战略应走在国家综合战略的合理路径上，综合评价本国国力和国际环境，并通过发展规划、制度顶层设计集中不同部门的资源，科学配置海洋战略力量，避免盲目危险的战略扩张和过度的战略消耗。

只有通过这样的方式，政府才可能合理管理和控制国家发展与国际体系之间的矛盾。

2. 日本海洋发展重心演变

(1)确立“海洋国家”战略目标

2007年，日本颁布了《海洋法》，确立了建设“海洋国家”的战略目标，并制定了为期五年的海洋总体规划，以确保这一战略目标的实现。海洋总体规划的第一阶段和第二阶段都是以海洋可持续发展战略为基础，涵盖了海洋资源的利用和保护，重点是海洋经济发展和海洋科技投入。自“海洋国家”战略目标确立以来，海洋经济的发展一直是日本经济的重要组成部分。为了促进海洋经济的发展，日本政府推出了一系列的行业发展计划，为海洋经济的发展奠定坚实的基础。

(2)加快海洋资源开发与利用

2018年5月，日本发布第三期《海洋经济总体规划》，保留了海洋经济发展的主要内容，提出了详细的海洋领域发展规划，比以往更加重视海洋资源的开发和利用，促进海洋经济的发展。2018年5月，日本发布了第三个《海洋总体规划》，保留了海洋经济发展的主要内容，并提出了海洋部门发展的详细计划，比以前更加强调改善海洋资源的开发和利用，促进海洋经济的发展。

(3)重视海洋安全

日本人口大部分分布在沿海地区，海洋长期是日本的门户和安全的屏障，对国家政治军事格局具有重要意义。2019年，日本政府通过了《2018—2022年海洋政策总体规划》，规定了未来五年的海洋政策指导原则。

与前两个计划相比，《2018—2022年海洋总体规划》的内容有了很大变化：重点从以前的经济发展，即开发和保护海洋资源，转向保护领海和岛屿的安全，在全面分析日本周边安全环境的基础上制定日本安全战略。

二、世界海洋发展对人类社会的影响

在新世纪，海洋观测技术、海洋航海技术、海洋工程技术、海洋资源开发技术等现代海洋科学技术发展迅速，为人类大规模地开发海洋资源创造了条件。海洋拥有丰富的海底矿产资源、化学资源、生物资源和能源资源，海水运动中蕴藏着巨大的能量，是一种无污染的可再生能源。

当陆地资源不断减少，环境污染越来越严重的时候，海洋是人类生存发展的必然选择。海洋发展对人类的重要性与日俱增，海洋发展对人类社会的影响既有积极方面，也有消极方面。

（一）海洋发展对人类社会积极的影响

1. 海洋是人类发展的资源库

随着人类社会的进步和发展，陆地上的资源逐渐不足以满足人类发展的需要，而海洋的丰富资源正好可以满足人类社会的需要。

海洋是生命的摇篮，是资源的宝库。海水中蕴藏着丰富的海洋生物资源，海洋生物资源是指可以繁殖和更新的海洋资源。海洋生物种类繁多，资源数量大，化学成分多样，生物利用效率高，为人类提供食物、药品和能源的潜力巨大，具有特殊的意义。据统计数据显示，约有 18 万种动物生活在海洋，约有 2.5 万种植物生长在海洋。除了丰富的海洋生物资源外，海洋还拥有丰富的海底矿物资源、海水化学资源、海洋空间资源、滨海旅游资源等。海底有丰富的矿物资源，如铜、钴、镍、铁、锰、锌、金、银等多种金属矿以及海底石油和天然气，并提供取之不尽的绿色能源储备，如海水温差产生的能量、盐度差异产生的能量、波浪能、潮汐能和洋流。这些资源都很丰富，是人类可持续发展的基础。同时，绿色能源清洁环保，对创造生态环境具有重要的战略意义，对促进人与自然的和谐共处具有积极作用。

2. 海洋是人类生存发展的新空间

当前，在社会发展的过程中存在许多问题和挑战。例如，人均可耕地量的减少，人类面临着粮食危机；地球上的淡水资源严重污染和枯竭，淡水供应有限；地球上的基本矿产资源正在减少，面临着枯竭的危险；以及人口老龄化，交通拥堵等。人类文明需要延续，创造新的生存空间已经成为一项重大任务。现代海洋科学技术的进步，大大提高了人类对海洋的控制能力，使人类对海洋的认识和利用达到了一个全新的历史水平，海洋技术越来越受到重视，成为未来人类活动的潜在拓展场所。

长期以来，海洋空间的使用一直是由传统的港口和航运主导。然而，随着现代科学技术的快速发展，各种工业、制造业、住宅、娱乐和仓储设施的成功创建，带来明显的社会效益。海上机场、桥梁以及其他海洋结构工程也是工程智慧的结晶，水下隧道、电缆、仓库和其他本来不可能完成的项目都已建成，由于技术的发展，这些潜在的资源可以被开发利用，人们的生活空间将大大扩展，人们工作的地方也将转移到海洋。对海洋空间的开发，在未来很长一段时间将成为各国竞争的重要领域。

3. 海洋对未来人类社会活动存在制约影响

伴随着科学技术的创新与发展以及时间的推移，人类已经意识到海洋是可持续发展的“第二家园”。在某种程度上，人类生活方式的变化反映了人类思维和意识形态的变化。马克思认为，“对环境的改造和人类活动的调节只能被理性理解为是一种革命实践”。在实践中，人把外部世界视为感知和改造的对象，外部世界也改造了人。从石器时代到现代文明，“实践”作为一种活动形式从未离开人类社会，人类不断地在寻找创新，包括物质和理念。然而，有一个全人类必须遵循的前提：人类生活在一个有限制性的星球上，它影响和限制着每个人。海洋空间的建设和发展正在逐步改变人们的生产、生活、思维、价值和行为方式。

4. 海洋为人类社会文明进步奠定了坚实的基础

人类文明和海洋的历史有着密不可分的关系，海洋维持着地球上的生命和所有人类文明。对海洋的开发和利用一直伴随着人类文明的发展，是人类文明发展的一个组成部分。海洋是生命的源泉，是资源的宝库，是人类的新栖息地，合理管理和有效控制海洋一直是人类的梦想。海洋是文明的强大引擎，是所有人类社会发展的动力，见证了人类探索海洋和发展文明的整个历史。判断一个国家或民族的文明程度，主要看其海洋发展的文明程度。因此，海洋文明已经成为人类文明发展的一个重要指标。

简而言之，人类发展和海洋联系密切，海洋是人类可持续发展的催化剂，代表着人类社会活动的未来和人类文明的进步。人类必须明智地、适当地开发海洋，可持续地利用海洋，有效地保护海洋，以实现人类与海洋的和谐共存和可持续发展。

(二)海洋发展对人类社会消极的影响

1. 海洋资源争夺导致各国矛盾加深

海洋是人们生活的环境,并且影响着全世界人民的生活。所有的国家都可以通过海洋连接起来,包括内陆国家,并且世界上90%以上的交易都是通过海洋和空中运输,因此海洋是所有国家的生命线。

伴随着全球化进程的加快,海洋对人类生存和发展显得更为重要。同时在资源方面,海洋资源比陆地资源更加丰富。近海石油储量超过1100亿吨、探明储量约为200亿吨、近海天然气储量约为140万亿立方米、探明储量约为80万亿立方米。由于陆地资源的大量枯竭和人口的快速增长,各国之间对海洋资源的竞争非常激烈,而这些资源还没有被充分开发。技术进步和经济发展促进了对海洋资源的利用,人类对海洋和海洋资源的开发能力大大增强。越来越多的国家将注意力转向海洋,寻找人类生存所需的基本物质资源。各国都在寻找加强其海洋权益的方法,寻求扩大其管辖海域的途径,重点是在其海洋权益的框架内加强对海洋、科技能力、资源开发和环境管理能力的研究,以便获得更多的海洋资源。

2. 海洋法公约条款内容模糊

1994年11月16日,《联合国海洋法公约》生效,标志着世界海洋的利用和管理进入了一个新的时代,为海洋建立了一个新的法律体系和新的国际海洋秩序。

一方面,《联合国海洋法公约》极大地改变了关于大陆架界限和通过国际海峡及多岛海域的国际法,建立了200海里的专属经济区和科学研究与保护海洋环境的新原则。无论各国是否批准《联合国海洋法公约》,其中的许多条款都已成为国际习惯法。《联合国海洋法公约》影响了整个世界,包括政治、经济、军事、文化和空间利用,并对各国与海洋的关系产生了深远影响。

另一方面,《联合国海洋法公约》中一些条款的模糊性,不可避免地导致了一些问题的发生。第一,国家之间的海洋冲突加剧,特别是在狭隘的封闭和半封闭区域,以及因专属经济区和大陆架的划定而产生的冲突加剧。200 海里经济区的建立主要与石油和鱼类有关。它涵盖了世界上五分之四的渔场和几乎所有可在浅水区开发生产的石油资源。第二,沿海岛屿和珊瑚礁的主权争端急剧加剧。第三,对空间和海洋资源的竞争变得越来越激烈。第四,海洋权益纠纷和各类海事案件频发。第五,海洋管辖权的扩大在不同程度上挑战了沿海国家的管辖能力。第六,《联合国海洋法公约》对专属经济区剩余权利的分配含糊不清,军事海洋侦察、沉船打捞、高科技海洋观测等活动引起的专属经济区管辖权问题成为有关国家争论的新话题。这些问题导致了相当大的不确定性和国家间的冲突。

3. 海上安全威胁催生海洋治理

随着《联合国海洋法公约》的生效,以及对海洋资源的开发、利用、管理和保护,政府的注意力从对军事控制和武力的使用转向海洋治理和海洋领域的合作上。这种转向主要有两方面的原因,一方面,国家在海洋领土主权和海洋资源获取之间存在明显的冲突,海洋安全环境存在不稳定的状况;另一方面,无节制地开发所导致的污染加速了对海洋生态系统和人类环境的破坏。在全球资源和能源匮乏的背景下,国家在海洋权益上难免会存在争端和冲突。因此,加强国家间的合作对于保护海洋资源和海洋环境都变得更加重要和紧迫。

进入 21 世纪以来,国际政治结构发生了巨大变化,在陆地资源上的冲突日益向海洋转移。许多安全问题,如海盗、石油污染、海上安全、非法捕鱼等,都属于海洋安全的范畴,特别是全球化增加了国家间的依赖性,由于许多国际贸易,特别是能源贸易,都依赖于海上航线,这些航线对许多国家来说已经变得至关重要,但没有一个国家有足够的能力单独保护它们,这些都凸显了海洋治理的必要性和重要性。因此海洋治理是全球治理的重要组成部分,与海洋安全有着密不可分的联系。

4. 美国霸权加剧世界海洋不平衡格局

美国将海洋视为现代国际政治的重要部分。到二战结束时,美国拥有的海上军备力量超过了所有其他国家的总和。冷战结束后,美国成为唯一的超级大国,美国人统治了世界海洋。正如美国前国务卿海约翰在 20 世纪初预测的那样。“地中海是过去的海洋,大西洋是现在的海洋,太平洋是未来的海洋”。

100多年来，太平洋一直被认为对美国很重要。一方面，美国在亚太地区的政策一直受到两个因素的影响。一个因素是美国认为太平洋是他们天然的势力范围，美国早在19世纪末就宣布太平洋是“我们的湖”。另一个因素是美国在亚太地区的主导地位依赖于其在太平洋的海上优势。美国还认为，这一优势在今天比二战后更为重要，因为该地区潜在的军事行动将主要是海上行动，除朝鲜半岛外，美国军队不太可能参与大规模的陆地行动。另一方面，新的安全环境带来的重大地缘政治的变化，使亚洲的大国把注意力更多地集中在海上而非陆地，美国在亚太战略的一个重要因素是为了牢牢控制太平洋地区的海军力量，这既是其海上通道和经济繁荣的前提条件，也是其他国家不挑战它的条件。但是随着中国的崛起，美国担心其海洋主导地位将会受到挑战。

第二节 世界海洋经济与海洋产业

一、美国海洋经济与海洋产业发展状况

(一)美国海洋经济发展情况

对美国来说，海洋经济是美国经济中重要而有活力的部分，六大海洋产业的核心都依赖于海洋。美国拥有丰富的海洋资源，在利用和开发海洋资源方面是最领先和最先进的国家。

近年来，美国的海洋经济整体呈上升趋势，对国家的经济和就业贡献巨大。2018年，美国海洋经济(包括货物和服务)对美国GDP的贡献约为3730亿美元，海洋总产出的年化增长率为5.8%，超过了美国GDP5.4%的增长率。依靠海运经济的美国企业提供了230万个就业机会。海运业已成为就业、创新和经济增长的重要驱动力，有助于美国经济的更快复苏。总体而言，美国六大海洋产业的经济贡献和就业贡献存在较大差异性。

2018年，美国海洋产业部门对就业和GDP的贡献显示，作为服务业的沿海旅游和娱乐业在就业和经济贡献方面都领先于其他几大海洋产业。根据美国海洋管理办公室(NOAA)的统计，从2017年开始，美国的滨海旅游业在所有海洋产业GDP中占最大部分。2018年，美国滨海旅游娱乐业贡献产值达到1240亿美元，占海洋产业总产值的约40%；沿海旅游业和娱乐业雇用了240万人，占海洋产业就业贡献的70%。海洋矿业是美国第二海洋产业，作为一个资本密集型产业，它只占总就业贡献的5%，但占海洋经济总量的26%。2018年，美国海上海洋矿业的价值为800亿美元，其中石油和天然气勘探和生产占比约98%。与2017年相比，由于全球油价大幅下跌约20%，2018年美国近海行业的产值和就业人数分别下降了18%和20%。这表明，美国近海石油和天然气行业对全球石油和天然气市场的波动非常敏感。海运业是美国海洋经济的重要组成部分，尽管其就业人数和对经济的贡献没有其他两个经济组成部分那么大。但是，通过港口进出口的货物价值为5万亿美元，占美国对外贸易的40%，占所有对外贸易约70%。2018年，美国航运业的就业和产出分别保持在约16万美元和180亿美元，表明经济衰退期间，航运业的就业和产出有明显的下降趋势。

(二)美国主要海洋产业

1. 海洋科技产业

美国是世界海洋科技产业强国之一。美国取得独立战争胜利后，受到战争的影响，海上的军队实力发展得比较缓慢。直到19世纪末，在海军学院马汉的海权理论引领下，加深了美国对海权的重视程度，将国家的立法权和政治的执法权以及海权密切联系，建立和发展强大的海上力量，使海洋经济上升到国家战略的层面。在美国海洋经济带，涌现了一批海洋科技之城，如纽约、波士顿、休斯敦、圣地亚哥、夏威夷、新奥尔良。各城市或依托港口贸易和先进制造业基础发展高端海洋装备，或依托海洋科研机构和海洋高校科研创新带动，或依托海洋科技园区进行科研转化应用，成为美国新兴海洋科技城市的典范。

2. 高端海洋工程装备

在海洋工程装备制造领域，美国处于价值链的顶端，美国拥有先进的深海勘探技术以及海工装备设计能力，全球海洋石油核心装备市场中的半数企业来自美国。海洋工程装备，尤其是在深海领域，因其技术要求高、投资成本高，导致企业的准入门槛也非常高。以石油巨头壳牌公司为例，其在墨西哥湾运营 5 个深水、超深水生产中心，3 个固定平台，以及众多的海底生产系统，还有墨西哥湾最大的钻井船队，高投资和强技术支撑其高额收益。

3. 海洋可再生能源

美国夏威夷主要发展海洋能源与深海海洋生物养殖产业。由于夏威夷岛远离美国大陆，在能源消耗上有较大的对外依存度，是全美发电成本最高的一个州，因此夏威夷将重心放在了可再生能源上，包括海浪和海洋热能、太阳能、风能、生物质能、地热能和水电等。凭借优质的深海条件和充足的日照，利用海表和海底的温度差，夏威夷大力发展了可再生能源研发项目，发展业绩优秀。

二、澳大利亚海洋经济与海洋产业发展状况

（一）澳大利亚海洋经济发展情况

海洋经济是澳大利亚的支柱，在国家经济中发挥着重要作用，尤其是滨海旅游业和海洋油气业。由于澳大利亚市场比较小，澳大利亚的海洋经济只能依赖于国际市场，故澳大利亚的海洋经济具有典型的“外向型”特征，海洋经济受到多个因素的影响。

澳大利亚拥有世界上最大的天然气生产能力，但该行业受到世界石油和天然气价格以及石油和天然气生产份额的影响，无法保持产量的稳定增长。滨海旅游业作为澳大利亚主要的海洋产业，国际入境旅游占沿海旅游业的三分之一。这在很大程度上受到国际政治的影响，特别是新冠肺炎疫情的影响，沉重打击了澳大利亚旅游业，并提高了旅游业的失业率。

澳大利亚是一个资源出口国，其中石油和天然气等能源产业占重要位置。2020 年第一季度，澳大利亚石油出口总额仅约 25 亿美元。新冠肺炎和世界石油价格的急剧下降，导致澳大利亚石油出口价值急剧下

降。澳大利亚的石油出口集中在亚洲国家,并出现由东南亚转移到中国的趋势。

澳大利亚发展海洋经济,与其他国家相比起来具有相对优势,包括区位优势、科技优势以及政策优势等。第一,区位优势。澳大利亚是南半球的发达的海洋国家,位于太平洋和印度洋之间,是连接两大洋航线的重要节点以及中转站,也是南极的重要补给地。第二,科技优势。澳大利亚非常重视海洋科技创新,发布的海洋科技计划都是国家级,澳大利亚依靠海洋科技创新来引领海洋产业的发展。第三,国际政策。澳大利亚是典型的外向型经济,通过积极地与他国开展贸易来维持海洋经济的可持续的发展,海洋经济又是贸易的重要一部分,从 1996 年开始就逐渐与多个国家建立起贸易合作关系。2008 年以后,澳大利亚与中国的贸易更为密切,中国成为澳大利亚的第一贸易伙伴。

(二)澳大利亚主要海洋产业

1. 海洋渔业

近年来,澳大利亚加入了联邦渔业协定,大力发展海洋渔业。海洋渔业对就业的贡献在澳大利亚海洋经济中发挥着重要作用。作为一个传统的海洋大国,造船业相对发达,在民用船舶和邮轮建造方面都有技术优势。然而,近年来,全球造船市场主要由中国、日本和韩国占领,2019 年,这三个国家占新造船订单市场份额的 97.8%。澳大利亚正在利用其技术优势,在近海和邮轮建造方面占领新的市场份额,以保持造船业的稳定比例。

2. 海洋运输业

澳大利亚是海上航线的主要参与者,因此,航运是海洋经济发展的重要支柱。然而,由于近年来的国际环境和石油价格的影响,航运业对经济和就业的贡献并不是很明显。尤其是新冠肺炎疫情,加剧了航运业的萎缩。尽管如此,澳大利亚仍然是南半球重要的交通枢纽,在全球航运体系中占据着重要的地位。

3. 海洋旅游业

根据近年来澳大利亚的统计数据显示，从涉海产业的构成来看，海洋旅游业占总数的40%～45%。近海石油和天然气工业占35%左右。显然，海洋旅游和近海油气产业是澳大利亚海洋经济的重要支柱。就对就业的贡献而言，海洋旅游业占就业总贡献的60%左右，是海洋产业中就业的最大贡献者。近海石油和天然气行业是第二大贡献者，占17%左右。

三、日本海洋经济与海洋产业发展状况

(一)日本海洋经济发展情况

日本是一个自然资源匮乏的岛国，海洋是它的经济命脉。日本奉行"以海建国"的战略，强调海洋经济与国民经济和产业之间的相互联系和协同作用，建立"以主要港口为主线，以海洋经济为前沿，海陆联合发展"的经济发展体系。日本的经济严重依赖对外贸易：全国90%以上的进出口依赖海运，全国40%以上的有机蛋白依赖海洋水产品，海洋经济的总产值约占全国总产值的50%。

日本丰富的海洋资源和稀缺的矿产资源使其经济发展依赖于海洋，发展开放的海洋经济已成为一项国家战略。如今，日本拥有以海洋捕捞、造船、滨海旅游和航运为基础的完善的海洋产业结构体系，这些传统产业的产值占到日本海洋经济的70%左右。近年来，日本推行了更为积极的海洋经济战略，积极推动传统海洋产业的现代化，加大对新兴海洋产业的支持力度，积极开发深海资源。

(二)日本主要海洋产业

自20世纪60年代以来，日本政府将经济发展从陆地产业转向海洋产业，并建立了以海洋渔业、海洋工程和航运为核心的海洋产业高科技经济结构。目前，日本已经形成了以海洋捕捞、造船、滨海旅游和航运为基础的海洋产业结构。

1. 海洋水产业

日本海洋水产发展历史悠久，是海洋经济中的支柱产业之一。日本所处的西北太平洋海域，是世界著名渔场之一，具有发展海洋水产业的得天独厚的自然条件。在日本的海洋养殖业中，位列第一的株式会社年销售额达到8097亿日元，利润额达到119亿日元，主要业务集中在渔业、水产养殖、水产品进出口、加工、销售等产业。

2. 滨海旅游业与航运业

日本的滨海旅游业和航运业有很大的优势。2018年，滨海旅游业约占日本GDP的3%，就业人数约650万，占总就业人数的9%。2019年，日本入境游客人数达到3200万，国际旅游收入约450亿美元。因此，日本政府非常重视旅游业的发展，2019年，日本观光厅拨款7亿美元用于改善旅游环境，使其更具吸引力。

在造船方面，日本是世界上船舶订单最多的三个国家之一。日本在造船方面有一定的技术优势，尽管世界市场形势严峻，但日本造船业仍在海洋经济发展中发挥着重要作用。国际造船市场受到中国、日本和韩国的强烈竞争，特别是新冠肺炎疫情的影响，进一步抑制了造船市场，日本造船业的订单数量持续下降。在2020年初，日本船厂的订单数量下降到1700万以下。

3. 海洋资源能源开发业

日本的土地资源比较贫乏，而且生产和生活所需的资源和能源大部分依赖进口。海洋空间的利用和海洋能源的开发对日本经济的可持续发展尤为重要。一方面，日本政府积极进行资源能源外交；另一方面，推动非传统资源能源领域的发展，将注意力转向海上。作为海洋资源和能源开发的重要领域，要实现海洋能源和矿物资源开发的产业化，完成将深海底调查和生产技术的开发成果应用于产业，完善甲烷水合物的商业开发的技术准备，启动以民间产业为主导的商业开发计划；继续研究开发海底热水矿床相关技术，加速商业化进程。

4. 海洋生物资源业

海洋生物资源产业是未来日本海洋经济中最具吸引力的高科技高

附加值产业。日本的海洋生物资源业中，生物机能性食品制造、海洋生物医药、海洋生物资源开发利用已经具备相当程度的规模。其中，海洋生物资源开发利用作为开发海洋生物能源的热点前沿领域，对于缓解地球能源短缺、推进海洋生态环境保护具有重要意义。

四、英国海洋经济与海洋产业发展状况

(一)英国海洋经济发展情况

在英国，近海石油和天然气、沿海旅游业和港口业对经济增长最为重要。自 2015 年以来，海事部门的就业贡献一直在增长，在 2017 年达到高峰。就海事部门的增加值而言，英国近海石油和天然气行业以超过 47%的增加值领先，2015 年后下降到 35%左右，但仍在海事部门中领先。

英国海上石油和天然气行业是一个重要的支柱产业，在 2018 年为政府创造了约 50 亿美元的税收收入。沿海旅游对经济和就业做出了重要贡献：沿海旅游的附加值超过 20%，对就业的贡献超过 50%，虽然在 2014 年出现了下滑，但 2015 年后这一数字恢复到了 40%左右。港口业在英国海洋经济的发展中发挥着不可或缺的作用。

近年来，英国港口业已成为经济增长和就业的关键支柱。2018 年，英国港口的集装箱运输量达到 11700 万标准箱，而同年上海的集装箱运输量为 4201 万标准箱。英国发达的海运业为该国成为国际海运中心奠定了基础，承载了全球 90%以上的海运活动。全球 90%以上的航运都在伦敦，国际航运的保险、仲裁和咨询服务的逐步发展，使英国成为全球航运的重要中心。

(二)英国主要海洋产业

1. 海洋休闲产业

海洋休闲产业由约 4200 家企业或机构组成(重点是中小型公司和企业)，为国家提供了约 34300 个就业机会，每年大约创造 31.6 亿英镑的经济输出值，其中 12.5 亿英镑来自出口。海洋休闲产业包括全球广泛认可的发动机和帆船游艇制造商以及相关的供应网络，此外，还包括

一些仪器设备生产商、码头公司和旅游公司等。在过去的4年中，海洋休闲产业平均年增长率为14%，保持快速增长。

2. 海洋装备产业

2005年，根据英国国防工业战略，造船业逐步形成。海军陆战队在英国每年提供约24000个工作岗位，它的年产值高达30亿英镑。海洋装备工业提供各种军舰、潜艇和高质量的集成系统和设备，其中大约三分之一的产值来自集成系统和设备。此外，该产业每年出口规模很庞大。

3. 海洋商贸产业

海洋商贸产业覆盖的产业主要包括船舶制造，船舶的维修与改造，船上所需设备、系统和服务，船舶的回收，船舶的设计、生产和研发等。海洋商贸产业每年产值约为16亿英镑，为英国提供至少36000个就业岗位。

4. 海洋可再生能源产业

在英国，海上可再生能源产业相对较小，在未来二十年内乃至更长时期内具有巨大的发展潜力和机遇，政府各方一致认为，重视海洋可再生能源的发展是应对气候变化、确保能源使用安全的重要途径。英国政府计划在2020年之前，将近岸风电场建设投资资金增加至750亿英镑；在2050年之前，利用每年海洋波浪能和潮汐能产业的快速增长，吸引大约40亿英镑的投资。同时，海洋可再生能源产业的进一步发展也能够为其他关联海洋产业提供更多发展机会，例如海洋能源开发技术的高效转化以及当前造船和海上油气的高效开发等。

第三节　中国海洋

一、中国海洋的昨天

中国是一个发展中的海洋大国，拥有18000千米的干线海岸线，

14000 千米的岛屿海岸线，6500 多个 500 平方米以上的岛屿和近 300 万平方千米的宣称领海。

中国海洋经济发展历史悠久。早在春秋战国时期，齐国就通过渔业和盐业丰富了经济发展方式，秦汉时期"海上丝绸之路"开始建设并产生巨大影响力，到了唐宋时期将茶叶、瓷器和丝绸等利用海上运输通道进行大规模出口，推动了中国造船航海技术的迅猛发展，而明代郑和下西洋更是掀起了中国古代航海的高潮。新中国成立后，发展海洋经济具有更大的战略意义，中国海洋经济建设进入了新的发展时期。

（一）发展落后阶段（1949—1977 年）

在中华人民共和国成立之际，毛泽东作出了"横渡长江，建设海军"的重大战略部署，新设了南北走向的航线以及台湾海峡航线，推动了早期海洋产业的发展。但在当时，大家对海洋的认识主要是停留在军事和政治方面，对经济方面关注的还较少，对海洋经济缺乏认识。海洋经济发展缓慢，其特点是产业结构单一。海洋捕捞和海洋运输是当时海洋经济发展的主要方式，但中国海上运输业规模小，拥有独立所有权的船只少，严重依赖外国船只，后来又因为中美关系恶化，致使海洋运输船只数量减少，发展处于萎靡的阶段。

（二）发展探索阶段（1978—2002 年）

改革开放促进了海洋经济各部门的发展，同时也促进了海洋产业的发展。海上油气产业开始从试点走向全面生产，海洋生物医药、海水利用、海洋工程建设、海上发电和海水利用等新兴海洋产业开始兴起。对外开放程度的提高，促进了海上运输和海上旅游等服务业的蓬勃发展。与此同时，中国颁布了一系列法律法规，包括《中华人民共和国海洋捕捞法》《中华人民共和国海域使用管理法》《中华人民共和国海洋石油资源开发对外合作条例》和《中华人民共和国盐业管理条例》等，目的是加大对海洋产业生产活动的管理力度，提升海洋空间利用与资源开发的效率。然而，在此期间，部分海洋产业严重依赖外国技术，特别是技术含量较高的第二海洋产业发展迟滞。并且，国家政府没能从宏观角度进行海洋产业发展规划，每个行业都是独立发展的，尚未形成合力。

(三)快速发展阶段(2003—2010年)

经过二十多年的探索和研究,中国的海洋产业发展体系已经较为成熟,海洋经济规模也达到一个较高的层次。2003年,国务院首次公布了中国海洋经济发展指导政策性文件——《国家海洋经济发展规划纲要》,也是中华人民共和国成立以来在海洋领域的第一份规划文件,标志着中国开始突破固有的传统海洋经济印象。一方面,国家批准建设一系列海洋经济发展示范区,包括山东半岛蓝色经济区、浙江海洋经济发展示范区、广东海洋经济综合试验区和福建海峡蓝色经济区等。另一方面,为实现海洋经济的可持续发展,国家也发布了众多指导海洋生态环境保护和海洋资源科学利用的政策文件。

(四)转型发展阶段(2011—2017年)

2013年,习近平总书记召开中共中央政治局第八次集体调研,确立了建设海洋强国是建设中国特色社会主义事业的重要组成部分。[①] 随后,中国作出了"建设21世纪海上丝绸之路"的伟大决策。在党的十九大报告中提出"坚持陆海统筹,加快建设海洋强国",将海洋经济发展的重要性提升到了新高度,强调在海陆一体化和扩大海陆区域规划的背景下发展海洋经济。2014年,中国实现了建设"21世纪海上丝绸之路"的战略承诺,深化了与海上走廊沿线国家的全面合作,加强了与马尔代夫、斯里兰卡和其他南亚国家的海上合作。

(五)高质量摸索发展阶段(2018年至今)

自然资源部、中国工商银行于2018年8月联合印发《关于促进海洋经济高质量发展的实施意见》,明确将重点支持传统海洋产业改造升级、海洋新兴产业培育壮大、海洋服务业提升、重大涉海基础设施建设、海洋经济绿色发展等重点领域发展,并加强对北部海洋经济圈、东部海洋经济圈、南部海洋经济圈、"一带一路"海上合作的金融支持。

目前,中国海洋经济的发展有三个主要特点:一是陆海统筹。目前,

① 习近平:《进一步关心海洋认识海洋经略海洋 推动海洋强国建设不断取得新成就》,《人民日报》2013年8月1日。

中国海陆互动的发展已经突破了海陆地理空间的局限性，综合考量陆地与海洋的经济、社会和生态功能。二是产业结构不断优化。随着海洋经济发展规模的迅速扩张，海洋高端产业要素与高端产业链齐头并进。三是兼顾海洋生态环境保护。根据海洋环境保护的需要，特别划出海洋特别保护区、海上自然保护区以及滨海旅游区等。

二、中国海洋的今天

（一）中国海洋资源状况

1. 海岛资源

海岛是陆地和海洋的交界处，拥有丰富的陆地和海洋资源，因而在海洋经济和临海产业发展中都发挥着重要作用。据不完全统计（台湾、香港、澳门未列入其中），中国有 5000 多个面积高于 500 平方米的海上岛屿，总面积达到 8 万平方千米，占全国陆地总面积约为 0.8%。其中有 500 万人居住的岛屿 400 多个。中国海上岛屿空间分布不均，东海岛屿数量最多，占全国岛屿数量的 58%；南海排名第二，约占 28%；黄海和渤海靠后，约占 14%。从世界范围来看，中国拥有丰富的海岛资源，包括 1900 多万亩的农田面积（山东的海岛农田面积最大，约 900 万亩）、5600 多万亩的森林面积（海南拥有最大的海岛森林面积，约 450 万亩）。

2. 海洋生物资源

中国沿海有 20278 种海洋生物。海洋生物物种主要为暖温性，其次是暖水性和冷温性物种。生活在黄海、东海和南海的外缘的物种，由于被岛链包围，属于半封闭海域，因而多是地方性种类，其中还包含一些在世界上都比较罕见的土著和特有物种。中国的海洋植物主要是藻类，但也有一些种子植物。海洋动物有许多种类，从低等原生动物到高等哺乳动物，几乎所有种类的动物都有涵盖。

在被确认的藻类中，中国海域拥有 1500 多种浮游藻类，320 多种固着性藻类。12500 多种海洋动物，其中无脊椎动物 9000 多种，脊椎动物

3200多种。而在无脊椎动物中，又包含1000多种浮游动物，2500多种软体动物，约2900种甲壳类动物，900多种环节动物。脊椎动物主要是鱼类，一共将近3000种，包括200余种软骨鱼，2700余种硬骨鱼。

3. 海洋能源资源

对中国海洋能源资源进行考察估算发现，其海洋能源资源储量约为4.31亿千瓦。从海洋能源种类来看，大陆沿海潮汐能储备1.1亿千瓦，年发电能力2750亿千瓦时，其中大多数位于浙江省和福建省，占全国比重高达81%。波浪能总储量为2300万千瓦，重点分布于广东、福建、浙江、海南和台湾沿海区域。潮汐能主要分布在92条沿海水道，可开发设备1830万千瓦，年发电能力约270亿千瓦时。按照18℃以上的海水垂直温差计算，中国海洋温差能可利用的面积达到3000平方千米，可开发的热能资源有1.5亿千瓦，集中分布于南海中部区域。

4. 滨海砂矿资源

中国有60多种海岸砂矿床，几乎涵盖了世界上所有类型的海岸砂矿。主要包括钛铁矿、锆、金红石、独居石、捕虏体、磁铁矿、锡石、铬矿、铌、锐钛矿、石英砂、石榴石等。从滨海砂矿类型来看，中国沿海的砂矿主要是海积砂矿，然后是河海砂混合沉积砂矿，大多数矿床存在的形式为共生。

中国沿海砂矿探明储量达到15.25亿吨左右，其中滨海金属矿约2500万吨，非金属矿15亿吨。金属矿产储量包括钛铁矿、锆、金红石、独居石、磷灰石等，其中锆和钛铁矿占沿海金属矿床总量的90%以上。

(二)中国海洋经济发展特点

1.“建设海洋强国”上升为国家战略

2018年，党的十八大报告提出“增强海洋资源开发能力，发展海洋经济，保护海洋生态环境，坚决维护国家海洋权益，建设海洋强国”，这是将海洋经济提升到更高战略层面的重要战略举措。

党的十九大报告提出“坚持陆海统筹，加快建设海洋强国”，强调在陆海统筹方面发展海洋经济，以及将区域规划的范围从陆地扩大到海洋。

为提高海洋经济高质量发展的效率，2018 年中国批准建设 14 个海洋经济发展示范区，持续深化创新发展战略，这些措施使得试验区成为国家海洋经济发展的重要增长极和海洋强国建设的重要载体。国家还采取了一系列措施，促进新兴战略产业，发展海洋开发的科学和技术，建立海洋创新和发展示范区，通过融资促进海洋产业的发展，以创造有利的政策环境。

2. 海洋产业发展势头强劲

近年来，特别是“十三五”时期，通过国家促进战略性新兴产业的政策和有关海洋新兴产业发展的指导意见，海洋新兴产业的创新要素和社会资本得到了积累。关键技术领域的突破，示范效应的增强，产业链的发展，产业规模的扩张和产业转型升级都取得了积极的成果。尤其是以海洋生物医药业、海水综合利用业以及海洋能源产业为代表的新型海洋战略产业的发展速度要远远快于传统海洋产业，并且仍处于显著扩张阶段。“十四五”时期，海上风电装机新增容量将占到全球容量的二分之一以上，海水淡化的日产能将比 20 世纪末至少增加 60%。

3. 海洋新技术的不断涌现

随着海洋强国建设战略地位的提升和国民海洋意识的增强，科研机构和企业愿意将更多的研究精力和资金投放在海洋领域，特别是那些具有高额市场价值的战略性新兴海洋产业，加快了海洋科研技术的发展进步。“蛟龙”“深海勇士”“坎普诺夫”等潜艇，“雪龙极地研究船”，海洋石油 981 号、蓝鲸 1 号、蓝鲸 2 号深海钻井平台等设备的成功研发，标志着中国海洋装备制造业实现新的技术突破。此外，微藻、蛋白质、脂类和生物材料等一系列海水淡化领域的技术进步，有效推动了中国海洋生物制品领域的技术发展。未来，中国将对以上领域实施进一步的技术升级，提高海洋科技研发能力，提升海洋资源开发利用效率。

4. 产业发展需求持续增长

基于市场需求视角，中国综合国力进一步增强，城镇化和工业化进程不断加快，人民生活水平和消费水平也得到了很大的提升，国民经济的高质量发展使得对新技术、新产品的需求快速增长，为新兴海洋战略产业的发展创造了广阔的空间。举例来说，人类对环境友好型产品和有效药物的需求促生了海洋生物养殖和健康农业、海洋生物医药产业的长足发展。为缓解资源承载力有限、能源消耗严重问题，必须重视海水综合利用、海洋新材料、海洋新能源和海洋环保等领域的发展。了解、探测、开发、利用海洋资源和拓展海洋利用空间，为海运服务业、海洋信息产业提供发展机会。

三、中国海洋的明天

（一）国内海洋经济未来发展方向

党的十八大以来，中国海洋空间管理体制实现了现代化，管理能力得到有效提高，具体从推进海洋管理体制创新，维护国家海洋权益，建设海洋生态文明，颁布海洋法律法规四个方面实施。海洋资源的开发利用和保护能力得到了显著改善。目前，中国正在进一步深化对外开放，努力构建以国内循环为主体、国内国际双驯化相互促进的新发展格局。在新时期下，我们必须坚持新发展理念，着力发展海洋经济，扩大海洋经济开放力度，这是中国海洋事业发展的必由之路。

未来，应注重从以下几个方面确立海洋强国建设发展方向：

首先，发挥区域优势，重点发展沿海沿岸区域。沿海地区是中国海洋经济发展的重要载体，是加快海洋强国建设的主体部分。要推动商品要素资源在各沿海区域之间的自由流动，形成一批海洋经济强市、强县，使海洋经济成为沿海地区经济发展新的增长极。

其次，加快海洋产业结构升级。海洋是中国经济高质量发展的重要依托，应当在大力发展海洋渔业、近海油气业等传统产业的基础上，通过提升海洋产业科技含量，推动海洋科研创新，在海洋高端装备制造业、海水淡化及综合利用、海洋生物医药等领域实现更长远的发展。

最后，加快海洋产业转型升级。海洋具有高风险、高资本和高技术的特征，加之目前正处于大数据、云计算等新兴技术革命的时代，以海洋科研教育管理服务业为代表的海洋服务业在海洋产业的转型升级功不可没。国家应加大对海洋科技的投入和研发，加强海洋科学技术应用，建设“数字海洋”“智慧海洋”“透明海洋”。

(二)世界范围内中国海洋经济未来发展方向

在百年大变局的背景下，中国经济发展面临更大的软性压力，海洋话语权压力不断增加。2016 年菲律宾单方面实施“南海仲裁裁决”(以下简称“裁决”)给中国海洋话语权带来危机，所产生的负面法律效应将为中国海洋话语权的提升带来巨大隐患。中国必须对此有足够的警觉并提升应对能力。

首先，提高海洋空间管理控制力。控制和维护海洋舆论环境和发言安全是海洋话语权的体现，也是中国海洋话语权与中国海洋权力关系的根源。中国海事话语的利益诉求为其提供了提升控制能力的维度，有利于中国海事维权行为的推进。中国海洋话语安全环境的现状决定了中国海洋谈话的发展方向，包括控制中国周边海域舆论的能力和控制海洋谈话危机的能力。

其次，拓展海上航线。21 世纪海上丝绸之路是海上航线的代表，是中国经济发展需要拓宽的新空间。通过建设现代海上丝绸之路，中国将与沿线国家沿海港口城市相连，实现海上深度合作与共赢发展。

再次，加强海外合作。即加强中国与各海洋国家的双边和多边海洋合作，与有关国家进行海洋科学技术、空间管理等思路，吸引外来资金和先进的技术，提高海洋产品技术含量，加快海洋技术研发进程，积极促进深海极地、国际海底资源开发利用合作，努力构建多层次、全方位的海洋开放合作平台。

最后，构建人类海洋命运共同体。作为积极承担全球海洋治理责任的海洋大国，中国在“海洋命运共同体”理念的指导下主张构建开放型海洋经济，以中国式智慧和规划积极参与构建国际海洋治理新格局，保障各国合理开发海洋资源的权利，共同维护世界海洋空间管理秩序，共同拓展人类生存的空间。

(三)中国海洋经济未来发展工作重点

1. 强化海洋空间规划安排

随着海洋强国战略的推进，海洋空间利用与保护逐渐成为国家海岸管理的重要议题，但目前理论创新和技术方法的引进和推广已不能满足海洋经济发展的现实需要。一则，海洋问题的多样性加剧了沿海区域矛盾的发展，而当前海洋空间规划布局并不是从其本体的角度考虑，而是基于生态系统管理的角度进行考量。再则，在实践方面，不同规模和物种的动态评价极其匮乏，对海洋空间规划活动部分的理解也不足。许多海洋管理方法仍局限于内陆海洋空间，尚未达到综合考量人与海洋活动关系的整体空间系统层次，需要尽快更新海洋空间管理政策。

2. 海洋管理体制机制创新

随着海洋产业链条不断延伸及海洋经济增长方式的转变，海洋管理机制体制及其支撑服务体系愈显重要，需要重视海洋管理体制机制创新在海洋产业转型升级的作用。现阶段中国海洋管理机制体制较为单一，远跟不上海洋经济发展的速度。如何进一步破除海洋管理的僵化和桎梏，加快海洋管理机制体系的创新，是推动海洋产业的转型升级值得思考的重要问题。

3. 维持海洋地缘政治环境稳定

海洋经济已经成为中国经济发展的重要动力。这也是中国海洋经济从浅海走向深海，从近海走向大洋，从领海、专属经济区、大陆架走向公海的历史机遇。因此，维护海洋地缘政治环境稳定，了解未来中国海洋开放发展的风险、机遇和挑战，是保障中国海洋经济高质量发展和海洋强国建设的重要前提。当务之急是把握国家海洋地缘安全环境脉搏，尽早预见和规避海洋强国建设与“一带一路”倡议实施过程中可能面临的挑战和风险。当代中国海洋地质环境安全因素已全方位扩展到经济、社会、生态环境领域，增强海洋地质环境系统的恢复能力是海洋生态系统安全研究的重要内容。

第四节　中国海洋经济与海洋产业

一、海洋经济运行情况

(一)中国海洋经济运行情况

《中国海洋经济统计公报》数据显示,2017 年、2018 年、2019 年、2020 年、2021 年五年的海洋经济生产总值分别是 77611 亿元、83415 亿元、89415 亿元、80010 亿元、90385 亿元。从 2017 年到 2019 年分别比上年增长 6.9%、6.7%、6.2%,2020 年比上年下降 5.3%。2021 年比上年增长 8.3%。如图 1-1 所示。

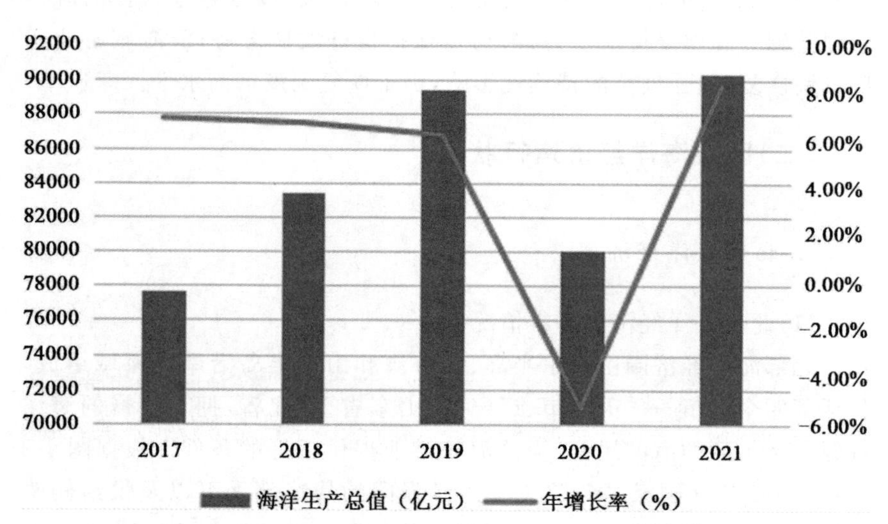

图 1-1　2017—2021 年中国海洋经济生产总值图(单位:亿元)

数据来源:中国海洋信息网

根据图 1-1 可见,中国各级海洋行政相关部门认真贯彻国家政策和落实国家方针,2017—2019 年的海洋经济生产总值稳步上升,沿海地区海洋经济政策力度大、速度加快，到了 2020 年，中国受到了新冠疫情和国际环境的冲击，海洋经济受到了一定程度的影响，海洋经济生产总值稍有回落。2021 年，中国主要海洋产业强劲恢复，发展潜力与韧性彰显。

海洋产业主要有海洋渔业、海洋汽油业、海洋盐业、海洋矿业、海洋生物医药业、海洋盐业、海洋电力业、海洋利用业、海洋船舶业、海洋工程建筑业、海洋交通运输业以及滨海旅游业等，除了 2020 年外，2017—2019 年各行各业都逐年稳定增长，2020 年初除了受疫情打击最严重的沿海旅游业外，主要经济指标继续改善，大多数海事部门显示出稳定的复苏，势头已经形成。2021 年，持续推动海洋渔业转型升级，加快发展绿色、智能化、深海养殖；海上油气工业增加值稳步增长，海上油气产量也继续保持双增长；海洋电力产业、海水综合利用产业、海洋生物制成品产业增长持续扩大，海上风电累计装机容量位列全球第一，海水淡化产业发展稳步推进；海洋化工持续增长，海洋石化和盐化工产品产量和价格同步上涨，海洋矿物资源开采速度放缓，造船业加速复苏，船舶新订单同比增长 2 倍；海洋工程建筑行业保持稳步发展，以智慧港为首的海洋新型基础设施建设持续发力；海运量保持良好发展态势；滨海旅游业实现较快恢复，但受疫情的持续性影响，仍未恢复到疫情前水平。

(二)区域海洋经济运行状况

1. 北部海洋经济圈

(1)北部海洋经济圈基本情况

北部海洋经济圈由辽东半岛、渤海湾和山东半岛沿岸及海域组成，包括了四个省市——天津市、辽宁省、山东省、河北省，拥有丰富的海洋资源以及美丽的海滨风景，为滨海旅游业提供了好的条件。根据图 1-2 所示，2019 年在国家国务院关于海洋强国的战略部署下以及供给侧改革的推进。海洋经济总体平稳增长，2020 年受到疫情较大的冲击稍有回落。2021 年，北部海洋经济圈海洋经济生产总值 25867 亿元，比上年名义增长 15.1％，占全国海洋经济生产总值的比重为 28.6％。

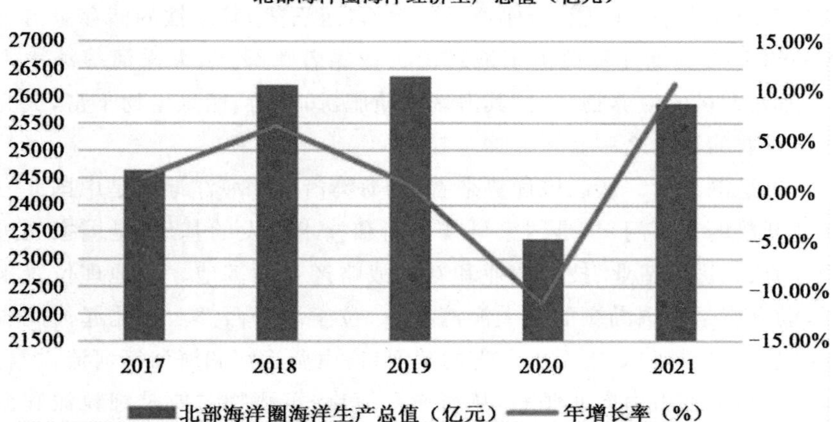

图 1-2 2017—2021 年北部海洋经济圈海洋经济生产总值图(单位:亿元)

数据来源:中国海洋信息网

(2)北部海洋经济圈功能定位

北部海洋经济圈是中国参与经济全球化的重要载体,拥有全球影响的先进制造和现代服务产业基础,以及国家科技创新和技术研发基础,是中国北部开放发展的重要区域。作为制造业输出的驱动力,北部湾海洋经济圈具有坚实的海洋经济基础、丰富的海洋创新资源和高级海洋创新能力。

此外,海洋科研与教育的显著优势,使其成为国家科技创新和技术研发的示范基地。北部海洋经济圈中海洋创新能力最强的是山东半岛。山东半岛具有现代化的海洋产业集群和强大的海洋创新能力,具有国际竞争力,同时也是世界级海洋科学与技术教育核心区域、海洋产业转型升级试点区以及海洋生态功能示范区。

(3)北部海洋经济圈各区域情况

一是辽东半岛。从区域优势来看,辽东半岛在海域发展中的功能定位是东北地区对外开放的重要平台,是东北亚地区重要的国际交通中心,是国家先进装备和新型原材料制造基地,是重要的科技创新和研发的基地,是环境优良的宜居地区。从地理位置上来看,辽东半岛位于辽宁省南部。辽河口与鸭绿江口连线以南、黄海、渤海之间,南端为大连港,是中原与东北交流的必经之路之一,是中原与东北腹地相联系的纽带。从海洋资源来看，辽东半岛矿产和渔业资源都十分丰富，已经探明的矿产资源有铁、镁、铝、金刚石、锰、滑石、玉石等，其中铁的储存量占全国的约20%。渔业资源由于地理位置依靠着鸭绿江、大洋河等淡水入海，涌入大量的滋养物质，使其海区水质肥沃，浮游、栖息生物丰富，成为中国重要的渔场之一。

二是渤海湾。从区域优势来看，渤海湾沿海和海洋地区是中国北方对外开放的重要门户，是国家科技创新和技术研发的基地，是国家先进服务业、先进制造业、技术产业和新兴战略产业的基地。从地理位置来看，渤海湾是中国渤海的三大海湾之一，位于渤海西部。它北起河北省乐亭县的大清河口，南至山东省的黄河口，由蓟运河和海河等河流供给。海底地形大致由南向北倾斜，从海岸到海岸，沉积物主要是细粒泥和淤泥。从海洋资源来看，渤海湾拥有丰富的石油和天然气资源。作为黄骅石油盆地在陆地上的自然延伸，渤海湾面积大，第三纪矿藏厚，石油储备前景高，是中国近海油气资源最丰富的地区之一。

三是山东半岛。从区域优势来看，山东半岛海岸和海域的功能定位是具有较强国际竞争力的现代海洋产业中心、世界一流的海洋科技教育核心区、全国海洋经济改革开放先行区。从地理位置来看，它是中国最大的半岛，位于山东省东部，东临胶莱河谷，横亘在渤海和黄海之间。山东半岛东西最大长度约300千米，南北最大宽度约200千米，总面积为约7.5万平方千米，人口为4500万(2020年)，以河口县和沾化区的新都城交界处以及拉山口和拉山屠苏路交界处的徐泾河口两点为界，连续线以东的部分。从海洋资源来看，山东半岛的矿产资源分布广泛，储量大，对整个山东省具有重要意义。其中包括石墨、滑石、蓝宝石、膨润土、透闪石、硅藻土、玻璃石英岩、玻璃砂和其他山东省特有的矿物，金、银、铜和用于石材加工的花岗岩也是该地区重要和有利的矿产。

2. 南部海洋经济圈

(1)南部海洋经济圈基本情况

南部海洋经济圈包括四个省区，即广西壮族自治区、广东省、海南省和福建省，与其他海洋经济区相比，它的特点是海洋边界大，岛屿多，地理优势独特，开始逐渐发展为中国的对外贸易前沿阵地。包括了海峡西岸、珠江三角洲、海南经济区、北部湾经济区，根据《中国海洋经济统计公报》数据显示，2017—2021 年海洋经济生产总值如图 1-3 所示。

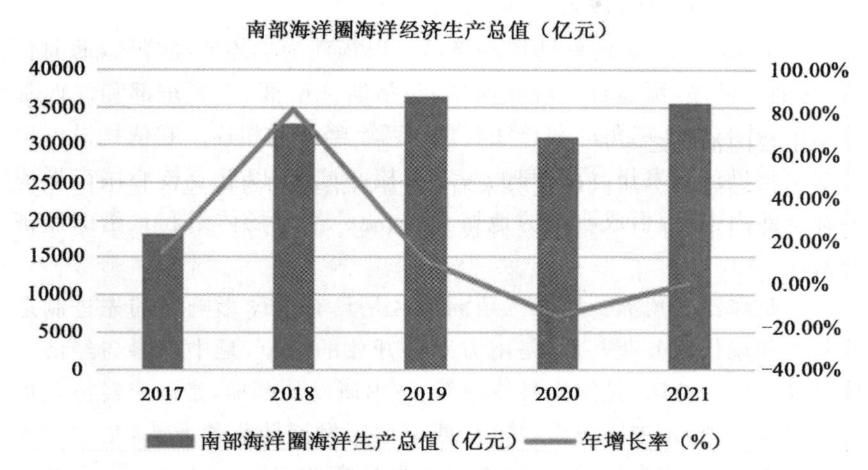

图 1-3　2017—2021 年南部海洋经济圈海洋经济生产总值图(单位:亿元)

数据来源:中国海洋信息网

如图 1-3,需要关注的是,近年来,南部海洋经济圈的海洋发展呈现出一个比较明显的特点,即海洋产业结构不断优化,基本形成了行业门类较为齐全、优势产业较为突出的现代海洋产业体系,也受益于粤港澳大湾区、中国(海南)自由贸易试验区等区域发展战略带来的重要契机,迎来前所未有的发展机遇。南部海洋经济圈海洋经济生产总值在全国占比由 2017 年的 30.09%上升至 2020 年的 38.65%,2019 年甚至达 40.81%,处于绝对领先位置。从沿海十一省来看,广东、山东、福建连续多年位列全国前三名,2020 年三省海洋经济生产总值略有收缩,但占全国海洋经济生产总值比重依次为 21.6%、16.5%、13.1%。江苏表现出较强发展韧性,其 2021 年海洋经济生产总值较 2020 年增长了 12.85%。

(2)南部海洋经济圈功能定位

南部海洋经济圈的主要特点是具有辽阔的海域和显著的战略地位,特别对维护国家海洋权利具有重要意义。整体来看,南部海洋经济圈海洋创新综合能力最强,海洋科研产出率较高,海洋经济开发水平高。其中,广东创新能力在十一个沿海区域中排名第一。福建省沿海和海域是两岸交流与合作的重要试点区域,是支持周边地区发展的新的全面开放通道,以连接“一带一路”的中心区域,同时也是历史上海上丝绸之路的起始地，其对外贸易发展保持长久繁荣。

(3)南部海洋经济圈各区域情况

一是海峡西岸。海峡西岸经济区是以福建为主体的经济区，面向台湾，与港澳接壤，覆盖台湾海峡西岸，包括浙江南部、广东东部和江西部分地区，并与珠江三角洲和长江三角洲两个经济区相连。它依托沿海地区的福州、厦门、泉州、温州和汕头五个核心城市，以五个核心城市形成的经济圈为中心，形成明确的地域分工、统一的市场体系和紧密的经济联系。

二是珠江三角洲。珠江三角洲地区是具有全球影响力的先进制造业基地和现代服务业基地，是南方对外开放的门户，是中国参与经济全球化最重要的地区，是国家科技创新、技术研发的基地，是国家经济发展的重要推动力，是中国华南、华中、西南地区发展转化的龙头，是中国人口最集中、创新能力最强、经济发展水平最高的三大区域之一。它是中国人口最密集、创新能力最强、综合性最强的三个地区之一(另外两个是长江三角洲和环渤海地区)，被誉为“南海明珠”。

三是北部湾经济区。北部湾国际门户港在西部陆海联动的新船闸航道上显得越发向海，为经济高质量发展提供有力支撑，北部湾港现已成为全国十大沿海港口之一，上升为国际海运港口枢纽。

四是海南经济区。海南在中国南海的面积超过200万平方千米，是中国最大的海洋省份。长期以来，海南利用南海独特的地理环境和资源优势，重点发展滨海旅游、海洋渔业和其他海洋产业，不断扩大海洋经济规模，优化海洋产业布局。

3. 东部海洋经济圈

(1)东部海洋经济圈基本情况

东部海洋经济圈是由长江三角洲沿岸地区所组成的经济区域，主要包括江苏省、上海市和浙江省的海域与陆域，是一个位于长江和海洋交汇处的冲积平原。它是中国领先的经济区，是中国综合潜力最大的国家经济中心，是通往亚太地区的主要国际门户，是具有全球意义的先进制造业基地，是中国第一个获得世界级城市中心地位的地区。东部海洋经济圈具有独特的优势，其位置和资源、航运、优越的地理条件和强大的区域经济将支持其未来发展。

（2）东部海洋经济圈功能定位

东部海洋经济圈是中国通往亚太地区的国际门户，是中国参与经济全球化的前沿阵地，区域海洋创新能力居于第二，海洋经济发展属于外向型经济，全球影响力较大。上海沿岸及其海域是国际经济合作、金融发展、对外贸易、海上航运中心，地理位置上连接亚太和新亚欧大陆桥，其便捷、密集、高效的港口码头航运体系，是东部海洋经济圈能够快速进入经济全球化的重要原因。江苏、浙江沿岸和海域也具有极其突出的区域优势，不仅是中国关键的交通枢纽、滨海新型工业基地，也是海洋改革开放先行试点区、传统海洋产业转型升级示范区、海陆一体化发展示范基地。

（3）东部海洋经济圈特点

总体而言，东部海洋经济圈海洋经济发展呈现出稳定的趋势。首先，东部海洋经济圈的产出和附加值逐年增加。其次，东部海洋经济圈的海洋产业的整体结构在产业结构和空间分布上呈现出“三、二、一”的特点，不同地区的产业结构不同，上海市、江苏省和浙江省的产业结构不同。最后，东部海洋经济圈的海洋经济的发展可能会受到一些因素的制约，包括海洋科技自主创新能力弱、社会问题增多、环境和生态问题的重要性。

如图1-4所示，2017—2021年，由于东部海洋经济圈相对完善的港口航运体系，以及各类海洋资源丰富，并且政府政策的大力扶持等使东部海洋经济圈海洋经济生产总值增速逐渐上升。

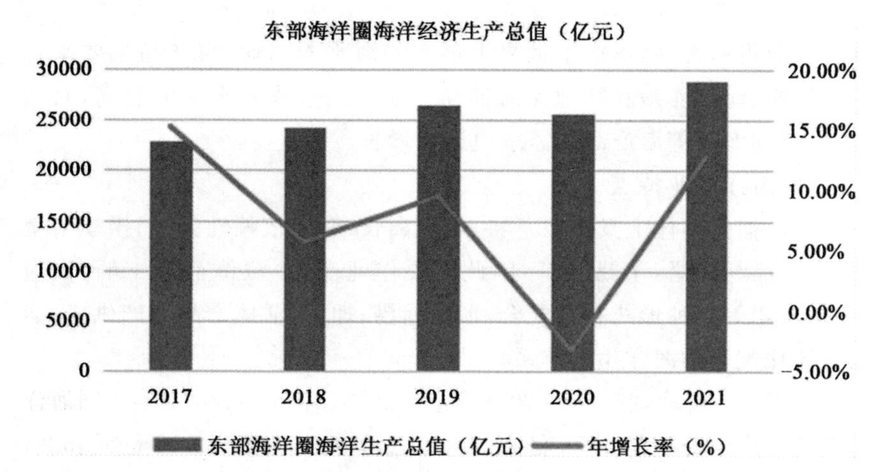

图1-4　2017—2021年东部海洋经济圈海洋经济生产总值图（单位：亿元）

数据来源：中国海洋信息网

二、主要海洋产业发展状况

21 世纪后，中国的海洋经济取得了很大进步，海洋产业规模扩大，品种增多，产业结构明显改善，社会经济效益大幅提高，在国民经济发展中的地位越来越重要，对国家特别是沿海地区的经济社会发展发挥了重要作用。

（一）主要海洋传统产业

1. 海洋渔业

（1）海洋渔业资源概况

中国拥有丰富的海洋渔业资源。共有近 2000 种海洋鱼类，其中 300 多种是重要的经济鱼类，60～70 种是最为普遍的高产经济鱼类。就海域而言，南海的海洋物种数量最多，有 1000 多种，其中 100～200 种具有较高的捕捞价值。东海有 700 多种鱼类，种类较少，但产量高于南海，有近 100 种重要的经济鱼类。黄海和渤海有 250 多种鱼类，约 40 种重要的经济鱼类。

改革开放以来，海洋渔业持续保持迅速发展，海鱼产量逐年增加，海水养殖业迅速发展，形成了世界上最大的海水养殖业，海产品主要来自深海捕捞、海水养殖和陆地深海捕捞。随着国家收入水平的提高，对鱼类、贝类和海藻等海产品的需求也迅速增长。

（2）海洋渔业特点

海洋捕捞整体上具有以下特点：距离长、时间依赖性强、捕捞季节集中，水产品易腐烂，不易保鲜，因此需要作业船、冷藏鲜品加工船、供应船、运输船等多种形式相互配合，形成捕捞、加工、活体产品生产供应、运输一体化配套的海洋生产体系。

如图 1-5 所示，2017 年、2018 年、2019 年、2020 年、2021 年中国海洋渔业的总产值分别是 4676 亿元、4801 亿元、4715 亿元、4712 亿元、5297 亿元，增速分别为－3.3％、－0.2％、4.4％、3.1％、4.50％。海洋渔业的产量相对稳定，产量年均在 1 亿吨左右。

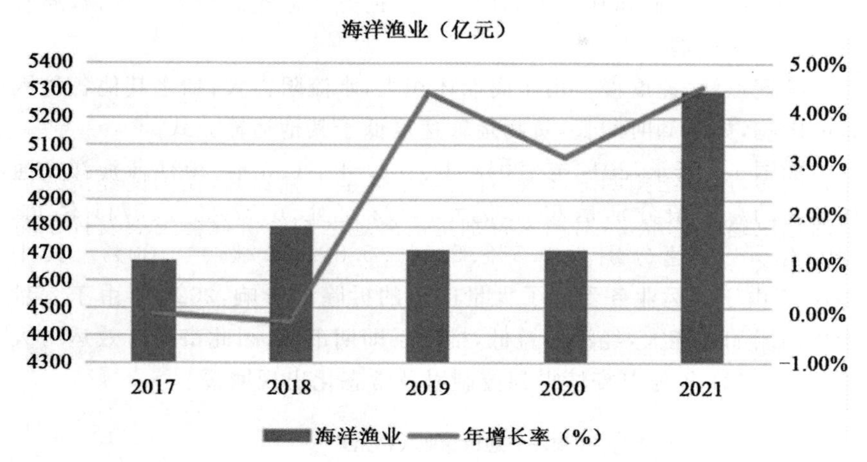

图 1-5　2017—2021 年中国海洋渔业总产值图(单位:亿元)

数据来源:中国海洋信息网

2. 海洋交通运输业

(1)海洋交通运输业概况

海运业包括海上运输活动和以船舶为主要运输工具的海上运输服务的提供,包括海上客运、沿海客运、海上和沿海货运、航运支持活动、管道运输、装卸活动和其他运输服务活动。它是海洋经济的支柱,在发展进出口贸易和沿海旅游方面发挥着重要作用。

(2)海洋交通运输业特点

第一,自然水道。船舶运输在自然水路上进行,不受道路和街道的阻挡,并且有很大的容量。考虑到政治、经济和商业环境以及不断变化的自然条件,可以随时调整和改变航线以满足运输目标。

第二,大容量。随着国际航运的发展,现代造船技术日趋成熟,船舶也越来越大。巨型油轮的吨位已达 60 多万吨,第五代集装箱船的吨位已达 5000 多 TEU。

第三,运费低廉。海上航道是自然规划出来的,港口设施通常由政府建造,这使航运公司可以大大节省基础设施的投资。船舶吨位大,寿命长,覆盖距离远,单位运输成本低,为低价值散装产品的运输创造了有利条件。

第四,负荷适应性强。海运主要适用于不同货物的运输。例如,油井、火车、机车车辆和其他不能用其他运输方式运输的超大型货物，通常可以用船舶运输。

第五，运输速度慢。由于商船体积大，水流阻力大，加之其他各种因素的影响，如装卸时间长，货物运输速度低于其他运输方式。

如图 1-6 所示，2017 年、2018 年、2019 年、2020 年、2021 年海洋交通运输业的总产值分别是 6312 亿元、6522 亿元、6427 亿元、5711 亿元、7466 亿元，增速分别为 9.5％、5.5％、5.8％、2.2％、10.30％。其中 2018 年由于油运业务受到了大量旧船的拆除的影响，2020 年由于大量老化的船舶耗能大，经济效益低，推出了即期市场，因此市场有效运力大幅下降，2021 年随着疫情得到控制以及常态化出现回暖。

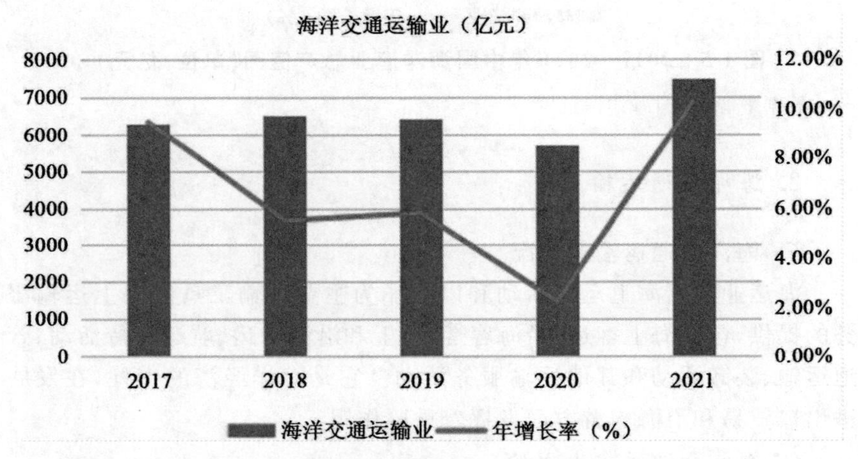

图 1-6　2017—2021 年中国海洋交通运输业总产值图(单位:亿元)

数据来源:中国海洋信息网

3. 滨海旅游业

(1)滨海旅游业概况

中国沿海横跨三个气候带，即热带、亚热带和温带。旅游资源丰富多样，有“阳光、沙滩、海水、空气、绿色”五个基本要素。初步调查结果显示，我国有 1500 多个滨海景区和 100 多个滨海海滩，其中最重要的是 16 个国家历史文化名城、25 个国家重点风景区、130 个国家重点文物保护单位和国务院公布的 5 个国家级滨海自然保护区。按资源类型划分，有 273 个主要景区，其中沿海景区 45 个，主要岛景区 15 个，外来景区 8

个，重要生态景区19个，水下景区5个，著名山地景区62个，著名文化景区119个。

沿海旅游包括基于沿海地区、岛屿和海洋的自然和人文景观的旅游活动和服务。它主要包括海洋旅游、休闲娱乐、度假住宿和体育等活动。多年来，该部门的附加值一直处于领先地位，一个强大的产业在国内生产总值中占有重要份额。它是沿海地区的重要资金来源，也是吸收就业的主要动力。

数据显示，自2012年以来，中国沿海旅游业的增加值不断增加，2018年达到16078亿元人民币，占海洋产业总产值的47.80%。2017年3月至2018年2月，中国沿海旅游市场达到10.6亿人次，约占同期国内旅游市场的21.1%（渗透率）。这表明，沿海旅游产业持续增长，发展潜力巨大，已成为沿海城市发展旅游业的重要目的地。但是，中国沿海旅游业的发展仍然存在着低水平的供过于求和高水平的供不应求的问题。要优化供给结构，统筹海陆旅游资源，满足不同层次的旅游需求。

（2）滨海旅游业特点

第一，海岸岸线长，但适合度假开发的岸线较少。中国有32000千米的海岸线，其中14000千米为岛屿，18000千米为内陆。它一直延伸到纬度38°，位于三个气候区：热带、亚热带和温带。同时有不同类型的珊瑚礁海滩、泥浆海滩和沙滩。然而，只有热带海岸的海滩更适合发展度假旅游。此外，中国的气候高度依赖季风，在沿海和海岛开发冬季旅游项目面临很大困难。另外，中国的工业建设占据了大部分的优质海岸线，所以真正适合中国休闲发展的海岸线是一种宝贵的资源，真正能够全天、全年开发的休闲海岸线很少。

第二，海岛数量多，但真正的海洋岛数量极少。一般来说，面积在500平方米以上的岛屿被称为岛屿，而面积在500平方米以下的被称为礁石。

第三，整体存在低水平供给过剩以及高供给不足的问题。如图1-7所示，2017年、2018年、2019年、2020年、2021年滨海旅游业的海洋总产值分别是12047亿元、14636亿元、16078亿元、18089亿元、13924亿元，增速分别为9.9%、16.5%、8.3%、9.3%、－24.5%，滨海旅游业发展存在低水平供给过剩以及高供给不足的问题，但由于不同水平的基础需求满足消费水平不同的群众以及假期，旅游业都保持稳定的需求，2016—2019年处于稳步上升的状态，但是2020年受到新冠疫情的冲击，旅游业受到了严重的打击，2021 年虽有回升，但是疫情的存在，对旅游业的打击还是最大的，因此回升幅度较小。

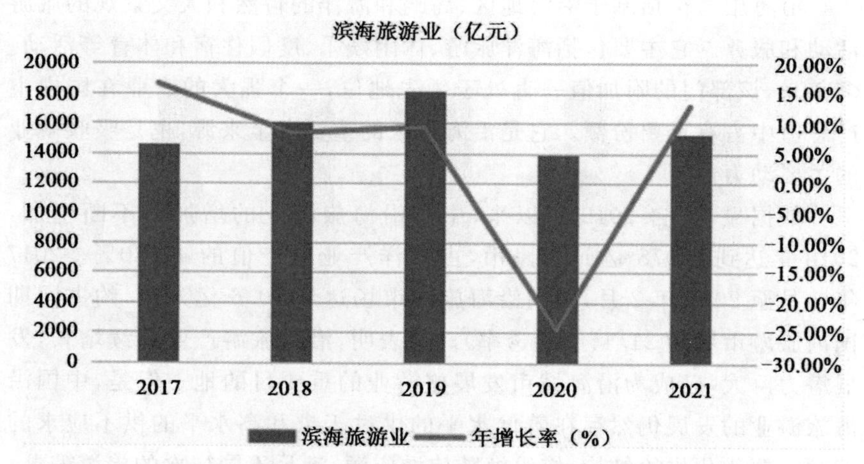

图 1-7　2017—2021 年中国滨海旅游业海洋总产值图(单位:亿元)

数据来源:中国海洋信息网

4. 海洋船舶工业

(1)海洋船舶工业概况

船舶制造包括军舰、金属和非金属的固定和浮动海上设施的生产，以及军舰的维修和拆解。随着造船业的结构调整和国际造船能力的调整，中国的军舰工业出现了恢复性增长。2020 年，国内新建军舰订单同比增长 12.2%，而完工军舰数量和人工下水军舰订单减少。全年海运业增加值为 1147 亿元，同比增长 0.9%。

随着世界航运市场逐步回暖，全球新船需求显著回升，2021 年中国新承接海船订单、海船完工量和手持海船订单分别为 2402 万、1204 万和 3610 万修正总吨，分别比上年增长 147.9%、11.3%和 44.3%，占国际市场份额保持领先，船舶绿色化、高端化转型发展加速。海洋船舶工业全年实现增加值 1264 亿元，比上年增长 7.7%。

如图 1-8 所示，2017 年、2018 年、2019 年、2020 年、2021 年中国海洋船舶业总产值分别是 1455 亿元、1318 亿元、1182 亿元、1147 亿元、1264 亿元，增速分别为－4.4%、9.42%、11.3%、0.9%、7.7%。2018 年海洋船舶工业增加值为 997 亿元，行业受全球经济贸易发展趋势影响较大，

2017—2021 年间增长出现较大波动。

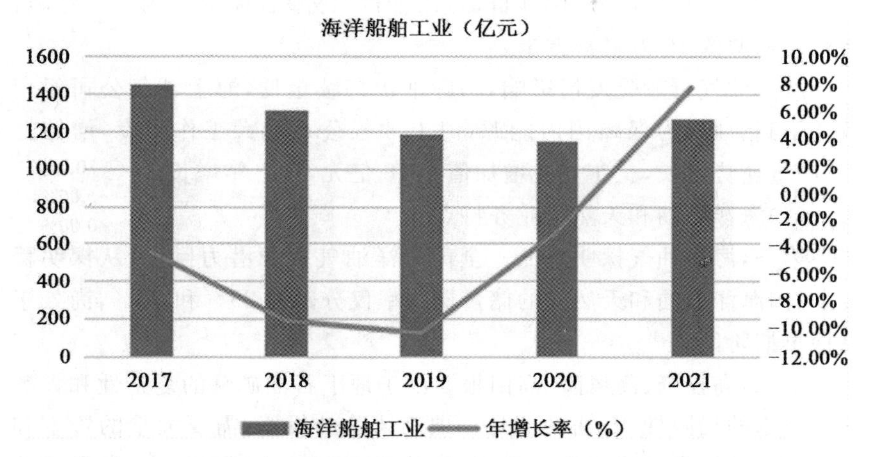

图 1-8　2017—2021 年中国海洋船舶业总产值图(单位:亿元)

数据来源:中国海洋信息网

(2)海洋船舶工业特点

船舶工业属于集资本、技术、劳动力一体的密集型产业。伴随着科技的不断进步,以及信息技术与船舶工业技术不断地融合,船舶工业成本对于造船业转移影响力相对减少,技术层面越发显现,主要表现出两个特点:

第一,多样性。船舶工业涉及多项技术,例如结构力学、钢结构、工程技术、电气等,且船舶工业细分行业的产品种类多样。

第二,高黏度。船舶供应链呈功能网络状结构,具有高黏度的特征,船舶工业的供应链是以造船为核心,从原材料的采购开始,到企业产品的配套,相关企业的合作,到之后的产品制作,最后完成交船而形成的一个整体的功能网络状结构。

5. *海洋石油和天然气业*

(1)海洋石油和天然气概况

中国近海大陆架约有 240 亿吨石油资源和 13 万亿立方米天然气资源。据相关部门初步测算,渤海石油资源约 40 亿吨,天然气资源约 1 万亿立方米;东海石油资源量约 50 亿吨,天然气资源约 2 万亿立方米;黄海石油资源量约5亿吨，天然气资源约600亿立方米；南海(除台湾西南部、东沙群岛南部、西部、中沙群岛、南沙群岛外)石油资源约150亿吨，天然气资源约10万亿立方米。

海上油气行业受疫情影响，国际油价持续走低，海上油气公司经营效益受到影响，为保障国内能源，海上油气公司加大工作力度，增储上产，产量逆势增长，全年完成增加值1618亿元，比上年增长6.4%。

(2)海洋石油和天然气业务特点

第一，海洋油气探明率低。全球海洋油气资源潜力巨大，从探明程度上看，海洋石油和天然气的储量探明率仅分别为25%和30%，尚处于勘探早期阶段。

第二，高投资、高风险、高回报。由于地下石油矿藏的复杂性和人类科学技术的局限性，石油勘探是一项高风险的投资，需要大量的资本和未来回报的极大不确定性。然而，这使得石油行业利润极高，如果成功的话，投资回报率很高。

如图1-9所示，2017年、2018年、2019年、2020年、2021年中国海洋油气业总产值分别是1126亿元、1477亿元、1541亿元、1494亿元、1618亿元，增速分别为−2.1%、3.3%、4.7%、7.2%、6.4%。

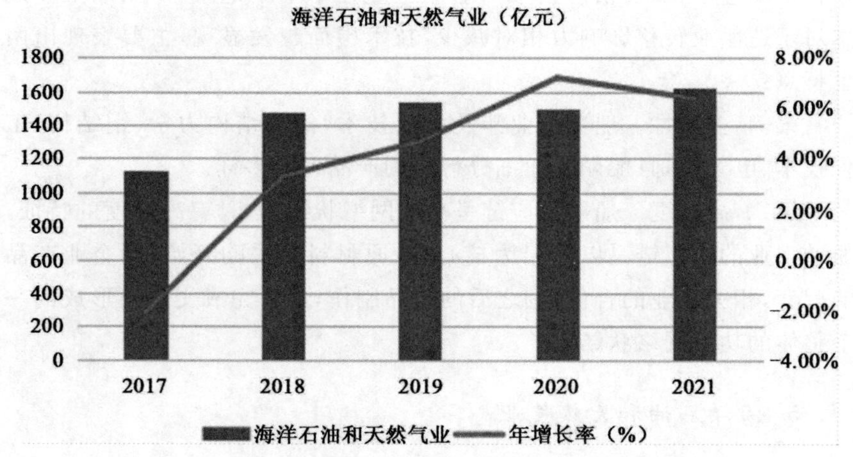

图1-9　2017—2021年中国海洋油气业总产值图(单位:亿元)

数据来源:中国海洋信息网

6. 海洋化工业

(1)海洋化工业概况

海洋化工业是由海洋化学品、海水化学品、海藻化学品和海洋石化产品组成的化学工业。由于关键的海洋化学品(如烧碱)产量的增加,海洋化学工业出现了恢复性增长。海水中含有多种丰富的元素,世界范围内海水中含有4亿亿吨氯化钠。中国许多沿海地区拥有富含盐分的海水资源。南海西沙和南沙群岛沿海水域年均盐度达到33～34。渤海海峡北部、山东半岛东部和南部年均盐度达到31,福建和浙江沿海年均盐含量达到28～32。海水中含有80多种元素和多种溶解矿物。陆地资源中的镁、钾、溴等元素很少,从海水中提取的潜力很大。

(2)海洋化工业特点

第一,多样性。地球上的海水含有丰富的化学资源,是一个取之不尽的宝库。根据科学实验,在地球上发现的100种化学元素中,海水含有90多种,例如氯化物、硫酸盐、碳酸氢盐、油酸盐、硼酸盐、氟化物、钠、镁、钙、钾和锰等。

第二,潜力性。"蓝色经济"已被提升为新世纪的国家发展战略。在中国海洋科技推广计划的实施过程中,许多海洋实用技术取得了进展,促进了传统海洋产业的现代化,为传统海洋产业的快速发展提供了新的动力。涌现出一批海洋化工、海洋油气等新兴海洋产业,产生了一批海洋龙头企业,形成了以新技术促进海洋开发利用的新趋势。

第三,增长速度有所放缓。如图1-10所示,2017年、2018年、2019年、2020年、2021年海洋化工业的总产值分别是1044亿元、1119亿元、1157亿元、532亿元、617亿元,增速分别为－0.8%、3.1%、7.3%、8.5%、6.0%。海洋化工业实现产能快速增长,但受国家节能减排政策影响,近年来增长速度有所放缓,2020年、2021年由于受到新冠疫情冲击,出现回落。

7. 海洋盐业

(1)海洋盐业概况

海盐工业是指通过海水来生产氯化钠以制成盐产品,包括盐的提取和加工。随着食盐市场的萎缩,海盐矿床的面积持续下降,海盐产量也随之下降。如图1-11所示,2017年、2018年、2019年、2020年、2021年海洋盐业的总产值分别是40亿元、39亿元、41亿元、33亿元、34亿元，增速分别为－12.7％、－16.6％、0.2％、－7.2％、12.2％，海洋盐业是中国的传统海洋产业，2017—2021年平均增速－7.18％，属于波动下降型，不过都稳定在40亿元左右，比十年前下降近三分之一，不足十年间产业峰值的一半。

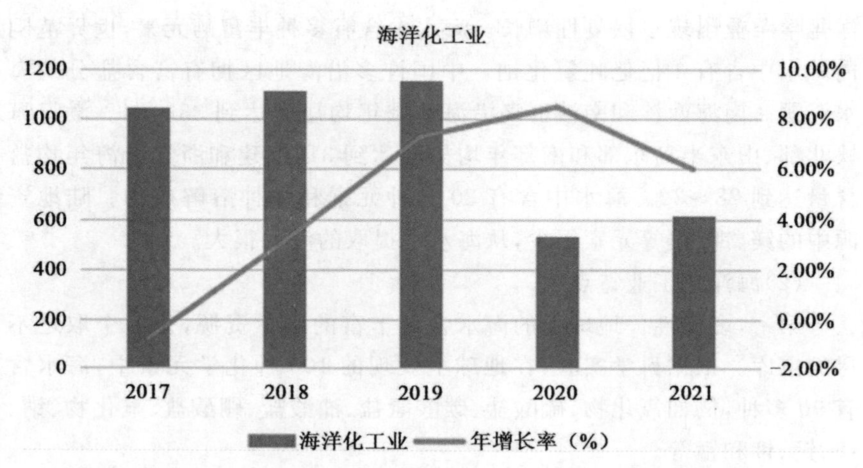

图1-10　2017—2021年中国海洋化工业总产值图(单位:亿元)

数据来源:中国海洋信息网

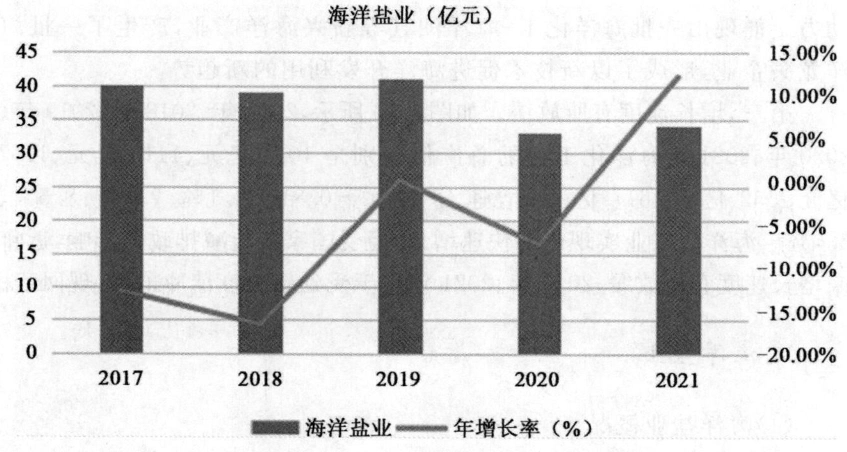

图1-11　2017—2021年中国海洋盐业总产值图(单位:亿元)

数据来源:中国海洋信息网

（2）海洋盐业特点

第一，局部生产性。有的省份属于纯消费区，没有产盐业。海盐主要集中在河北和天津、辽宁、山东、苏北 4 个主产区，其次是浙江、福建和广东，在沿海地区，由于受历史影响，目前约有 35 家大中型盐厂，中国有些地区不产盐，对盐的供应非常敏感，社会上稍有偶然事件就会造成一些地区迅速购盐，造成社会不稳定。这对社会来说可能是一个不稳定因素。

第二，周期性。海盐生产要经过长期制卤，一年两次收获的生产周期，传统海盐生产技术类型经历了从简单到复杂、从煎到晒不断完善的发展过程。一般包括煎法与晒法两大类，以煎法最为普遍。2 种制盐法都包括了先制卤（获得饱和卤）、再制盐（结晶成盐）2 个基本工序。制作周期较长。

8. 海洋矿业

（1）海洋矿业概况

海洋矿业是指海中的矿产资源，可以划分为海底砂矿资源、海底矿产资源、大洋矿产资源等。海洋矿业是一个发展速度很快，前景很好的产业，海洋矿业平稳发展，全年实现增加值 190 亿元，比上年增长 0.9%。但是在开采中也会面临总体规模较小、资金投入不足、科学研究落后、竞争力不足等问题。

如图 1-12 所示，2017 年、2018 年、2019 年、2020 年、2021 年海洋矿业的总产值分别是 66 亿元、71 亿元、194 亿元、190 亿元、180 亿元，增速分别为－5.7%、0.5%、3.1%、0.9%、12.2%，在海洋矿产行业中，沿海采矿由于对沿海生态环境的破坏加大，控制措施严格，开采成本难以与陆地矿产竞争，因此不被看好。另一方面，深海矿产的开采具有开采周期长、技术要求高、成本高、难以大规模开发的特点，近五年里 2019 年对粗放型的开发方式进行转变，开始重视深海矿产的勘查，出现回升。

（2）海洋矿业特点

第一，蕴藏量巨大。据估计，它包含超过 1600 亿吨的储量，约 2000 亿吨的锰、50 亿吨的铜、90 亿吨的镍和 30 亿吨的钴，是露天采矿的 50 倍的铜、200 倍的锰、600 倍的镍和 3000 倍的钴。

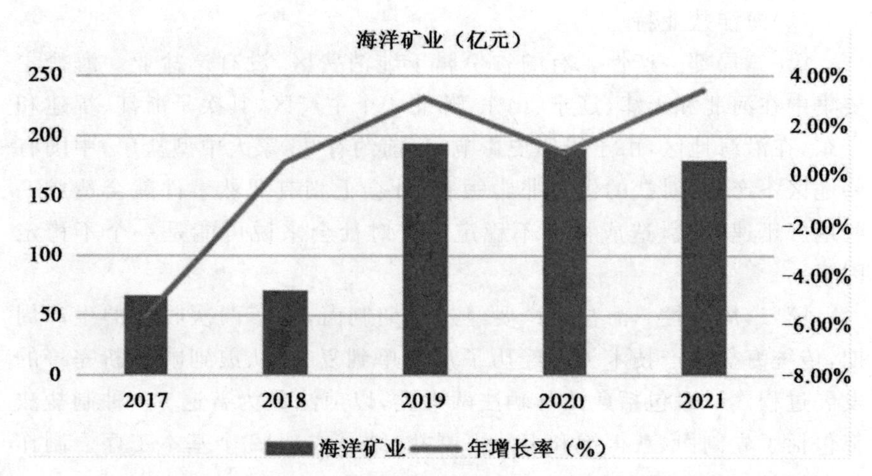

图 1-12　2017—2021 年中国海洋矿业海洋总产值图(单位:亿元)

数据来源:中国海洋信息网

第二,开采难度大。采矿业不可避免地涉及风、浪、海冰、高压和腐蚀等恶劣条件,并涉及高技术要求,属于机械工程的"三高"(高投资、高风险、高技术)的范畴。

(二)海洋新兴产业

新兴海洋产业是指处于海洋产业链顶端的技术密集型、高科技和环境友好型的新兴海洋产业,确定了海洋经济的发展方向,发挥着全球性、长期性和引领性的作用。新兴海洋产业主要包括海洋技术制造业、生物医药业、海水综合利用、海洋新能源、先进海洋服务业等。

1. 海水综合利用业

(1)海水综合利用业概况

海水综合利用业包括将海水用于淡水生产以及将海水用于工业冷却水、市政用水和消防用水。海水淡化工艺可分为两大类:热法和膜法。海水淡化一般包括五种主要技术:反渗透、蒸馏、电渗析、离子交换海水淡化和升华海水淡化。2019 年,各有关部门和沿海地方政府以习近平新时代中国特色社会主义思想为指导,贯彻落实党的十九大和十九届二中、三中、四中全会精神,落实海水利用的推进以及海水淡化和直接使用。

海水综合利用业发展的重点在海水的直接利用、海水淡化、从海水中提取化学资源、海水的综合利用这四个部分。

一是海水的直接利用。海水直接利用是指将海水作为原水，直接替代淡水用于工业、生活和农业用途。

二是海水淡化。这是从海水中提取淡水的过程。它一般分为两类：热法（蒸馏）和膜法。热法的通常技术是多级蒸馏法；膜法的技术是反渗透法。

三是从海水中提取化学资源。从海水中提取化学资源是指直接从海水或淡化后的浓盐水中提取各种化学元素，如提盐、提钾、提溴、提镁、提锂、提碘、提铀等。特别是，脱盐后的浓盐水中各种化学物质的浓度原则上是原海水的两倍。通过使用这种浓缩的海水来生产盐、溴和钾，可以大大减少能源消耗和产量。

四是海水的综合利用。海水资源主要用于陆上生产，以满足新的大型工业用地规划的需要，对于蓝区经济社会的可持续发展具有重要作用。利用海水淡化、海水冷却便于浓缩海水，形成海水淡化、海水冷却和海水化工资源综合利用的产业链，是实现资源综合利用和促进社会可持续发展的落实。

（2）海水利用业特点

第一，关键性。人多水少，水资源在时间和空间上分布不均。目前，中国缺水和水资源供需不匹配已成为制约经济社会可持续发展的主要障碍。将海水作为水资源的重要补充和战略储备，是解决沿海地区缺水问题的重要途径。

第二，前景大。海水利用主要包括海水淡化、直接利用和化学利用。海水利用产业不断发展，并且海水利用项目也在定期推进。海水产业的增加值将从 2016 年的 15 亿元人民币增加到 2020 年的 19 亿元人民币。随着海水淡化领域研发水平的提高和海水淡化项目的建成投产，中国海水淡化产业的规模不断扩大。

作为中国重要的新兴海洋产业，海水利用业保持良好的发展，多个海水淡化工程投入使用，海水利用行业在 2017—2021 年的年复合增长率为 7.8%。直接使用海水和海水淡化是海水利用的主要形式。

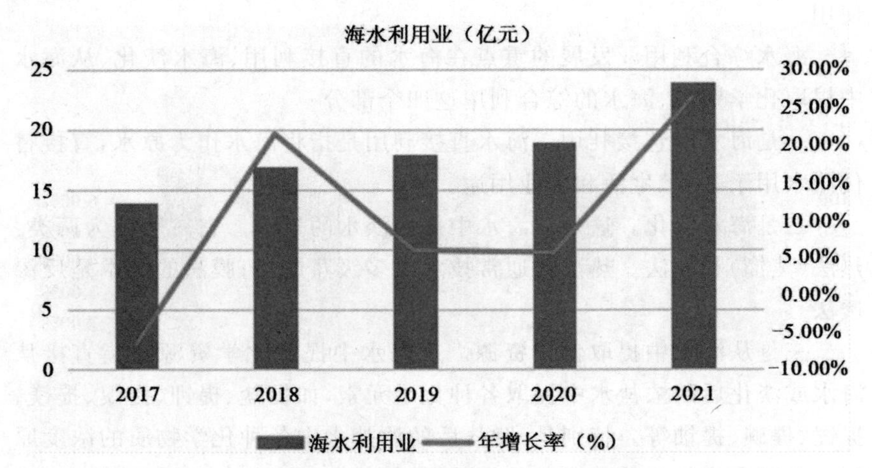

图 1-13　2017—2021 年中国海洋利用业总产值图(单位:亿元)

数据来源:中国海洋信息网

2. 海洋生物医药业

(1)海洋生物医药业概况

海洋生物医药业是通过利用生物技术从海洋生物中提取有效成分来生产生化药物、药品和转基因药物。这包括基因、细胞、酶、酶制剂、转基因疫苗、新疫苗、细菌疫苗;药用氨基酸、抗生素、维生素、微环境药物;血液制品和血液替代品;诊断试剂、血型试剂、X 射线造影剂、病人诊断试剂;动物肝脏的生化制剂等。中国是最早使用海洋生物入药的国家之一,拥有独特的中医药理论体系和悠久的海洋医学和营养文化。

如图 1-14 所示,2017 年、2018 年、2019 年、2020 年、2021 年海洋生物医药业的海洋生产总值分别是 385 亿元、413 亿元、443 亿元、451 亿元、494 亿元,增速分别为 7.27%、7.26%、8.0%、2.0%、9.53%,由于 2017 年以来,中国海洋生物制药的专利申请和专利披露的数量也在增加,自主研发成果不断涌现,产业平稳较快增长。从 385 亿元逐年增长到 494 亿元,然而,从技术角度来看,中国的海洋生物制药产业目前集中在相对原始和低技术的水平上,处于产业链的末端,主要是加工各种原材料。

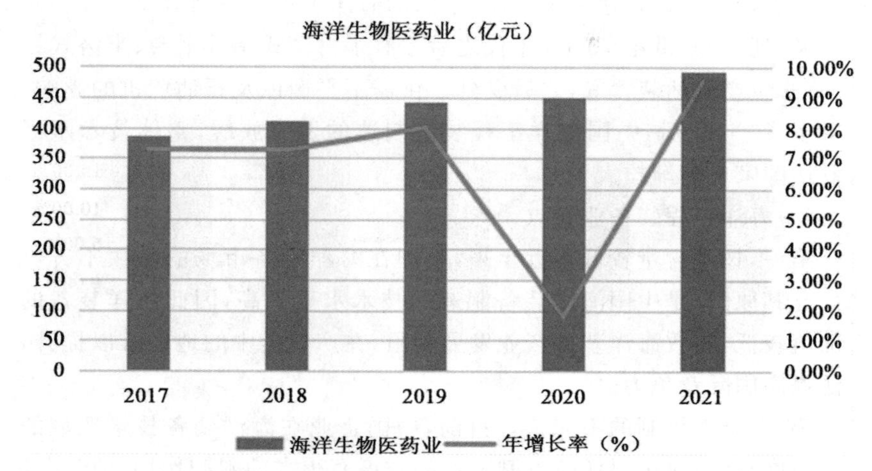

图 1-14　2017—2021 年中国海洋生物医药业总产值图(单位:亿元)

数据来源:中国海洋信息网

(2)海洋生物医药业特点

第一,未来发展前景良好。海洋资源丰富,自然海洋条件优越,附近的大陆架是世界上最大的大陆架之一,为海洋生物的生存和繁殖创造了理想条件。近年来,海洋生物技术研究逐渐从沿海地区扩展到交通不便的深海地区,促进了海洋生物技术研究成果的多样化,研究了更多活性的海洋动植物前体、结构不同的海洋动植物代谢物等。

第二,不可替代性。随着科学技术的发展和人类健康的不断需求,海洋生物制药产业得到了长足发展。中国已将海洋生物制药产业作为国家重点实体,引导这一新兴产业的发展,并在资金、技术、环境保护等方面加大投入。但是,根据目前的发展阶段,该产业与发达国家相比仍有差距。

3. 海洋工程装备制造业

(1)海洋工程装备制造业概况

海洋工程装备制造业是指为国家经济和国防建设提供技术和装备供应的产业,是基础性和战略性的国家产业,是加快现代工业化进程的重要一环。身为制造业的一部分,海洋工程装备指的是海洋资源的勘察、开发、运输等方面的大型装备,具备高风险、高潜力、高产出、高投入、高技术等特点。跟发达国家相比，中国的海洋工程装备制造业起步相对比较晚，到了 20 世纪 70、80 年代之后才有了自动式钻井平台、半潜式钻井、浮式生产储油装置等，之后受到了供需不平衡以及石油危机的影响，20 世纪 90 年代后，中国海洋工程装备制造的发展放缓，整体技术水平与发达国家也渐渐拉大。

(2)海洋工程装备业特点

第一，技术含量较低。近年来，中国在海洋装备市场的份额不升反降。究其原因，是中国海洋装备制造的技术水平不高，因此海洋装备的附加值较低，导致海洋装备产业发展受阻，在产业链中的地位难以提升，无法提高国际竞争力。

第二，合作机制的不完善。目前，中国企业在海洋装备技术领域的研发力度有限，对于海洋装备制造业的发展有很大的限制作用。在这种情况下，企业只有寻求与外部力量的合作来提高自己的研发能力。

4. 海洋工程建筑业

(1)海洋工程建筑业概况

海洋工程建筑业是指在海上、水下和海岸进行生产、运输、娱乐和保护的结构建设及其准备工作，包括港口建设、陆上电厂建设、陆上大坝建设、海上隧道和桥梁建设、海上油气田的陆上码头和处理设施、管道和海底设备的安装，不包括各部门和地区的住房和维修工作。航运和建筑业继续呈现稳定增长，一些航运项目稳步推进，智能港口和 5G 平台等新的基础设施建设加快。造船业的年度增加值为 1190 亿元，比上年增长 1.5%。

如图 1-15 所示，由于近年来受全球制造产能过剩、中国经济新常态背景下经济下行压力加大等影响，2017 年、2018 年、2019 年、2020 年、2021 年海洋工程装备制造业的总产值分别是 1841 亿元、1905 亿元、1732 亿元、1190 亿元、1432 亿元，增速分别为 0.9%、-3.8%、4.5%、1.5%、2.6%，海洋工程建筑业出现波动性下降，其中 2018 年是近五年海洋工程建筑业总产值最高点；由于疫情的影响，2020 年是最低点，2021 年有所回升。

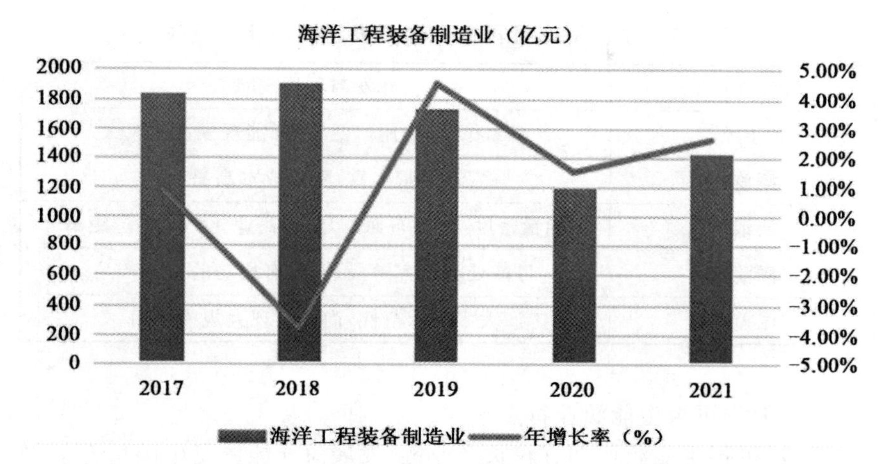

图 1-15　2017—2021 年中国海洋工程建筑业总产值图(单位:亿元)

数据来源:中国海洋信息网

(2)海洋工程建筑业特点

第一,种类多样。常用的结构形式有重力建筑、透水建筑和浮动结构。在沿海地区和浅水区,重力结构,如水坝、木筏、防波堤和由土、石和混凝土制成的人工岛,被用作倾斜、直线或混合结构。

第二,在海洋产业中举足轻重。海洋工程建筑业不仅本身是一个海洋产业,而且与其他海洋产业的发展有着密不可分的关系。可以说,海洋工程与建筑业是海洋经济发展的关键部门,发挥着核心作用。

5. 海洋可再生能源业

(1)海洋可再生能源业概况

2018 年,海洋电力行业全年实现增加值 172 亿元,比 2017 年增长 12.8%。从能源结构来看,中国是一个“煤多油少”的国家。1993 年,中国首次成为石油净进口国;2006 年,成为天然气净进口国;2009 年,成为煤炭净进口国。我国能源资源日益紧张,生态环境问题突出,提高能源利用效率,保障能源安全的压力进一步加大,能源发展面临一系列新问题和新挑战。目前我国非常规油气和深海油气资源开发潜力巨大,而海上石油开发不仅是一个能源勘探过程,更是一个能源消耗过程。

表 1-1　中国海洋可再生能源开发利用现状一览表

海洋能种类	开发与利用现状
海洋风能	能源稳定、应用广泛、海洋能规模占比较大
潮汐能	储量丰富,发电成本高昂
波浪能	能量密度高,分布面广,距离商业化仍有一定距离
潮流能	目前处于研究阶段,已经有成功的发电产品
温差能	大多为示范性,尚未实现大规模利用

(2)海洋可再生能源业特点

海洋可再生能源业拥有较长产业链,发展海洋能源是中国培育新兴海洋产业的需要。海洋能源是一个产业链较长的新兴产业。其发展将促进和带动装备制造、加工安装、新材料、海洋工程等一系列产业和技术进步,促进经济发展,增加就业。

第二章　相关概念界定与理论基础分析

第一节　向海经济的基本内涵、特征与发展趋势

一、向海经济的基本内涵

2017 年 4 月 19 日，习近平总书记到广西壮族自治区调研，了解了北部湾经济区的发展状况以及与东盟的开放情况，并表示广西铁山港具有明显区位优势，前景可期，是北部湾经济区的重要支撑点。[①] 2018 年 11 月 12 日，广西壮族自治区海洋局正式挂牌成立。新成立的自治区海洋局是根据广西的特点和优势以及当前和未来的发展规划，成立的一个拥有自主权的部门管理机构。它由自治区自然资源厅管理，致力于海洋管理及其他相关事务。

2019 年 8 月，国家发展改革委员会印发了《西部陆海新通道总体规划》，西部陆海新通道上升为国家战略，广西境内的北部湾地区拥有西部陆海新通道规划内的所有出海口。

2019 年 12 月 19 日，广西壮族自治区人民政府正式发布了《关于加快发展向海经济推动海洋强区建设的意见》《广西壮族自治区海洋环境保护规划》《广西壮族自治区海洋主体功能区规划》等系列文件，为向海经济的发展奠定基础。

2021 年 4 月，习近平总书记再次视察广西时指出："广西要主动对

---

① 刘华新，庞革：《建好自贸区平台 助推中国—东盟开放合作》，《人民日报》2019 年 11 月 21 日。

接长江经济带发展、粤港澳大湾区建设等国家重大战略,融入共建'一带一路',建设高水平的西部陆海新通道,大力发展海洋经济,推动中国与东盟开放合作,建立自由贸易试验区,把独特的区位优势转化为更加开放的发展优势。"①广西得天独厚的地理条件为建立海洋经济模式下的基础设施建设和地缘政治合作提供了优越的自然条件。

近年来,广西海洋局积极抢抓向海经济发展的重要战略机遇,统筹布局、宏观规划全区海洋经济发展,成立了"打造广西向海经济"工作领导小组,发布了《打造广西向海经济行动方案》等方案并起草了发展向海经济建设的"1+6"系列的方案,1个主文件是《中共广西壮族自治区委员会 广西壮族自治区人民政府关于加快发展向海经济推动海洋强区建设的意见》;6个配套文件分别是《广西壮族自治区人民政府关于加强滨海湿地保护严格管控围填海的实施意见》《广西壮族自治区海域、无居民海岛有偿使用的实施意见》《广西加快实施"智慧海洋"工程行动方案》《广西海洋现代服务业发展规划(2019—2025年)》《广西加快现代海洋渔业发展行动方案》《广西海洋生态环境修复行动方案(2019—2022年)》等,以上文件均已印发实施。西部陆海新通道是向海经济发展的战略支撑,这些规划与政策文件对推动海洋生态文明建设、保障向海经济持续发展来说意义重大,是广西打造海洋强区强有力的政策支撑。

"向海经济"是一个全新的战略概念,打造好向海经济就是要将发展步伐从沿海区域迈向更深更远的海洋,发展"陆海统筹""由陆及海"的开放型经济,实现陆海经济整体联动升级。

自"向海经济"提出以来,沿海地区以新发展理念为指导,释放"海"的潜力,逐步形成了以通道为纽带、以港口为支点、以经济区建设为支撑、以海洋经济为主导的向海发展空间布局,加快形成全面对外开放新格局。

向海经济是以陆地经济为基础的新型开放经济模式,以海岸带为空间依托,以现代港口为枢纽,以科技创新为动力,以建设生态文明为保障,完善现代海洋产业体系,有效连接陆海通道,旨在互动整合陆海经济。

向海经济可以从四个维度进行解释和理解:空间、系统、产业和要素。

---

① 李纵等:《开放发展向海图强》,《人民日报》2022年7月30日。

1. 空间维度

向海经济是陆地经济向海洋延伸的结果。在推进丝绸之路陆上经济带建设的同时，海上丝绸之路的建设以完善海上交通线路为基础，推动海洋开发由近海向深海、远海发展，发展壮大向海经济的核心要义是由陆向海的空间演变。

2. 系统维度

向海经济是一个经济体系，其中各种形式的经济活动都与陆地经济密切相关。向海经济整合了陆地经济、海洋经济、港口经济活动之间的界限，将不同的经济活动整合为一个整体，在不同的经济活动之间产生协同效应，从而促进向海经济的发展。

3. 产业维度

向海产业是沿海经济发展的支柱，其发展以现代海洋产业体系为基础。陆地经济向海洋经济的延伸，促进了陆地经济、传统海洋产业和新兴海洋战略产业的融合，也促进了基于绿色经济、科技创新、开放合作的现代海洋产业体系的建立。现代化的港口和多层次的海洋运输网络是发展向海经济的基础，也是对外开放的前提条件。

4. 要素维度

高效的陆上海洋运输系统是向海经济的基础，它将优化海洋资源的配置，促进贸易、物流、资本和信息流的整合。一方面，流动将把科技资源、人力资本和管理技术等先进要素从陆地转移到海洋，完善海洋发展基础设施，提高海洋产业的整体实力；另一方面，通过海洋经济的开放与合作，将先进技术、设备、高技能人才和管理模式等国际要素转移到陆地，加快国家的转型和现代化进程。

二、向海经济的特征

根据上文向海经济四个维度方面的阐述，可以将向海经济的特征总结为六个方面，分别是方向性、层次性、综合性、依赖性、开放性、环境安全性。

(一)方向性

向海经济是经济由岸向海、再向深海的动态过程，具有明确的空间方向，表达了以陆地为基点，海为方向的发展模式；或是以经济为空间由近海向远海演进，合理开发和利用海洋资源，有利于海洋开发区从陆地向海洋的逐步扩展和转移，不断提高海洋生产力的发展水平，充分发挥海洋经济对国民经济的促进能力，这一个特征也是大多涉海经济概念里都很难被充分表达的。

"向海"是广西最大的优势，作为西部陆海新通道的关键中心，北部湾港和平陆运河对广西的未来发展至关重要。平陆运河是新中国成立后修建的第一条连接江海的运河。平陆运河建成后，将垂直连接长江、珠江和北部湾，开辟一条新的、更经济、更便捷的陆海连接通道，为广西与西南和中南区域之间提供最短的联系，这将有助于海洋经济的发展。

(二)层次性

向海经济的演进需要多层次地促进传统产业、新兴产业和未来高科技产业的发展或是第一产业、第二产业、第三产业的发展，向海经济是依靠各种空间以及经济系统、模式上的高度融合所形成的高级系统，在稳定传统产业和现代化的基础上实现要素和资本的积累，并促进新兴产业和高科技产业的产生和发展，兼顾了传统海洋产业的牢固提升和高科技海洋产业的造就壮大，具有层次性的特点。

《广西"十四五"发展规划》的出台拓展了海洋经济发展的新需求、新空间，明确"十四五"期间广西海洋经济发展的指导思想、目标任务和重大举措，规划覆盖北海、钦州、防城港三市的海洋产业，并延伸到南宁、玉林两市的相关陆域。该方案不仅涵盖了传统产业、新兴产业和高科技产业或是第一产业、第二产业、第三产业的纵向层面，以及整合了北部湾地区的海洋产业，这将有助于海洋经济的快速发展。

(三)综合性

向海经济不是各种经济形态的简单组合，而是一个高度综合、独立的整体经济系统。考虑到系统各组成部分之间的相互关系和系统的外部环境,以海洋经济为主体,理清海洋经济、陆地经济、海岸带经济和港口经济之间的关系,循序渐进、系统有序地推进向海经济的一体化发展。

向海经济不是单一的部门或产业经济,而是不同部门和产业的综合发展。向海经济也不是单一的海洋经济或陆地经济,而是陆地经济向海洋经济的延伸和扩展。其范围包括第一、二、三产业,包括产业之间的整合;也包括资本、技术、空间、市场等微观要素的整合。

2021 年是“十四五”规划的第一年,广西以重点领域经济一体化为主要方向,通过整合立体交通网络、产业发展、沿海开放开发、环境联防联治,实现区域协同发展的新跨越。目前,在北部湾七个主要整合区的 60 个主要项目中,已投资约 220 亿元。8 项目标已超额完成年度目标,50 项目标取得稳步进展。

(四)依赖性

向海经济的发展是一项聚集高风险、高技术、高投入于一体的经济活动。无论是传统产业的改造和优化,还是新兴海洋产业的开发和建立,向海经济的发展都需要高、精、尖的专业技术和设备的支持,如海洋勘探设备、深海钻探平台、大型养殖船和大型运输船等。在提高技术效率的同时,应更加关注海洋开发技术的进步。技术进步是海洋经济内部发展的关键因素,也是海洋开发活动空间拓展的必要条件,海洋经济的发展与海洋科技的产业化水平密切相关。

“十四五”时期,广西将实现高水平的海洋科技创新,建立现代海洋产业体系,推动海洋新兴产业与传统产业互动并行发展,提高海洋产业发展质量和生产力,并形成现代海洋服务业与制造业的协同效应,将海洋产业与内陆产业联系起来,推广先进的海洋产业设施,加快创建海洋产业网络。

(五)开放性

向海经济是一种开放的经济发展模式,具有明显的开放特征。向海经济的发展是一个寻找海洋资源和财富的过程。海洋是流动的、开放的,将不同地区、国家、行业和部门之间的要素和资源联系起来。沿海经济的发展具有明显的开放特征,它充分利用沿海、沿边的区位优势,依托港口、交通建设和海上丝绸之路的纽带作用，参与国际分工和国际市场贸易，实现了两种资源、两个市场的衔接和结合，扩大了经济发展的空间和影响范围。

目前广西有17个国家级平台开放，包括中国(广西)自由贸易试验区，包括南宁经济技术开发区、广西一东盟经济技术开发区、青州港经济技术开发区，11个经济技术开发区，以及5个跨境经济合作区。

(六)环境安全性

海洋经济是在生态文明建设提高到战略高度后提出的。因此，海洋经济融入绿色发展理念，打造“水清、岸绿、滩净、湾美、物丰”的蓝色海湾，并通过高水平的理念和制度措施，促进海洋生态文明建设，保护环境。

2021年，广西打好污染防治攻坚战，并且在环境保护上取得明显改善。2022年，广西将全力推动经济社会发展，加快推进绿色转型。推进环境优先和绿色发展，积极应对气候变化，优化完善公共服务，积极支持区域产业绿色发展，促进经济社会发展全面绿色转型，推动环境管理向注重预防和源头治理方向转变。

三、向海经济的发展趋势

(一)发展的四大关键点

根据向海经济的特点可以看出，它是一种外向型的发展模式，单方面考虑向海经济是不合适的，必须从整体上考虑向海经济体系的构成，以实现陆上和海上的一体化发展。向海经济的发展必须考虑四个关键方面，即陆地经济、海洋经济、现代港口和海上运输。这四个方面相互依存，互相影响，是向海经济发展不可或缺的关键。

陆地经济、海洋经济、港口、海上运输相互影响，构成了向海经济发展的基础。陆地经济通过促进现代港口的建设和规划，完善海上运输网络，建立现代海洋体系，将陆上产业延伸到海上，实现海洋经济的转型和现代化，发展对外贸易，为海洋经济的质的发展提供持续的动力，从而支持海洋经济的发展。海洋经济为向海经济的重要支柱，也是陆地经济刺激海洋扩张和产业整合的重要手段。通过陆地产业技术的拓展，进一步加强海洋科技的创新能力，在海上进行整合和创新，促进海洋经济的快速和高质量发展，发展和壮大现代港口和海洋产业，逐步形成陆地海洋经济支持海洋经济发展的优良通道，为海洋经济的发展提供有力的设施。现代港口在对外开放的新阶段发挥着重要作用。它们是陆地经济扩张到海上的重要通道，是海陆经济一体化发展的重要支柱，是有效连接海陆航线的重要枢纽，是连接海陆经济的重要纽带。海上运输在向海经济发展中占有很重要的位置，海运的结构模式是"港口—航线—港口"，通过国际航线和大洋航线联结世界各地的港口，其所形成的运输网络对向海经济的世界化发挥极其重要的作用。

(二)发展的五大趋势

1. 陆地经济带动海洋经济

陆地经济促进海洋经济的发展是向海经济的第一步。一方面，发展向海经济将优化海陆之间的资源配置结构，利用陆地经济优势的连锁效应，将陆地经济的资金、人才、科技、最佳实践和管理模式等有益资源向海洋产业进行扩张和集中。增强海洋运输的发展能力和经济实力，将为维护中国的海洋权益和参与国际海洋秩序的建设提供良好的物质基础。另一方面，发展海洋经济，开拓国外市场，建设"海上丝绸之路"，将促进国家生产能力的转移；加强海洋经济，发展海洋科学，将保护国家海洋资源和国家海洋权益。

2. 海洋经济带动陆地经济

利用海洋拓展陆路运输是发展海洋经济的一个中间环节。在一定程度上，海陆联运的发展促进了海洋经济的发展，海洋经济对陆地经济有很强的冲击作用。一方面，海洋的生产能力得到扩容，大量的新资源(如冰燃料)被发现并逐步输送到陆地，带动了陆地经济的转型和发展；另一方面，向海经济是一种开放型经济，会吸引或引导国外先进技术、复合型人才、优质设备等资源流向陆上，也会有大量高质量的生产要素流入陆地产业，以加快陆地经济的增长，促进陆地产业转型升级。

3. 陆地经济与海洋经济相互促进

海洋经济与陆地经济相互促进,象征着向海经济发展到了一个成熟阶段,此时国民经济中达到了海陆平衡点。一方面,利用海上运输通道,发展海陆联动、陆海衔接,将陆上运输网络与海上运输网络有效衔接,建立多层次、多样化、互联互通的海陆经济联系,加速生产要素或资源的双向流动,促进陆海经济联动,实现物流、贸易流、信息流和资金流"四流合一"。另一方面,发展海洋经济要加强对外合作和经济交流,吸引国际先进技术、高技能人才、商业模式和资本来发展海洋经济,优化海洋产业结构,促进海洋产业现代化。通过海陆联动,加快高附加值生产要素向陆上部门集中,促进陆地产业结构转型和高附加值原材料基地的发展。

4. 港口区域一体化趋势愈加明显

在资源环境压力大的情况下,沿海港口集团注重港口之间的分工协作、利益互补,避免国内货源重叠、重复建设和同质化竞争。例如,京津冀一体化战略中,天津和河北港口试图建立互利合作,河北港口集团有限公司和天津港口集团有限公司成立了渤海—天津—河北港口投资发展有限公司合资公司,双方将寻求建立定位清晰、位置合理、分工明确、运动互补、竞争有序的港口集团。福建省提出要打破区域行政限制,带动其他港区发展。浙江、广东等省也在整合区域港口经济方面进行了有益的尝试。但必须承认,港口区域经济一体化的发展还远远没有完成,相关的政策和措施还没有出台,合作方式和经验还没有研究和总结出来。

5. 海上运输发展愈发重要

海上交通运输的发展对向海经济的培育与发展起着非同小可的作用。发展海洋运输业是促进向海经济增长的重要途径和有效手段,制定科学合理的海洋运输业发展政策,可以实现促进向海经济发展的目标。在国民经济发展过程中,海洋运输业是向海经济的一个重要组成部分,其发展水平与一个国家的经济发展状况、对外贸易情况、国际政治环境、国家政策支撑、自然地理条件等各个方面息息相关。在海洋经济与海洋产业发展的过程中,随着海洋产业结构的变化,海洋第三产业在海洋产业结构中的作用和地位日趋增长，而海洋运输业又是海洋第三产业中的重要支柱产业，因此，海洋运输等相关产业的发展至关重要。

第二节 海洋产业的基本内涵、特征、演进规律

一、海洋产业的基本内涵

产业是一个具有类似或相似特征的经济活动的集合或系统。伴随经济发展导致劳动分工，从而导致产业的出现和发展。基于海陆统筹发展理念下，海洋产业得以出现和发展。

传统海洋产业一般指的是海洋捕捞业、海洋盐业和海洋运输业等产业组成的生产和服务行业。[①] 徐质斌是国内较早对海洋产业进行研究的学者，徐质斌以及朱坚真(2010)等将海洋产业定义为人类开发利用海洋资源、发展海洋经济而形成的生产事业。何广顺(2011)认为海洋产业是海洋经济发展的前提，是海洋经济的主体和基础，是一切海洋活动的集合体。

本书认为海洋产业是指开发、利用和保护海洋的一系列产业活动，以及相关活动。GOP是海洋国内生产总值的缩写，代表了一定时期内海洋经济按市场价格计算的最终产出，是海洋及相关产业增加值的总和，包括通过各种投入和产出与主要海洋产业相联系的产业，包括海洋农业、林业、海洋设备制造、海洋产品和材料、建筑和安装、海洋批发和零售贸易以及海洋服务。

二、海洋产业的分类

海洋产业按照马克思的产品基本经济用途分类可分为基础产业、加工制造业和服务业。

① 注：传统海洋产业概念界定来源于全国科学技术名词审定委员会。

按照配第克拉克的产业分化次序分类可分为第一产业、第二产业和第三产业。

按国民经济行业分类标准分类可分为门类、大类、中类和小类四级。

按照《海洋及相关产业分类》将海洋产业分为主要产业和海洋科研教育管理服务业两大类，其中主要海洋产业又分为海洋渔业、海洋油气业、海洋矿业、海洋盐业、海洋船舶工业、海洋化工业、海洋生物医药业、海洋工程建筑业、海洋电力业、海水利用业、海洋交通运输业、滨海旅游业共 12 类；海洋科研教育管理服务业又分为海洋信息服务业、海洋环境监测预报服务、海洋保险与社会保障业、海洋科学研究、海洋技术服务业、海洋地质勘查业、海洋环境保护业、海洋教育、海洋管理、海洋社会团体与国际组织共 10 类。

按产业开发技术进步程度又可分为传统海洋产业、新兴海洋产业和未来海洋产业。

目前关于海洋产业的主流分类方式有两种，一种是根据海洋产业在社会体系中的分工先后顺序，另一种是根据产业产生的先后顺序，具体分类如下(表 2-1)。

(一)以海洋产业在社会体系中的分工先后顺序为分类依据

海洋产业根据在社会体系中的分工先后顺序分为第一产业、第二产业、第三产业。其中第一产业指的是海洋农业，是指利用海洋有机生物将海洋中的物质能量转化为具有使用价值的物品或者具有经济价值的生产部门，包括海洋渔业、海洋牧业、海水灌溉农业、海洋养殖业等。第二产业包括海洋装备制造业、海洋化工业、水产加工业、海洋电力业、海洋药物工业、海洋工程建筑业等。第三产业指的是对海洋进行开发生产、流通和为生活提供服务的部门，包括了交通运输业、滨海交通业和服务业等。

(二)以产业产生的先后顺序为分类依据

根据产业产生的先后顺序可分为海洋传统产业、海洋新兴产业。其中海洋传统产业包括海洋渔业、海洋交通运输业、滨海旅游业、海洋船舶工业、海洋石油和天然气业、海洋工程建筑业、海洋化工业、海洋盐业、海洋矿业；海洋新兴产业可分为海洋工程装备制造业、海洋生物医药业、海水综合利用业、海洋新能源产业、现代海洋服务业等。

表 2-1　海洋产业分类方式

分类依据	分类名称	说明
分工先后顺序	海洋第一产业	海洋渔业、海洋牧业、海水灌溉业、海洋养殖业等
	海洋第二产业	海洋装备制造业、海洋化工业、水产加工业、海洋电力业、海洋药物工业、海洋工程建筑业等
	海洋第三产业	交通运输业、滨海交通业和服务业
产业产生的先后顺序	海洋传统产业	海洋渔业、海洋交通运输业、滨海旅游业、海洋船舶工业、海洋石油和天然气业、海洋工程建筑业、海洋化工业、海洋盐业、海洋矿业
	海洋新兴产业	海洋工程装备制造业、海洋生物医药业、海水综合利用业、海洋新能源产业、现代海洋服务业
	海洋科研教育管理服务业	海洋教育业、海洋环境保护业、海洋信息服务业、海洋技术服务业、海盐行政管理、海洋保险与社会保证业和海洋社会团体与国际组织
	海洋相关产业	海洋农林业、海洋设备制造业、涉海产品及材料制造业、涉海建筑与安装业、海洋批发与零售业、涉海服务业

三、海洋产业的特征

（一）海洋产业基本特征

海洋产业的基本特征本书认为主要分为三个方面，分别是外向性、现代性、关联性。

1. 外向性

世界上的海洋是相互联系的，海洋与陆地的最大区别，一是流动性无限；二是难以精确划定边界，海洋是完全开放的。这一特点使海洋经济既比陆地经济更具有竞争力，又比陆地经济更需要密切合作；海洋战略性新兴产业关系到中国海洋经济和社会发展的全局，其部门构成的选择不是集中在某一沿海地区，而应立足于国家的长远发展。海洋战略性新兴产业不仅是中国海洋经济发展转型和产业结构调整的主要推动力，使海洋经济具有跨地区、跨部门、跨行业、多学科性，是一个大系统，也使海洋经济成为一个开放性的、国际性的、全球性的经济体系。

2. 现代性

海洋经济是一个植根于现代科学技术的产业体系。与传统产业相比，现代海洋经济高度依赖科学技术，尤其是高新技术。海洋开发发生在海洋的特定区域，非常复杂，而海洋开发所需的技术几乎都是资本密集型、科学密集型和高科技型，海洋战略性新兴产业主要是高科技海洋产业，高科技创新将在其兴起和发展中发挥重要作用。与传统的海洋产业相比，海洋战略性新兴产业对自然资源的依赖程度降低，但需要高水平的智力资源来刺激技术创新，从而使生产的高科技产品能够满足市场需求。

3. 关联性

涉海产业是指通过各种进出口连接的上下游产业，这些产业在技术和经济上与主要的海洋部门有联系，如海洋农业和林业、海洋设备制造、海洋相关产品和材料制造、海洋建筑和安装、海洋批发和零售贸易、海洋相关服务等。此外，海洋战略性新兴产业的形成需要多个学科和技术的交叉融合，在多个阶段进行产品不同层次的开发，包括实验室结果、中间测试和商业化，需要大量的资本投资。

（二）中国海洋产业发展新特征

1. 新兴产业高端化

海洋是培育新产业和带动新增长的重要空间和载体。随着现代海洋科技的快速发展，海洋产业的竞争正从传统领域扩展到科技、金融、高端服务等增值领域。近年来，我国对于海洋战略性新兴产业的培育力度持续增加。我国许多沿海省份积极探索海洋经济发展中新的增长点，大力培育海洋新能源、海洋生物制药、现代海洋服务业等海洋战略性新兴产业，帮助提高海洋经济发展的质量和效益。例如，2018 年深圳就已经开始关注海洋战略性新兴产业，通过引入高端产业要素优化海洋产业结构，并以建设世界海洋中心城市为目标，明确提出建设两个千亿高端智能装备集群和前海海洋现代服务业。

2. 产业发展低碳化

随着海洋经济的高速发展，海洋生态系统退化、海洋生态环境恶化等不利影响也浮出水面，对社会的可持续发展产生负面影响，全球各个海洋国家不得不反思和调整原有的粗放型发展模式，绿色低碳的主题成为新的全球发展趋势。近年来，中国也将绿色低碳化发展作为当前的发展主题，深入实施创新驱动发展战略，通过完善政策体系、海洋产业创新、海洋生态环境保护等方面的努力，提高科技水平进而推动生产效率的提高，结合传统生产要素与现代创新技术，积极培育海洋生物医药、海洋新能源、海水综合利用等海洋战略性新兴产业，助力海洋经济绿色发展。

3. 产能合作国际化

近年来，中国参与全球产业链的分工协作的积极性日益高涨，在推进海洋产业国际化发展过程中，以广东、福建、浙江、山东、天津的海洋经济试点为契机，不断优化海洋产业布局，提高海洋产业的国际竞争力。伴随着“一带一路”建设的加快，国际海上合作的趋势日益显著，中国因此不断加强与“一带一路”沿线国家的海上合作与海上联系。

4. 海陆经济一体化

近年来，随着“一带一路”建设、京津冀协调发展、长江经济带发展、粤港澳大湾区建设等国家重大战略的持续深化，海陆空相联结的立体交通迅猛发展。它从根本上突破了国家之间海洋和陆地的空间限制，为海陆经济一体化创造了条件，海陆经济融合趋势日益明显，国内各个地区也在为推进海陆经济一体化而努力。

四、海洋产业演进的一般规律

(一)发展的阶段进程

与陆地工业的发展进程一样,海洋产业发展水平的提高是需求驱动和技术驱动相结合的结果,海洋产业结构的发展过程主要是基于以下四个阶段。

1. 第一阶段

第一阶段是初始阶段,即传统海运业的发展阶段。1978 年以前,中国的海洋产业只有三个传统行业:渔业、盐业和沿海航运业。主要海洋产业的总产值只有几十亿元。

在不成熟的资金和技术条件约束下,海洋产业的发展往往集中在海水养殖、航运和海盐等传统产业。在这一阶段,海洋产业结构呈现出明显的“一、三、二”的序列特征。当时管理体制刚建立,各大港口建设比例严重失调,港口积压船只严重、货物囤货清仓无力,压货特别严重,周恩来总理批示外贸部和交通部长,希望加大在航运业上的重视程度,之后中国对沿海城市进行大力整顿,开展大规模的港口建设工作。

2. 第二阶段

第二阶段是海洋第三产业和海洋第一产业交替发展的阶段。随着海洋产业的加速发展和资本、技术等要素的逐步积累,滨海旅游、海产品加工、包装、储运等海洋第三产业呈现加速发展态势。现阶段,沿海旅游、航运等海洋第三产业在产值上已逐渐超过了海洋捕捞业。海洋产业的结构也从“一、三、二”转变为“三、一、二”。以 2003 年为例,中国沿海旅游和海运的产值比重达到 40%,超过了海洋捕捞及相关产业,实现了海洋第三产业和第一产业之间的转变。

3. 第三阶段

第三阶段是海洋第二产业的高速发展阶段。当资本和技术等要素的积累达到一定程度时，海洋产业发展的重点逐渐转向海洋生物业、海洋石油业、海上生产业、海洋船舶制造业等海洋第二产业，海洋经济也处于高速发展阶段。自 20 世纪 60 年代以来，传统海洋产业继续发展，中国的石油工业和海洋旅游业也变成了重要的海洋支柱产业。在这个阶段，中国为大规模发展海洋第二产业积蓄能量。

4. 第四阶段

第四阶段是海洋产业的高级发展阶段，也可称为海洋经济的“服务阶段”。在这个阶段，传统的海洋产业通过采用新的技术进步，成功地提高了技术水平，扩大了规模，更新了发展模式。同时，随着海洋信息技术的发展，以海洋信息服务为代表的海洋第三产业进入快速发展阶段，海洋第三产业重新成为海洋经济的支柱产业。海洋产业结构已恢复到“三、二、一”层次。

根据《中国 21 世纪海洋议程》的目标，到 2020 年，海洋一、二、三产业的比例为 2∶3∶5。到 21 世纪中叶，海洋产业的类型和体量将增加，海洋产业发展水平将继续提高。海洋将成为各种生产和服务的基地。海港和港口城市成为各级物流和信息交流的基地；海湾和海岸成为海洋放牧和粮食生产的基地，能够提供 10 多种食物；海水的工业利用、耐盐作物的灌溉、海水淡化和化学元素的提取将得到充分发展，并将成为海水广泛利用的基础。

目前，海洋经济的总体规模和范围不断扩大，沿海各省海洋产业努力实现多元化协调发展，“三、二、一”产业模式出现，传统海洋产业比重不断降低，新兴海洋产业发展势头良好，海洋产业集中度逐步降低。综上分析，中国海洋产业结构正在不断优化和完善。

（二）海洋政策的演进

2008 年，中国政府首次将“建设海洋强国”战略上升为国家级战略，中国海洋经济发展迎来前所未有的机遇。与此同时，中国的海洋政策也处于不断改变并完善的阶段。2008 年，国家颁布《国家海洋事业发展规划纲要》，对海洋经济发展进行全面规划安排；2016 年，《全国科技兴海规划 2016—2020》颁布实施，提出“科技创新引领海洋产业转型升级，加快海洋经济发展”；2018 年，政府先后出台《全国海洋生态环境保护规划》《关于促进海洋经济高质量发展的实施意见》，再次提出重点支持传统海洋产业改造，并开始注重海洋经济绿色发展，提高海洋生态管理能力。2019 年至今，出台了《国家级海洋牧场示范区建设规划》《海水淡化利用发展行动计划(2021—2025 年)》《“十四五”海洋经济发展规划》等规划，着重强调走依海富国、以海强国、人海和谐、合作共赢的发展道路，加快建设中国特色海洋强国。具体政策规划见表 2-2。

表 2-2　中国海洋政策的演进

时间	政策文件	主要内容
2008.2	《国家海洋事业发展规划纲要》	到 2020 年实现总体目标，全民海洋意识普遍增强，海洋法律法规体系健全
2008.10	《国家科技兴海规划纲要(2008—2015)》	全面贯彻落实科学发展观，指导和推进海洋科技成果转化与产业化，加速发展海洋产业，支撑、带动沿海地区海洋经济又好又快发展
2010.10	“海洋经济发展”百字方针	“‘十二五’规划纲要”中以专门的章节对优化海洋产业结构，加强海洋综合管理，推进海洋经济发展作出了全面的部署
2015.8	《全国海洋功能区主体规划》	推进形成海洋主体功能区布局的基本依据，是海洋空间开发的基础性和约束性规划
2016.12	《全国科技兴海规划2016—2020》	到 2020 年，形成有利于创新驱动发展的科技兴海长效机制
2017.5	《全国海洋经济发展“十三五”规划》	到 2020 年，我国海洋经济空间不断拓展，综合实力和质量效益进一步提高
2018.2	《全国生态环境保护规划》	明确了“绿色发展、源头护海；顺应自然，生态管海；质量改善、协力净海”
2018.9	《关于促进海洋经济高质量发展的实施意见》	明确将重点支持海洋产业改造升级、海洋新兴产业培育壮大、海洋服务业提升、重大涉海基础设施建设、海洋经济绿色发展等重点发展领域，加强对三大海洋经济圈、“一带一路”的海上合作的金融支持

续表

时间	政策文件	主要内容
2018.11	《关于建设海洋经济发展示范区通知》	支持海洋经济发展示范区建设，并明确示范区的总体目标和主要任务
2019.6	《国家级海洋牧场示范区建设规划》	到2025年，在全国创建区域代表性强、生态功能突出、具有典型示范和辐射带动作用的国家级海洋牧场示范区200个
2021.6	《海水淡化利用发展行动计划(2021—2025年)》	深入贯彻习近平生态文明思想，推进海水淡化规模化利用，促进海水淡化产业高质量发展，保障沿海地区水资源安全
2021.12	《"十四五"海洋经济发展规划》	优化海洋经济空间布局，加快构建现代海洋产业体系，着力提升海洋科技自主创新能力，协调推进海洋资源保护与开发，维护和拓展国家海洋权益，畅通陆海连接，增强海上实力，走依海富国、以海强国、人海和谐、合作共赢的发展道路，加快建设中国特色海洋强国
2022.1	《"十四五"海洋生态环境保护规划》	以海洋生态环境突出问题为导向，以海洋生态环境持续改善为核心，聚焦建设美丽海湾的主线，更加注重公众亲海需求，更加注重整体保护和综合治理，更加注重示范引领和长效机制建设，更加注重科技创新与治理能力提升，更加注重深度参与全球海洋生态环境治理
2022.1	《"十四五"全国渔业发展规划》	推进渔业高质量发展，统筹推动渔业现代化建设。具体提出渔业产业发展、绿色生态、科技创新、治理能力四个方面12项指标，力争到2035年基本实现渔业现代化

(三)总结

1. 海洋产业具有结构性特征

海洋产业的结构演化顺序发展重点为“一、三、二、三”,即从第一产业到第三产业,再从第三产业到第二产业,最后从第二产业又到第三产业的过程。虽然不同海洋产业大类之间的联系相对较弱,但不同海洋产业之间也存在着不同程度的经济和技术联系,使海洋产业体系具有结构性特征,海洋产业结构的发展一般都遵循这一规律,甚至偏离了区域产业结构发展的基本规律。由于海洋产业所遵循的结构发展规律与陆地产业不同,沿海海洋产业结构与陆地产业结构之间存在着明显的差异,即海洋产业结构的发展一般滞后于陆地产业结构的发展。这主要体现在近海产业结构的发展滞后于陆地产业结构的发展。

2. 海洋第一产业所占比重较大

海洋产业的发展阶段中,在第二发展阶段,海洋是第一产业、第二产业和第三产业之间的关系相对密切,这意味着海洋部门的第一产业仍然占了很大的份额。就像 2005 年,海洋初级产品在中国三大海洋产业中的比重接近 2%,而同期中国三大地区的海洋初级产品比重仅为 13%。海洋产业与陆地产业之间的结构性差异,是由于建立海洋产业体系的复杂性、所需要的技术水平高,以及海洋科技面对的是广阔的海洋和巨大的海洋资源。这些工业资源还不能直接开发。

3. 海洋第二产业未来可期

由于海上环境条件恶劣,海洋产业对材料和技术的要求要比陆地产业严格得多。某些因素延缓了海洋第二产业发展的进程,导致第二产业比重相对较低。海洋科技产业,如海洋生物技术与医药、海洋畜牧业、海水淡化利用业、深海矿物开采等,大多属于海洋第二产业。随着海洋资源开发能力的提高和技术、资源瓶颈的突破,这些新兴科技产业进入快速发展阶段,海洋部门在第二产业中的比重也随之提高。因此,未来中国的海洋产业结构可能会恢复到二、三、一结构,或者将第二产业和第三产业结合起来。

第三节 向海经济与海洋产业转型升级的理论基础

一、增长极理论

(一)增长极理论的提出与发展

20世纪50年代,经济学家佩鲁提出增长极理论,他的观点是:经济的上涨并不会在所有地方都出现,一般是通过一些增长点或增长极,再通过各种渠道散播开,最终对总体经济产生影响。佩鲁认为技术创新和进步是经济发展最主要的动力,创新普遍更倾向于那些龙头企业,也被称为"活力单元"。这种龙头企业具有连锁反应,对其他企业具有很强的推动力,又称之为"推动性产业",被推动的产业被称为被推动产业,形成某种意义上的经济联系,共同带动区域经济的发展。

当佩鲁提出增长极的概念之后,引起学界的广泛重视,之后,增长极理论不断得到修正与改善。学者奥勒曼斯、哈里森等人提出了新产业空间理论,认为高科技产业一般呈现出区域聚集性,并且在特定的区域形成增长极,在技术创新的推动下,效率大幅提升,对劳动效率和劳动质量远远超过对劳动成本的考虑,并只有在具备技术创新的环境下劳动,才可以产生产业协同与聚集的作用。

后来伴随着经济全球化的到来以及欧盟的形成,新区域主义逐渐替代了二战留下的传统的旧区域主义。爱思尔在新经济理论的基础上,推崇世界贸易应该朝着多边贸易的方向发展,发展中国家不应该闭关锁国,采取封闭的市场经济政策;小国家应该多和大国家联系,放开自由化政策。汉森通过实证对北美自由贸易区的形成与各国产业区域之间的关系进行分析,得到自由贸易区对发展中国家的产业的区域选择的影响程度大于对发达国家的结论。

增长极理论指主导产业和创新产业及相关产业在经济发展和产业

发展、空间组织中形成具有推动性意义的集合体，增长极理论的特点有以下几点：

第一，在产业发展方面，增长极理论是指区域经济发展集群成为一个地区的核心，在经济和技术上与周边某些地区相连，依托周边地区，从外部为其服务，与周边地区联系合作。

第二，从空间上看，它是一个主导经济活动空间和组合的重心，在周边地区起着核心作用，即区域内的中心城市或城市群，由于每个增长极所处的区域不同，因此每个增长极的规模和层次也不同；增长极通过周边地区发挥作用，在空间和经济发展方面与周边地区有联系。增长极通过周边地区发挥作用，与周边地区建立空间和经济联系，从而发挥组织和主导作用，以及对整个地区的指导和发展作用。特定增长极对区域经济活动的组织影响主要表现在三个方面，即主导效应、乘数效应以及极化和扩散效应。

(1)主导效应：增长极是主导产业、创新产业、相关产业的集合体，具有技术和经济方面的优势，能够对周围地区产生要素流动和商品供求关系，进而对周围地区在经济活动上产生主导作用。

(2)乘数效应：增长极对周围地区的经济发展是呈指数型不断向上增长的。

(3)极化和扩散效应：极化是指促进产业发展，吸引周边地区的生产要素和经济活动进入增长极，从而加速自身的发展和增长。扩散效应是指经济要素和活动从增长极向周边地区的输出，从而促进了后者的经济发展。当极化效应超过扩散效应时，溢出效应为负，有利于增长极的发展；当极化效应低于扩散效应时，溢出效应为正，有利于周边地区的发展。

(二)增长极理论对广西发展海洋产业的指导意义

区域发展已经成为经济发展的大趋势，城市群的建设成为广西海洋产业转型升级的重要推动力量。广西区域经济一体化的发展，有利于成就海洋产业更高水平的分工，缩小城市差异，有利于为区域经济增长带来政治效益和新的资源，形成新的湾区发展优势，使区域协调效果进一步显现，对湾区经济高质量发展产生深远影响，是实现差异化发展方式，加快广西海洋产业发展，推动经济高质量发展的重要方式。

1. 增长极引领北钦防布局优化

广西2019年印发实施《关于推进北钦防一体化和高水平开放高质量发展的意见》《广西北部湾经济区北钦防一体化发展规划(2019—2025年)》等文件,赋予了北钦防三市新的身份,促进了三市之间的协调能力,减少了区域内的行政制约。

在区域一体化战略下,北钦防三市基于共同的战略目标达成了协调合作的共识,积极推进区域分工与合作,加强了区域资源的有效流动与整合,促进了区域要素的整体效率,推动北部湾经济增长的效率。

2. 增长极带动沿海基础设施互联互通

北钦防一体化的进行,促进了沿海三市公共基础设施的资源共享。三个城市的公共基础设施得到了改善,降低了建设成本、提高经济效益,北钦防成为广西社会经济发展新的增长极,为广西海洋经济高质量发展创造有利的外部条件。

3. 增长极加快海洋生产要素流动

新的区域发展增长极可以纠正因市场化趋势以及盲目性等,造成的区域发展功能失调问题,减少区域集聚和扩散效应的负面影响,扭转北钦防三市经济发展结构的不合理现象,促进北钦防以及广西区域经济平衡发展以及促进生产要素的高效流动,进而促进广西海洋经济高质量发展,为广西海洋经济发展创造有利的内部条件。

4. 增长极促进产业协同集聚

新的增长极的形成将改变区域产业的同质性,调整产业结构,促进产业结构的合理化发展。

一方面,沿海三市将根据各自的比较优势调整海洋产业选择,促进海洋产业结构的差异化发展,减少海洋产业同质化发展现象,优化生产要素配置结构,提高生产要素的边际效应,增强海洋经济增长效率。

另一方面,北钦防一体化战略的发展将逐步深化区域分工与合作,使海洋产业链不断拉长和扩大,相关产业和新兴产业不断发展,形成海洋全产业链，加强三市海洋生产专业化程度，形成规模经济，提高三市的整体要素效率。

二、海港区位论

（一）海港区位论的提出与发展

国内外学者从不同的角度对海港区位进行深入的研究，研究内容包括港口形成与发展的自然条件、交通要素、港口区位、港口和腹地之间的联系以及港口空间的演化等内容。

德国学者高兹（1943）提出了海港区位论，他指出海港位置的选择包括以下几个方面：运输成本、劳动力费用、资本投入三大因素，构成了海港区位因子体系。霍伊尔和平德尔撰写了《城市港口工业化和区域发展》，书中指出交通一体化是港口发展的基本职能，港口的发展可以带动工业发展，是工业集聚点以及重要的人口流入点和地区发展的增长极点。摩根等人指出，腹地经济在港口形成和发展中起到重要作用，并涉及了对港口空间结构的演化，包括港口形成与发展、港口与腹地、港口运输交通的重要性以及技术改变区域港口空间结构等问题。查理等研究指出，随着交通网络的不断发展，港口和腹地的联系不断深化，腹地经济逐步集中于某个区域。

（二）海港区位论对广西发展海洋产业的指导意义

1. 海港区位理论有利于推动广西经济社会全面发展

港口是广西发展经济最好的引爆点。从发展基础上看，广西港口已经有了长足的发展，加快港口发展进程，进一步释放发展动能，将促进广西经济发展迈入新的发展阶段。从发展前景看，近些年广西港口吞吐量猛增，海洋产业结构也在不断优化，沿港海洋优势产业逐步形成。从服务能力上看，广西港区的位置，是广西水陆中枢，是中国与东盟以及西南地区最便捷的通道，是西部陆海新通道的枢纽位置，交通体系建设较为完善。从政策引导上看，伴随着国际经济的放开，平陆运河的兴建，

RCEP正式生效，中国与其他国家的经济交流不断深入，广西港口也迎来了不可错失的机遇。

2. 海港区位理论有利于促进广西与国内其他区域协调发展

广西沿海地区是中国西部唯一的沿海地区，拥有西南地区最便捷的出海口。加快北部湾经济区的开放开发，增强西南地区的出海功能，有利于促进西部大开发特别是西南地区的开放和加快发展。作为西部地区"十四五"发展规划确定的三个重点领域之一，加快广西沿海地区的发展，尤其是海洋产业的发展，促进其成为具有强大活力和发展能力的增长极，对于推进广西乃至整个西部地区的发展，提高西部地区的整体发展水平，加强西部与中东部的协调性具有重要意义。

三、区域分工理论

(一)区域分工理论的提出与发展

区域分工理论也称地域分工理论，是社会分工的空间形式的演化，指的是两个或两个以上相关联的生产体系受利益驱动而在空间上发生的变化，表现为区域生产专业化，即根据自己的优势对经济活动进行地域分工，当分工达到一定水平时就会产生区域专业化部门，使各主体根据自身区域优势形成专业化生产，进而形成专业化体系。另一方面，区域分工可以使各主体利用自身地域优势所创造的产品价值与不满足本区域生产或是生产不利的产品进行交换。

1. 绝对成本理论

绝对成本理论是决定区域分工的基础，亚当·斯密在其《国民财富的性质和原因探究》(1776年)一书中提出了"绝对价值理论"。他认为，由于国际分工以及自然禀赋和后天条件的差异，两个国家在生产一种商品的效率上存在优势或劣势之分，在生产另一种商品的效率上也存在劣势或优势，通过专门生产商品和相互的商品交换，两个国家可以同时取得"绝对优势"。因此，界定一种商品的优越性是一个原则问题，决定商品优劣势的主要因素是国家之间商品劳动成本的差异，只有以绝对低价生产的商品才能进行国际贸易，但这个理论过于绝对，不符合实际情况。

因此，在现代国际贸易理论中，斯密的理论只是一个特例，而不是一个普遍的理论。不过从部门分工的角度看，两个国家或地区之间生产成本的绝对差异确实是地区分工的主要依据，也是各国选择低成本产业生产、拒绝高成本产业生产的重要原因。

2. 新古典经济的分工理论

马歇尔在解决“斯密困境”的过程中得到了区域分工思想的启示，认为产业都具有规模化递增的特点，大规模劳动的环节将花费很多的劳动成本，以至于可以采取机械自动化来代替工人劳动，工人则可以从事其他工作，进而提升生产效率，但是企业规模做大到一定规模时，必然会出现垄断，这跟自由竞争市场理论相违背，大规模的生产虽然可以带来生产力的提高，但是达到一定规模后会因为形成垄断，逐渐形成一系列独立的小工厂。

一个地区只要建立了地方性产业，后续企业就会根据产业是否相关进行区域落户，专业化的人才很容易在这些地方找到专业化的工作，从而减少失业的可能，使这些地区具有丰富的劳动力。随着当地化行业的发展，又吸引了大量的配套产业，可以使当地化行业的竞争力提高，形成专业化生产。

3. 现代分工协作理论

到了20世纪，以专业化和利润分析为特征的新兴古典理论迅速兴起，杨小凯等学者认为交易效率和分工程度之间存在困境，运用超额利润分析法表明，额外的利润来自于分工，这是市场经济最基本的特征。同时，许多研究者如科斯、威廉姆森、德默塞茨、张五常等都从交易成本和相关制度结构方面研究了分工与合作，这些研究加深了对分工与合作的认识。随着科学技术的快速发展以及对新技术、新能源、新材料的广泛使用，更深入地促进了国际、产业以及其他分工，在一定程度上构成了社会生产力发展的产物，是跨国界分工的结果，是生产社会化向国际化发展的体现。

现代劳动分工理论认为，国际贸易可以通过产品市场的扩大而导致进一步的劳动分工，从而使生产力和产品多样性同时提高。各种先进技术的发展也为国际分工创造了物质条件，国际分工的出现和发展主要取决于两个因素：一方面是社会经济因素，包括每个国家的科技发展水平、生产力、国内市场的规模、人口规模以及社会经济结构；另一方面是自然条件因素，包括资源、气候、土壤、国家领土面积等。在这种情况下，劳动生产率的发展是国际分工产生和发展的决定性因素，而科技进步是国际分工产生和发展的直接原因，每个国家都可以根据自己的发展水平和资源情况参与国际分工，并在经济全球化过程中受益。不过尽管这个国家有着雄厚的科技水平，也不可能生产出它需要的所有的工业产品。

（二）区域分工理论对广西海洋产业的指导意义

1. 促进广西海洋产业价值链的攀升

区域海洋产业结构的升级不仅要考虑选择当地先进的海洋产业，而且要升级广西现有的海洋产业结构。一般来说，制定海洋产业结构转型升级的产业政策，目的是合理调整或发展海洋产业结构，这取决于该地区在一定时期的经济状况。同时，海洋产业转型升级与技术创新是密不可分的，技术创新是海洋产业转型升级过程中的决定性因素，要加大技术创新的投入，发展具有高新技术的海洋产业。加强技术和人才的有序流动，提高区域海洋产业组织的效率，促进高层次产业循环的有序发展，建立技术发展和产业转型协调发展的螺旋式机制。

2. 构建跨区域海陆空间统筹协调机制

海洋资源的开发和利用可以涉及不同种类的海洋经济活动，随着区域海洋资源开发水平的提高，涉及海洋利益的相关主体越来越多，因此，广西政府需要发挥政府的协调作用，做好海洋产业发展空间规划，组织陆海经济协同发展，以南钦北防为出发点，建立统一的海陆经济规划协调机制，统筹海洋空间、资源环境和陆地空间的综合管理，并做好广西与其他省市海陆经济发展的联动协调机制。

四、陆海统筹理论

(一)陆海统筹理论的提出与发展

协同理论是陆海统筹理论的基础。协同理论是指两个或者两个以上的主体,为了互利共赢,相互协助达成某一目标,陆海协同关系理论即是陆地产业与海洋产业相互协作,达成共同发展的效果。当前,各方面学者对陆海统筹内涵的研究总结起来主要有三方面观点。

1. 陆海统筹是一种全新的发展理念和战略思维

陆海统筹是一种全新的发展理念,实现陆海统筹就是要打破长期以来重陆轻海的传统观念,全面协调和妥善处理陆海的发展关系,确立陆海一体、陆海联动的发展战略思想。海陆一体是一种理念,也是一种原则,就是要树立海陆全面发展的正确战略思想,正确处理海洋发展和陆地发展的关系,加强海陆之间的联系和相互支持。广义上的海陆统筹是指争取实现海陆之间的平衡关系和国家的整体发展。

2. 陆海统筹被认为是陆地和海洋发展空间、资源和环境的整合

从人文地理学的角度来看,陆海统筹是对陆和海的统一规划。从地缘政治的角度看,中国是一个具有陆海价值的国家,作为一个陆地和沿海大国,它必须在空间发展战略中整合海陆并消除海陆之间的分割。海陆统筹是指在海洋和沿海陆地两个系统中,以海洋和陆地两个地理实体之间不可分割的联系为基础,对资源利用、经济发展、环境保护、生态安全和区域政策进行统筹规划,将海洋和陆地的地理、社会、经济、文化和生态系统整合为一个整体。

3. 陆海统筹被认为是区域和产业发展的基本原则

海陆一体化是区域发展的指导原则,它强调两个相对独立的区域:陆地和海洋之间的联系。中国的沿海地区是“新东方”,并建议按照陆海统筹的概念来推进,遵循陆海统筹的原则和策略,促进产业结构的优化

和升级。在区域发展规划和方案的设计和实施中，以协调海洋土地为基础，以充分利用海洋土地的互动，促进区域社会经济和社会的健全和快速发展。

（二）陆海统筹理论对广西海洋产业发展的指导意义

1. 合理开发广西海洋资源，提升海洋生态价值

陆海统筹已成为广西海洋产业高质量发展的起点。第一，广西要建立沿海各市共同的海陆经济发展管理制度。围绕陆海统筹的重点领域，在人员招聘、管理范围、职责等方面建立海湾产业平稳运行的机制。第二，巩固“河湾联动、海陆共治”的良好局面，促进广西海洋和陆地生态系统的协同保护，严守海洋生态“红线”。第三，建立和完善以近海为重点、覆盖北部湾辖区水域和深海主要问题区域的预警和生态监测体系，科学认识海洋和陆地生态系统的互动机制和变化趋势，进而形成对海洋产业过度发展以至于破坏生态环境的控制。

2. 促进广西海洋产业链协同海陆统筹产业布局的有机结合

在促进产业转型升级方面，广西顺应智能化、数字化发展趋势，实现广西传统产业与广西新兴产业集聚集群发展，加强海洋基础研究，为多学科发现海洋资源的环境和经济价值提供科学依据。根据建设海洋强国、发展优质海洋经济，建立高水平的基础研究创新平台，吸引和培养世界一流的海洋科学人才，有序推进广西重点海洋科技创新项目，加快形成领先的创新成果，率先实现领域海洋科技创新制高点。

五、（产业）发展阶段理论

（一）（产业）发展阶段理论的提出和发展

1.（产业）发展阶段理论

产业发展一词与现代西方产业经济没有严格的对应关系，在西方工

业经济中不存在“产业发展”一词。发展经济学流行于20世纪60年代和70年代，产业发展一词最早便是在发展经济学中出现的概念。20世纪60年代末至90年代期间，日本和韩国为代表的亚洲国家，用了10～20年就跻身发达国家的队伍，如此短时间内的快速发展便引起了国外一些经济学家的兴趣，他们开始研究这些后崛起国家的经济为何能实现跨越式的发展，并希望从其中发现新的经济规律。

诺贝尔经济学奖得主西蒙·库法内茨研究了工业化国家的产业结构因经济增长而发生的长期变化，如第二产业和第三产业结构的变化，并在统计分析的基础上建立了模型，研究发现：第三产业在GDP中的比重逐步提高，进而达到发达国家水平，服务业在GDP中的份额可以达到70%，而农业的份额正在逐渐减少。这都是工业体系和工业化进程结构的变化。

罗斯托在他的“起飞理论”中指出，发展中国家通常经历几个重要阶段。第一个大阶段是起飞前的阶段。这个阶段中更注重基础设施、经济资源和劳动力等初始条件。第二个大阶段是起飞阶段，在这时期，一国的经济增长速度较快，有可能保持10～20年的高增长率，成为中等收入国家之一。第三个大阶段是可持续增长阶段，当经济增长放缓，主要结构发生较大的变化，发展水平与高收入国家的差距缩小。第二阶段实际上是工业化的开始，也是一个巨大进步的时期。工业化是指在一定程度上发展生产，现代设备和生产机器形式的工业首先渗透到制造业部门，然后渗透到整个社会，促使物质商品的涌入和社会生活的改善。

2. 产业结构演变理论

产业结构演变理论的思想可以追溯到17世纪，当时阿洛蒂(W. Alotti)首次发现，世界各地的国民收入和不同经济发展阶段的差异主要是由于产业结构的差异。他在1672年出版的《政治算术》中指出，工业的收入高于农业，而贸易的收入又高于工业，也就是说，工业比农业创造更多的价值，贸易比工业更多。

产业结构随着经济的发展而不断变化，在产业层次上由低级向高级发展，在横向产业结构和相互关系上由简单向复杂发展，这两点不断推动产业结构向以下方向发展。

(1)配第—克拉克定理

配第—克拉克定理是由科林·克拉克在1940年根据威廉·图德关于国民收入和劳动力流动之间关系的理论提出的。随着经济的发展和人均收入的提高，劳动力首先从第一产业转移到第二产业；随着人均收入的进一步提高，劳动力转移到第三产业；第一产业中的劳动力分布下降，第二产业和第三产业中的劳动力分布增加。人均收入越高，农业的劳动份额越低，第二产业和第三产业的劳动份额越高；反之，人均收入越低，农业的劳动份额越高，第二产业和第三产业的劳动份额越低。

(2)库兹涅茨法则

在克拉克的第一项研究的基础上，库兹涅茨通过对各国国民收入结构的变化和各部门的劳动分配进行统计分析，得出了新的认识。其主要内容是：

第一，农业部门的国民收入，在国民总收入中的份额和农业部门的劳动力在总劳动力中的份额随着时间的推移而减少。

第二，工业部门的国民收入在国民总收入中的份额普遍增加，但工业部门的劳动力在总劳动力中的份额几乎保持不变或略有增加。

第三，服务部门在总劳动力中的份额大幅增加。

第四，服务部门劳动力在总劳动力中的份额主要增加，但其在国民收入中的份额不一定与劳动力的份额同步增长，而是总体上基本保持不变或略有增加。

在没有新的产业形态的情况下，为了不断提高产业本身的质量，不断改进产业技术和改造传统产业，在某种程度上也被认为是产业现代化的一种形式。因此，传统产业向高科技产业的转型可以导致新的产业形态的出现，如光电子产业和汽车电子产业。以此类推，在未来，产业结构的升级将不再是消除产业的衰退，而是技术的衰退，扩大现有产业的价值链和增加价值也是改善产业结构的一种方式，其他与当前主导产业有联系的产业的增长也是如此。

(二)(产业)发展阶段理论对广西海洋产业发展的指导意义

1. 平衡沿海地区发展，发挥各自的比较优势

虽然进入21世纪以来，广西海洋产业结构有所改善以及海洋经济

增长速度加快，但与其他沿海地区的海洋经济的发展相比仍存在明显差距：东部沿海地区海洋经济发达，而广西海洋经济相对落后。广西应以优化海洋结构为重点，以协调、综合、可持续发展为目标，注重海洋经济的平衡发展，加大沿海地区经济的开发开放力度。

2. 提升海洋产业创新驱动力

科技对海洋产业结构的转型具有积极推进作用。广西应针对具体的海洋产业，制定相对应的海洋科技发展战略。同时，完善海洋知识产权保护，加强对侵权行为的制裁，鼓励海洋企业创新并给予适当的补贴。

3. 加大对海洋企业的金融支持

广西应加强与财政、投资、税收等金融部门的合作，利用开发性金融机构、商业贷款、海事基金、海事融资担保、租赁、海事保险等多元化资本和创新手段，促进海洋产业经济的发展。广西应建立专业的海洋金融机构，并与证券交易所合作；开展海洋产业与多层次资本市场协调发展的研究，促进海洋中小企业与多层次资本市场的联系。

第四节　国内外研究现状

一、关于海洋经济

（一）国外海洋经济的提出

在国外学者对海洋经济的相关研究中，"海洋经济"一词是杰拉德·J·曼贡在《美国海洋政策》（American Ocean Policy）中首次提出的，但并没有定义海洋经济的概念。1999 年，美国实施了"国家海洋经济计划（NOEP）"，并将海洋经济定义为包括来自海洋和五大湖地区的全部或部分资源投入的经济活动。美国海洋政策委员会《美国海洋政策要点与海洋价值评价》将海洋经济定义为直接依赖海洋性质的经济活动，或作为生产过程的投入而依赖海洋，或利用地理位置在海洋或海底产生经济活动。美国学者查尔斯·科尔根博士认为，海洋经济是一种投入海洋资源的经济活动。美国国家海洋经济学计划的创始人朱迪思·基尔多提出，海洋经济是指提供由海洋或其资源决定的产品和服务的经济活动。

在英语中，海洋经济通常被称为"Ocean Economy"和"Coastal Economy"。一般来说，"Ocean Economy"是指直接依赖海洋属性的经济活动，"Coastal Economy"是指发生在海岸或海岸附近的经济活动。在美国的海洋政策文件中，通常使用"Ocean Economy"一词。这意味着遵守与包罗全球海洋的海洋有关的经济活动。

新西兰统计局 2002 年公布的《新西兰海洋经济(1997—2002)》也对海洋经济作出了定义。文件指出，海洋经济是工业和地理结合的结果。它是指能够直接影响国民经济的经济活动中，通过利用海洋空间或环境进行的经济活动的总和，同时也包括为这种经济活动提供产品或服务的活动。

从国外学者对海洋经济的定义来看，最开始他们认为海洋经济是一种必须包含海洋产品生产和经济服务的经济活动。后来，海洋经济的定义逐渐强调产品和服务的价值及其与海洋的关联性。也就是说，产品的价值受到海洋地理空间和海洋资源的影响，即海洋经济。但总体而言，国外海洋经济的具体定义并未达成一致。

(二)国外海洋经济的内涵

海洋经济的概念最早是由工业化国家提出的。20 世纪 60 年代开始，各国开始对海洋经济进行深入研究，当时由于人口的增长和陆地资源的逐渐枯竭以及环境问题导致需求的增加。为了满足人类日益增长的经济发展和需求，在科技进步的基础上，人类开始接触、探索、开发和利用海洋，从而形成了海洋经济的一个重要分支，起初主要的研究是从国民经济的角度出发，如鹏泰科尔沃(1998)等对美国生产总值在海洋经济中的贡献程度进行分析，开启了海洋经济视角研究的大门。

20 世纪 70 年代初，一些科学家开始用经济理论来分析海洋资源的利用或海洋产业的发展。例如，罗得岛大学的 Roholm 用投入产出法分析了新英格兰海洋产业的 13 个部门对整体经济的影响，哥伦比亚大学的 Pontecorvo 和 Wilkinson 从产业角度研究了海洋产业在国民经济中的地位。其他研究者在理论专著中研究了海洋资源和产业的理论,如 Bunich 的《海洋开发的经济问题和苏联的海洋经济》和 Voznesinski 的《海洋开发与研究》。可以看出,早期的海洋经济学主要关注的是海洋产业发展在全球经济中的作用,反映了海洋经济的产业性质。

美国研究人员 Judith Kildor 对其定义如下:与一般经济一样,海洋经济也是一种生产产品或服务的经济活动,只不过海洋经济所提供的产品和服务的价值更多的是受海洋或其资源的影响,甚至是决定性的。Charles Colgan 将海洋经济定义为以海洋资源为投入的经济活动。此外,美国负责海洋经济和政策的主要机构——美国海洋政策委员会在其 2004 年的报告中将海洋经济定义为:相对于陆地而言,直接依赖海洋这一区域特征和资源的经济活动,或者在生产过程中以海洋作为重要投入的经济活动。韩国学者认为,海洋经济是一种主要投入和产出与海洋的特定空间和地理环境有关的产业,也可以看作是一种主要需求和供给与海洋的特定环境有关的产业。显然,海外海洋经济被认为是与海洋或其资源密切相关的经济活动,或受海洋或其资源强烈影响的经济活动,其投入应包括海洋资源。

(三)国内海洋经济的提出

海洋经济对中国来说并不陌生,因为在中国古代就有与海洋经济有关的活动,如古代的划船和采盐等。不过对于中国来说,海洋经济这个词是舶来品。

在中国,“海洋经济学”的概念是由著名经济学家于光远在 1978 年首次提出的。1980 年,经济学家许涤新教授组织了第一次海洋经济学研讨会,并成立了中国海洋经济学研究会。这表明中国学者和专家对海洋经济学的高度重视。1980 年,吴国柱等人翻译了布尼奇的《海洋经济学》一书,发展了中国学者在海洋经济领域的理论研究和实践工作。1984 年,何宏全和程福祜在《海洋经济和海洋经济研究》中提出:“海洋经济包括人类在海洋及以海洋资源为对象的社会生产、交换、分配和消费活动”。同样是在 1984 年,杨金森在《发展海洋经济必须实行统筹兼顾的方针》中提到:“海洋经济是以海洋为活动场所和以海洋资源为开发对象的各种经济活动的总和”。1995 年徐质斌在《海洋经济与海洋经济科学》中提出："海洋经济是产品的投入与产出、需求与供给，与海洋资源、海洋空间、海洋环境条件直接或间接相关的经济活动的总称"。1998年许启望和张玉祥在《海洋经济与海洋统计》中提出："海洋经济分为广义的海洋经济和狭义的海洋经济。广义海洋经济是人类在涉海经济活动中利用海洋资源所创造的生产、交换、分配和消费的物质量和价值量的总和。狭义海洋经济是指直接的海洋产业。"1998年出版的《海洋大辞典》中将海洋经济定义为"人类在开发利用海洋资源、空间过程中的生产、经营、管理等经济活动的总称"。2000年孙斌和徐质斌《海洋经济学》一书将海洋经济定义为"在海洋及其空间进行的一切经济开发活动和直接利用海洋资源进行生产加工以及为海洋的开发、利用、保护、服务而形成的经济"，它是人们为了满足社会经济生产的需要，以海洋及其资源为劳动对象，通过一定的劳动投入而获取物质财富的经济活动的总称。2003年国务院《全国海洋经济发展规划纲要》提出："海洋经济是指开发利用海洋的各类产业及其相关活动的总和"。2003年陈可文在《中国海洋经济学》中提到："海洋经济是以海洋空间为活动场所或以海洋资源为利用对象的各种经济活动的总称"。2003年徐质斌和牛福增在《海洋经济学教程》中认为："海洋经济是活动场所、资源依托、销售或服务对象、区位选择和初级产品原料对海洋有特定依存关系的各种经济的总称"。2010年朱坚真在《海洋经济学》中认为"海洋经济是人类开发利用及保护海洋资源而形成的各类产业及相关经济活动的总和。海洋资源主要包括海洋水体、海洋动植物、矿产、能源、海底、海面、岛礁及空间等资源；海洋产业包括海洋第一、二、三产业及其与各海洋产业相关的经济活动，即与海洋有某种依赖关系的经济活动"。

海洋经济不仅成为学者们关注的焦点，也引起了政治领导人、国家计划部门和政府机构的关注。早在1981年，国家海洋局就与中国社会科学院经济研究所合作，举办了第一届全国海洋经济研究研讨会。1987年，时任国家主席李向南为"发展海洋产业，崛起国民经济"题词。1991年，国务院组织召开了海洋经济会议。2006年，在中央经济会议上，时任国务院总理的郭金涛强调，"要提高对海洋的认识，做好海洋的规划，从政策和资金上支持海洋经济的发展"。胡锦涛在两院院士大会上建议"发展海上战略高技术，提高中国的海洋经济，保护海洋安全，开发深海资源"。习近平曾多次对海洋经济发展作出重要论述，党的十八大以来，以习近平同志为核心的党中央着眼于中国特色社会主义事业发展全局，坚持陆海统筹，扎实推进海洋强国建设。

从上述中国学者在海洋经济领域的研究来看，中国在海洋经济领域的研究在时间和数量上都处于国际水平的优势地位。中国对海洋经济的定义最初强调海洋的地理空间属性和资源属性，但2000年后，中国扩大了海洋经济定义的含义，认为海洋经济不仅与海洋空间和海洋资源有关，还与海洋开发和应用于海洋科研、教育、管理和服务活动的产业有关。包括与海洋的投入产出关系在内的技术产业也属于海洋经济。

(四)国内海洋经济的内涵

随着中国越来越多地寻求从海洋中获得增长，中国的学者们以不同的方式定义了海洋经济的重要性。在中国，最早普遍接受海洋经济一词是由徐国斌定义的，他发表了多篇关于海洋经济的文章，并不断修改和完善。

1995年，他定义了六个方面，包括历史形态、产业部门结构、社会生产的基本分工、与海洋相关的产品或服务类型以及生产活动与海洋的关联程度。最终，徐质斌将海洋经济定义为以一种或多种方式利用海洋功能的经济活动，是对所有在资源、活动场所、生产和销售设施等方面依赖海洋这一特定地理和空间环境的经济活动的总称。他还根据中国现行的海洋经济统计体系，用列举法来解释海洋经济的重要性。

2006年《海洋及相关产业分类》(GB/T 20794—2006)明确："海洋经济是指开发、利用和保护海洋的各类产业活动，以及与之相关联活动的总和。海洋产业包括开发、利用和保护海洋所进行的生产和服务性活动，主要表现在五个方面：一是直接从海洋中获取产品的生产和服务活动；二是直接从海洋中获取的产品的一次加工生产和服务活动；三是直接应用于海洋和海洋开发活动的产品生产和服务活动；四是利用海水或海洋空间作为生产过程的基本要素所进行的生产和服务活动；五是海洋科学研究、教育、管理和服务活动；海洋相关产业是以各种投入产出为联系纽带，与海洋产业构成技术经济联系的产业"。

权锡鉴(1986)将海洋经济解释为满足人们社会经济生活的发展需要而获取物质产品的工作过程，工作对象是海洋及其所包含的资源。也有研究者认为，海洋经济是相对于陆上经济而言的一个范畴，即与陆上经济平行的大区域经济，或者说是陆上经济的延伸，并将其延伸到大海洋区域的经济活动，即海洋经济是大农业经济的一部分。

在政策和制度建设方面，农贵新（2011）和范建平（2016）认为，制度是海洋经济创新持续发展的基本动力。姚丽娜等（2013）将海洋经济管理体系存在的问题归结为中央海洋管理部门管理重视度不高，国家相关宏观调控力度不足，相关部门对海洋管理与发展缺乏规范指导。邱红（2013）、范建平（2016）等将创新海洋经济管理体系的措施包括制定科学的海洋管理体系、树立海洋价值观、创新海洋管理理念、组建海洋经济团队、重视规划、加大投资、发展海洋科技、鼓励创新、加强海洋宣传。在实证研究方面，许瑞恒、林欣月（2020）构建了具有海洋生态补偿功能的社会计算矩阵，对海洋经济指标变化的实际情况进行了分析研究。盖美（2022）利用集对分析、核密度估计模型和标准差椭圆从总体、维度和影响因素角度分析。

刘桂春等（2019）认为资本要素始终是中国海洋经济增长的主要推动力，结构要素和创新要素均推动海洋经济增长，制度要素对海洋经济增长的贡献量保持正负交替演变的态势。

国家市场监督管理总局颁布的国家标准具体地规定了海洋经济包括开发海洋产业及其相关的活动，即海洋经济是指开发海洋资源以及这一过程包括生产、销售、开发和管理等所有活动，是一种以海洋资源为目标的国家产业，目的是通过利用海洋资源和保护海洋生态及资源来提高海洋的生产价值。

二、关于海洋产业转型升级

党的十八大报告提出“海洋强国”的战略，应合理地开发、利用、保护、管控海洋，将中国建设成为具有强大综合实力的国家。党的十九大报告提出要坚持陆海统筹，加快建设海洋强国。“十四五”和远景目标提出要陆海统筹、人海和谐、合作共赢推进海洋生态保护，建设现代化海洋强国，但与世界性的海洋强国相比，中国海洋产业仍处于起步阶段，大多海洋产业处于附加值较低，科技密集型不够，单靠劳动力密集型产业支撑产业是远远不够的。因此，推动海洋经济转型升级对建设现代化海洋经济体系具有重要意义。

海洋产业结构的升级和转型是指产业结构从低级形式向高级形态

的转变过程，是生产力提升和流程效率提升的表现。进而对海洋产业发展的重视，发展格局加快、科学创新的脚步不断加快，目前学者对海洋转型方向的研究，大多集中在对海洋产业具体产业的研究，对整个海洋产业的研究还比较少。

国内学者对海洋产业转型升级的研究主要集中在以下几个方面。一指出海洋产业升级转型是海洋经济发展和环境保护的重要突破口。二是对海洋转型升级的方向上进行分析，指出科技创新是中国海洋产业转型升级的重要途径。三是具体到产业各个原则进行探析，有效益最佳、稳妥发展、协调配置、可持续等多项原则。四是对影响海洋产业转型优化因素进行深入分析，主要包括技术创新、金融支持、对外开放、政府行为等。

张红智等人(2005)指出，我国海洋产业结构优化目标应侧重整体效率提升，形成"三、二、一"的海洋产业结构，形成更加合理、更具发展潜力的海洋产业格局，在增强海洋运输、海洋渔业、海洋旅游等传统海洋产业实力的基础上，研究、开发和利用高新技术，加快发展海水利用业、海洋生物医药业等新兴海洋产业。张静等人(2006)认为，陆域产业具有特定的产业结构发展规律，海洋产业也是如此。海洋产业结构的变化过程分为传统海洋产业发展的初始阶段、海洋第三产业与第一产业的交替发展阶段、第二产业的主要发展阶段和海洋经济服务业的高级发展阶段这四个阶段。研究表明，我国海洋产业有明显的产业同构化和产业结构低度化的态势，因此，建议将我国海洋产业结构优化升级的重点工作放在加强高新技术的运用上。姜旭朝(2009)从海洋三次产业结构变化的角度回顾了自新中国成立以来中国海洋产业的发展历史，研究表明，海洋第一产业对我国国民经济的贡献度是变动最大的。容景春(2003)的研究表明，广东省海洋支柱产业的发展是推动广东省城市化进程的关键所在。黄瑞芬等(2008)通过霍夫曼系数对我国 11 个沿海城市的海洋产业结构进行对比，并分别对这些城市未来海洋产业的发展方向提出对策建议。为打造海洋经济强省，张莉(2009)从广东省优化海洋产业的具体思路、原则和步骤几个角度提出对策建议。黄蔚艳等(2011)分析了中国海洋经济总量、产业发展格局与产业结构这三个方面发展过程中出现的问题，并指出应通过改善产业结构、海洋产业、增长方式、人才培育等几个方面入手促进中国海洋产业的进一步发展。

盛朝迅(2015)从世界海洋产业发展新动向、海洋产业转型发展的基础和条件以及国家战略方面对海洋产业转型升级进行分析。海洋产业发展的新方向着重向新兴国家转移，并且海洋产业逐渐变成资本密集型和技术密集型，因此科技创新对海洋产业转型升级起着重大作用。纪建悦（2020）基于熊彼特经济发展理论对海洋产业结构优化升级的影响进行因素研究，采用2006—2014年中国沿海地区的面板数据进行实证研究。王春娟等（2021）运用回归分布滞后—误差修正模型，对海洋科技创新、海洋经济发展与海洋产业结构转型之间的动态与均衡问题，结果表明海洋科技创新投入和产出对海洋生产总值成正比，并且海洋产业结构的优化对海洋经济具有推动作用。刘汉斌（2022）运用自回归模型从历史纵向视角剖析海洋产业结构的内在关系，表明中国现阶段海洋产业结构正持续调整升级，海洋经济整体上从总量经济向质量型经济转型。但对于一些海洋的基础性研究以及技术管理方面的海洋服务业对海洋工业、第一产业的支撑力力度还不够。

三、关于向海经济

（一）向海经济的提出

向海经济是新时代背景下提出的一个新的战略，也是一种新的经济发展模式，引领产业转型升级，深化经济发展模式的改变和对外开放格局都发挥着重大的战略意义。

2017年4月19日，习近平总书记在广西北海视察时首次提出“向海经济”的概念，此后在国内外学术界引起广泛关注和讨论，并逐渐从理论层面走向具体操作层面。2020年5月17日，中共中央、国务院发布了《关于新时期推进西部大开发形成新模式的指导意见》，明确提出“完善北部湾港口建设，打造具有国际竞争力的港口群”。

2019年12月19日，广西壮族自治区党委、政府正式发布了《关于加快发展向海经济推动海洋强区建设的意见》，这是中国第一个也是唯一一个以省委、省政府名义出台的发展临海经济的重大政策文件。虽然该文件没有明确界定“向海经济”，但统计了沿海经济总产值，其中海洋经济、沿海经济带经济是向海经济主要组成部分。

王波、倪国江、韩立民（2018）等人在国内外相关研究的基础上，对向海经济的概念、内涵和特征进行了较为清晰的解读，指出向海经济是以陆地经济为基础，以海洋经济为依托，以海岸带为空间支撑，以现代港口为平台，以科技创新为动力，以生态文明建设为保障，以提升现代海洋产业为目标。傅远佳(2020)认为，从建设高水平的西部新陆海通道的角度看，向海经济是以产业分工为基础，依托陆海通道，整体利用陆海资源，加快发现和开发，实现经济合理发展与海陆地区一体化发展有关的经济活动。靳书君(2021)指出向海经济是以海洋经济为基础、陆域经济为依托，通过海陆间通道、产业和资源衔接融合，建成向海通道网络，构建向海产业体系，形成向海城市集群，释放海洋引领区域经济高质量发展潜力的战略方向。发展向海经济要求打造港城一体、海铁联运、陆海统筹、内外循环的向海格局，走依海富国、以海强国、人海和谐、合作共赢的向海之路。

(二)向海经济的概念界定

向海经济被定义为以海洋经济为基础，以海陆协调发展为特征的一种新开放经济模式。向海经济打破了蓝色经济、陆地经济、海洋经济和港口经济之间的界限，它是将不同形式的经济整合为一个整体，其发展阶段的特点是海陆结合、以海养陆、海陆一体。

向海经济也涉及中国海洋绿色发展，指的是在绿色发展理念下，以海、陆、空为空间依托且海、陆协调发展为特征的可持续发展的经济模式。杨鹏(2019)等人认为，向海经济是一个新的战略概念，是在发展港口经济—海洋经济—离岸经济的商业模式过程中发展起来的更高层次、更宽广的视野和更强的经济形态，发展向海经济对广西很重要，要在新的起点上抓住新的机遇，上升到更高的层次来发展海洋经济对广西很重要。蒋和生(2017)指出发展向海经济要充分考虑海洋经济对国民经济稳定且可持续发展的作用，促进近海和远海经济空间的发展，深化深海和远东资源的开发，坚决提高海洋经济对经济和社会发展的重要性。洪小龙(2017)认为，海派经济是海洋经济与外向型经济的高度融合，其重要性和扩张性远远大于海洋经济，为了建设向海经济，沿海城市应更加重视海洋资源的利用和开发，将其与海洋联系起来，促进资源、繁荣和发展。广西，特别是北海，要立足于“三大支柱”(即打造面向东盟的国际大通道，建立西南和中南地区新的战略性开放发展中心，成为 21 世纪丝绸之路经济带和海上丝绸之路的主要门户），打造港口群、工业港区和国际产能合作示范区，将有助于发展海洋向海经济。

（三）向海经济发展的研究现状

向海经济的概念被提出之后，大量的学者对向海经济展开研究，深入贯彻落实习近平总书记关于“向海经济”的重要指示精神，始终坚持向海发展战略，对向海经济的发展发挥着重大的战略意义。

夏飞等（2019）提出推动向海经济高质量开放发展，要主动顺应经济规律和发展大势，把向海经济作为新时代做好“海”篇章的主笔，更好发挥“海”的优势、释放“海”的潜力，不断拓展新空间、培育新动能、形成新优势，为中国进一步扩大开放贡献海洋力量。

夏飞、陈修谦、唐红祥（2019）等认为资本对向海经济的正向驱动效应最显著，其次为科技投入，劳动力的正向效应不显著，渔业资源产生不明显的负向效应；动力要素对向海经济的驱动效应存在显著的区域异质性特征，南部海洋经济圈渔业资源、资本投入以及科技投入等动力要素驱动效应最强，北部海洋经济圈以资本投入为主驱动力，东部海洋经济圈则以资本投入和劳动力驱动为主；地区经济发展水平、金融发展、对外开放水平、环境保护、交通条件、政府干预度对向海经济主要起到正向影响。

夏维怡等（2020）认为广西向海经济发展过程中还存在着诸如全方位开放的营商环境、港口基础设施、投资融资平台、协调沟通机制、政策支撑体系不完善等问题。因此，在广西经济发展的深耕阶段，要想实现向海经济全方位开放合作，必须持续优化营商环境，促进自由贸易区建设；增强金融市场活性，打造面向东盟的金融开放门户；加快提升通行能力，助推西部陆海新通道建设；畅通人文交流渠道，形成开放合作协调机制；搭建向海经济开放平台，全面对接粤港澳大湾区；探索园区发展模式，积极融入“一带一路”建设；实现政策动态调整，构建全方位开放政策体系。李燕和周雅倩（2021）利用 GEP 核算工具，解决生态文明建设中公众环境意识与环境行为不匹配、政府对环境产品成本控制不明确、市场资源过度消耗不考虑长期效益等问题，促进广西沿海经济“两山”转型，旨在推动广西沿海经济向“两山”经济转型，践行“绿水青山就是金山银山”的发展理念。麻昌港、施悦（2021）研究了广西北部湾经济区海洋产业和对外贸易的发展，以要素为中介，考察了产业发展与对外贸易的关系机制。研究表明，工业发展带来的劳动力要素集聚与区域对外贸易呈负相关，而资本和技术要素集聚与对外贸易呈正相关。云倩等(2021)指出“十四五”时期，广西要转变海洋经济发展思路，把调整优化广西海洋产业结构作为向海经济高质量发展的重要支撑，为加快建设海洋强区提供有力保障，通过升级海洋产业结构、优化海洋产业布局、增强海洋科技创新能力、打造高层次产业发展平台、壮大海洋人才队伍、深化对外开放合作等措施，推动广西向海经济高质量发展。傅远佳、朱迪、沈奕(2021)在总结国民经济发展经验的基础上，充分发挥政府的主导作用，促进海上通道建设，优化和改善产业结构，发展新兴产业，实施园区渐进式协同发展，加强产业合作，完善海洋产业的人才培养，加快打造海洋产业集群。王菊(2021)研究了广西如何在区域经济一体化的框架下，实施基于港口—城市—农村的一体化和多层次的经济整合，以寻找区域经济发展的协调和增长点；为广西沿海经济的设计和建设提供指导，实现广西沿海地区自身的经济发展。杨耕、杨东越(2022)提出为广西确定发展方向、扩大发展规模提供了政策指导。在新发展理念的指导下，广西充分利用沿海地区的特点，在构建和发展海洋经济模式的过程中，将其转化为优势，日益强化广西在中国与东盟国家贸易模式中的跳板和先锋作用。

第三章　向海经济下海洋产业转型机理与理论逻辑

第一节　向海经济与海洋经济

2017年4月，习近平总书记在广西北部湾港考察期间，提出“打造好向海经济”，“释放‘海’的潜力”，第一次使用“向海经济”重要命题。[①]

2021年4月，习近平总书记在听取广西区党委、区政府汇报时，又强调“高水平共建西部陆海新通道，大力发展向海经济”，擘画了广西沿海地区区域经济发展的战略方向。这个重要的提案从系统概念开始，妥善处理了国家经济系统中的海洋经济和陆域经济的关系。从工业意义上来说，向海经济涵盖了传统的海洋产业和港口产业，以及战略性新兴产业和海洋腹地特色产业。从地理延伸角度来看，向海经济的地理区域范围包括海洋经济、沿岸经济带经济和向海通道经济。因此，在含义和扩展方面，向海经济不仅包括临港经济、海洋经济，还有山海经济和江海经济，这是关于向海经济发展内容的一项重要建议。从思想发展史的角度看，山海经济、江海经济、海上经济、海洋经济等概念完成了向海经济的合体，突破了单一地从海洋的角度论述海洋发展的视野局限，深度激发海洋发展带动沿海地区整体发展的潜力，为沿海地区社会经济的良性循环提供了新方向。

向海经济是推动海洋经济走向开放型经济发展模式的开放战略深化观。向海经济是基于中国“一带一路”倡议与“海洋强国”战略实施背景下提出的，具有显著的时代意义，是中国对外开放战略逐步深化的结果。

---

① 刘华新等:《广西开放发展再争先》,《人民日报》2018年5月21日。

向海经济发展的直接目标是创造一种创新型开放发展模式，充分发挥国际竞争优势，促进国民经济转型和现代化，依靠海洋经济发展形成现代海洋产业体系。为推动腹地城市向海发展，实现海洋经济永续可持续发展，需要引导陆域产业和经济资源向海洋空间集聚，通过提升科技创新提高海洋开发能力，进一步提高海洋话语权。

部分学者从“向海经济”内涵定义的角度展开研究，给本书提供宝贵且有效的借鉴意义。其中比较有代表性的主要有：王波、倪国江等(2018)对向海经济概念进行界定，他们认为向海经济代表一种开放型经济发展的创新模式，将陆域经济作为根本，将海岸带作为介质，连接陆域经济和海洋经济，将现代化港口作为载体，有效连接陆海通道，同时将科技创新作为基础动力，建设海洋生态文明，进而实现陆海经济双向互动融合。黄灵海(2020)基于向海经济绿色发展视角，结合国内外关于向海经济概念的研究讨论，把向海经济定义为以陆域经济作为根基，海洋经济作为纽带，促进海陆经济协调发展。傅远佳(2019)从高水平建设西部陆海新通道的角度出发，将向海经济定义为一种经济活动，以沿海地区及其腹地地区为主体，把陆海通道作为载体，有效使用陆域、海域资源，促进开放合作进程顺利进行，最终实现经济良性循环发展。洪小龙(2017)认为发展向海经济就是以海洋经济为基础，在此基础上添加外向型经济这一要素，实现陆海统一协调。刘康(2017)认为，向海经济是以向海开放为导向，陆海统筹为前提，海洋经济发展为主体，是对海洋经济和蓝色经济发展思路的升华。

综上所述，向海经济相较于海洋经济、蓝色经济等概念内涵范围更广，不仅包括了海洋经济研究内容，也包括众多外向型经济发展要素。因此，在对向海经济进行概念界定时，需要率先对海洋经济的内涵进行梳理，且不能忽略对外向型经济的内涵阐释。

一、向海经济与海洋经济的相关性

向海经济与海洋经济的相关性主要体现在以下四个方面：第一，从内涵上看，向海经济包含而又高于海洋经济；第二，从空间上看，向海经济是从陆域经济向海洋经济的延展；第三，从属性上看，向海经济是对海洋经济外向型的扩大与延伸；第四，从实践上看，海洋经济生产总值的增长对于向海经济生产总值的发展具有显著的正向促进作用。

(一)从内涵上看向海经济包含而又高于海洋经济

从理论上来说,向海经济是一种创新型的海洋经济新体系,通过从内陆、江河向海洋延伸从而推动经济发展的空间立体体系,是以海洋经济为基础、陆域经济为依托,将海陆间产业和资源进行衔接与融合的综合性经济体系。在向海经济内涵中,海洋经济是影响向海经济持续推进对外开放、不断积累资源财富、打通内陆城市出海口的重要经济形态。向海经济包含海洋经济而又高于海洋经济,向海经济是海洋经济的重要实现形式,其能否满足陆域经济的向外发展方向、发展的需要和资源财富的扩大,取决于海洋经济的发展水平。

(二)从空间上看,向海经济是从陆域经济向海洋经济的延展

在传统的区域经济研究中,学者普遍将陆域经济与海洋经济区分开来,认为两者所涵盖的内容与能达到的效果相去悬殊,也很少考虑海洋经济与陆域经济的关系。现在,“向海经济”概念的提出,明晰地表达了向海经济以陆为基础、以海为目标、以功能为导向的内涵,为解决海陆结构优化和协同开发的问题提供了可取的方略。向海经济是海洋经济的延伸和拓展,它强调的是海洋的基础地位及面向海洋发展的主动性,是经济活动从陆地向海上转移更进一步的趋势,进而更好地体现高质量发展的内在要求,成为实现海洋强国战略至关重要的依托。

(三)从属性上看,向海经济是对海洋经济外向型的扩大与延伸

海洋经济本质上是一种外向型经济,提出向海经济的概念将会扩大海洋经济的外向属性,外向属性的提升取决于海洋开发能力和海洋技术创新,向海经济已成为推动海洋经济发展的重要途径,影响着海洋经济的高效、高质量和可持续发展。与此同时,海洋产业是扩大资源和财富的重要工具,海洋工程装备业、海洋生物医药业、深海油气业、海洋交通运输业、港口物流业等产业的发展,直接影响着海洋资源的开发。

(四)从实践上看,海洋经济生产总值的增长对于向海经济的发展具有显著的正向促进作用

以广西为例进行说明,随着广西开始发展向海经济,海洋经济的"蓝色引擎"作用日益增强。数据表明,2021 年广西向海经济生产总值达 4202 亿元,同比增长 12.9%,占广西 GDP 比重 17.0%;同年,广西海洋生产总值达 1828.2 亿元,占据向海经济生产总值的 43.4%,占广西全区 GDP 的 7.4%。2021 年广西海洋生产总值北海、钦州、防城港三市地区生产总值比重为 46.1%,海洋经济对全区经济增长贡献率达到 8.8%,主要海洋产业增加值 940.2 亿元,比上年增长 16.2%,占北海、钦州、防城港三市地区生产总值比重为 23.7%,海洋产业结构进一步优化,发展潜力与韧性彰显。由此可见,海洋生产总值的增长对于向海经济的发展具有举足轻重的促进作用,相关海洋产业的发展直接拉动了广西的经济增长,同时一定程度上也促进了北海、钦州、防城港等沿海城市的就业增长和城镇化建设。

总而言之,向海经济关乎沿海地区发展的优势、希望与潜力。面对新的机遇与新形势,要树立科学用海观,海洋资源集约化、生态化开发利用,将发展向海经济、实现海洋强国战略作为目标,将提升海洋相关产业竞争力作为导向,将创新技术和优化结构作为重点,推进海洋产业发展多元化,促进传统海洋产业产能调整,加快发展海洋新兴产业,密切关注海洋资源供给结构变化,推动海洋装备制造、海洋生物医药、国际安全物流、国际邮轮旅游、现代海洋服务等高端海洋产业发展,着力提升海洋产业竞争力。

二、向海经济与海洋经济的差异性

向海经济与海洋经济不同,但与海洋经济具有密不可分的联系。向海经济与海洋经济的差异性主要体现在以下五个方面:第一,从概念上看,向海经济与海洋经济的侧重点不同;第二,从提出背景来看,向海经济与海洋经济所面对的时代要求不同;第三,从内容上看,向海经济比海洋经济具有更丰富的内涵;第四,从发展方式上看,向海经济比海洋经济更具有创新性;第五,从价值实现上看,向海经济比海洋经济所追求的经

济效益更为深远。

（一）从概念上看，向海经济与海洋经济的侧重点不同

向海经济是一种新型的经济模式，侧重的是以海为方向的目标与导向，它是遍及、环绕海洋及其延伸的各种经济形式进行统一协调和融合而形成的。关于向海经济的内涵与概念，前文中对各专家学者的观点进行了阐述与总结，此处不再赘述。

海洋经济建立在海洋资源的有效开发及合理利用、海洋生态环境的保护和修复、促进绿色可持续发展的基础上，基于这一点在海洋各个行业的综合活动上进行扩展和协作。它是向海经济的重要依托，是陆域经济实现向海延伸、产业融合的重要载体。从海洋经济的概念出发而言，国务院发布的《全国海洋经济发展规划纲要》将其定义为以海洋为对象，依赖海洋空间进行开发利用海洋资源的各种产业活动的总称，海洋为经济活动的范围，强调自然资源在空间上的追本溯源。

（二）从提出背景来看，向海经济与海洋经济所面对的时代要求不同

向海经济与海洋经济是在不同的背景下提出的。向海经济是习近平总书记在广西北海铁山港考察时首次提出的。新时期，中国经济高质量发展备受瞩目，经济增长的新方向便是面向海洋发展，向海经济是以习近平总书记为代表的党中央赋予广西的新使命。广西背靠大西南，坐拥北部湾，面向东南亚，具备与陆海丝绸之路衔接的绝佳条件，拥有独特的区位优势，被赋予“三大定位”的历史使命。因此，向海经济具有习近平总书记打造好向海经济的重要指示和广西得天独厚的地理区位优势的双重背景，从战略发展背景上来看，向海经济具有的背景是海洋经济不可比拟的。

（三）从内容上看，向海经济比海洋经济具有更丰富的内涵

向海经济内容更加丰富。向海经济与传统意义上的海洋经济内涵有所差异，向海经济注重从海洋中积极寻求发展资源、多元素融合共进。向海经济发展的关键是高水平、深层次、可持续的发展；核心是创新、协调、绿色、开发、共享五位一体的融合发展；外延是陆海统筹大背景下的

协调发展;理念是重视海洋生态文明建设的海洋领域双碳发展。因此,向海经济在概念和内容上都比海洋经济更丰富,更深层次。

(四)从发展方式上看,向海经济比海洋经济更具有创新性

实现向海经济大发展的重要途径是不断创新海洋经济发展形式,提升海洋经济发展质量,是海洋经济高质量发展的重要实现形式。打造好向海经济,一是依托海洋科技进步,实施海洋创新驱动战略,以海洋科技支撑向海经济发展;二要扩大对外开放,促进对外贸易合作,吸引投资,建设开放型经济;三是必须转换发展方式、调整海洋产业结构,融合新理念、新模式、新途径实现向海经济增长。简单来说,向海经济就是海洋经济发展方式的提升和创新,但两者在发展方式上存在显著差异。

(五)从价值实现上看,向海经济比海洋经济所追求的价值实现更为深远

向海经济是海洋经济在价值实现上的高度升华。海洋经济主要追求经济效益,而向海经济除了实现海洋经济的转型和精细化、经济社会的快速发展外,还具有以下海洋经济无法实现的价值功能:一是向海经济发展有利于提升中国海防能力,加强南海能力建设,保护祖国南疆安全稳定;二是依托"一带一路"和西部陆海新通道等国家战略背景,随着RCEP的正式签署及生效,向海经济的发展,将助力中国与东南亚国家的经济文化深层次的交流,更好地发挥广西承担"中国通往东盟的主要国际通道"作用;三是向海经济可通过参与中国—中南半岛经济走廊建设、"两廊一圈"战略、"渝桂新"战略规划、对接"粤港澳"大湾区建设等,促进广西借国家政策东风造腾飞崛起之势,打造开放式经济新格局,进一步为"一带一路"和西部陆海新通道服务;四是大力发展向海经济,可以增强广西及其他西部陆海新通道沿线省份综合经济实力,扩大对周边地区的经济影响,撬动战略发展支点,实现"南向、北联、东融、西合"的大发展格局,壮大中南、西南经济圈实力。

第二节　传统海洋产业体系与现代海洋产业体系

一、传统海洋产业体系的演进

海洋产业体系可以反映特定区域在特定时期海洋产业的构成以及与经济、技术等要素的联系。

(一)传统海洋产业体系与海洋产业活动的适应性

传统海洋产业体系与传统海洋产业活动相适应,技术变化相对缓慢是它最基本的特征,这就促成了生产相对固定和企业与行业之间技术联系比较稳固的基本特征。随着经济快速发展,科技条件不断提升,消费者需求逐渐多样化,市场需求变化不规则,传统海洋产业体系转型升级是必然的发展趋势。传统海洋产业体系的转型实际上就是被现代海洋产业体系不断影响、改造并最终取而代之的过程。传统海洋产业体系不仅要完成阶段性任务的数量扩张,还要适应不断变化的创新阶段,传统海洋产业发展的良策就是不断将新兴产业兼收并容,打造新的海洋产业结构。因此,传统海洋产业体系的转型实际上就是新兴海洋产业与传统海洋产业双向改造的互促互进的过程,从微观视角看,当创新成为企业的主要竞争手段后,传统海洋产业体系在市场上失去生存发展空间,逼迫传统海洋产业体系发生转型,现代海洋产业体系由此形成。

(二)传统海洋产业体系向现代海洋产业体系的演进

所谓现代海洋产业体系,是相对于传统海洋产业体系而言的。现代海洋产业体系的构建萌生于传统海洋产业体系的基础之上,现代海洋产业体系的构建完成是一个长期曲折反复的过程。传统海洋产业体系演进过程也是现代海洋产业体系因素不断萌生的过程,传统海洋产业体系的进步与现代海洋产业体系的形成是同步进行的,是现代海洋产业体系对传统海洋产业体系的覆盖和替换过程。在技术革新的背景下,传统海洋产业和现代海洋产业进行分工合作，现代海洋产业体系又将衍化出新的业态，即海洋产业体系更高级的表现形式。一方面，优化现代海洋产业体系的支点就是对现有的海洋产业升级转型，以技术创新为突破点，包括海洋产品功能升级、提升产品流转效率等。技术创新和应用是现代海洋产业体系演进的内在，从微观的角度来看，传统海洋产业体系向现代海洋产业体系转变的动力即企业的创新活动。另一方面，现代海洋产业体系将各海洋产业高度重组整合，促使其中包含的海洋产业协同发展，这个过程涵盖了海洋传统产业与海洋新兴产业的交融、海洋三次产业的交融、在同一产业链和价值链中不同类别海洋产业的交融，逐渐演变出海洋产业结构优化的成果——现代海洋产业体系。

从海洋产业的发展格局来看，近几十年来，海洋产业体系在内容和结构上不够稳定，从海洋产业体系的主要内容上来看：1993 年之前，中国主要海洋产业仅包括海洋渔业、海洋油气业、海洋矿业、海洋盐业、海洋交通运输业和滨海旅游业六大海洋产业；1994 年，海洋产业的统计范围也开始包括海洋船舶工业；2001 年，海洋生物医药业、海洋化工业、海洋电力业、海水利用业以及海洋工程建筑业等 5 种海洋新兴产业也位列其中，主要海洋产业类别丰富了起来。

从海洋产业体系的结构上看，最开始的中国主要海洋产业体系中，根据产业增加值计算，海洋三次产业结构形成了主要海洋产业“三、一、二”的产业发展格局。1993 年，三次产业结构演变为“一、三、二”的格局，海洋第一产业在较长时期内占据优势地位。之后，海洋捕捞业日渐没落，海洋第二、三产业飞速发展，2001 年海洋产业结构演变为“三、一、二”的格局。接着，海洋产业结构深度调整，2006 年，海洋产业结构演变为“三、二、一”的格局，并延续至今。

海洋产业结构向“三、二、一”格局的演变是海洋产业体系逐渐升级优化的结果，其中海洋二次产业的发展起着不可或缺的重要作用，例如海洋生物医药产业、海洋装备制造业、海洋化工产业、海水综合利用业等都是新兴海洋产业的支柱力量。因此，海洋第二产业的大发展促成了海洋新技术与新业态的发展，也促使海洋产业结构加速构建“三、二、一”格局。

同时，海洋产业体系结构的优化也表现为各种海洋产业本身的调整升级，通过引入新技术的变革来改造陈旧的生产方式，从而进行生产方式的创新，达到提升生产效率的目的。例如，自改革开放以来，中国海洋渔业的发展就经历了多种形式的变革，从传统的以捕捞为主要形式，逐渐转向以养殖为主要，同时大力发展海产品深加工的形式转变。在渔业捕捞这个行业中，近些年来，近海渔业资源逐步枯竭，远洋渔业不断发展和远海捕捞水平的提高，远洋捕捞逐渐取代近海捕捞，成为一种新的海洋渔业发展模式。海水养殖产业也进行了升级，浅海网箱养殖等集约养殖方式不仅可以拓展养殖空间，还可以减轻沿岸生态环境压力，提高了海水养殖的效率，增加了海水养殖的经济效益。

构建成熟完善的现代海洋产业体系是海洋产业体系优化的最终目标。驱动传统海洋产业和新兴海洋产业之间新生产方式与旧生产方式的技术、资本、劳动等生产要素的合理流动，资源要素的最优分配，为现代海洋产业体系的构建与完善奠定基础。

二、现代海洋产业体系的构建

加快建立完善的现代海洋产业体系，以促进海洋产业协同发展为中心思想，以实现技术革新、金融服务、战略人才建设为主要内容，最终实现海洋经济高质量发展，完成海洋强国战略目标。

当前，推动海洋产业发展与完善现代海洋产业体系相辅相成，通过促进海洋新兴产业高质量发展、优化升级海洋产业结构、转变海洋资源的开发利用模式等途径来构建完善的现代海洋产业体系。现代海洋产业体系的建设过程是以习近平新时代中国特色社会主义思想为指导，以建设完善的现代海洋产业体系为路径，以建设海洋强国为最终目标，坚持以海洋产业为主体，促进海洋产业发展中技术创新、基础设施、金融服务、人才资源等要素的协调发展，提升海洋产业中高端要素的参与度，推进陆海一体化，提升海洋产业中高端要素的参与度，提升高端要素流动便利度，促进产业间各部门的合作和优势互补，推动以海洋产业为中心的产业链、供应链、价值链协同发展。

建设完善的现代海洋产业体系，要从以下几个方面进行努力：一是以技术创新和价值链的打造为工作重心；二是建立健全要素协同发展机制；三是贯彻陆海统筹思想，加强陆海经济联系；四是坚持海洋生态文明建设思想，推进海洋领域双碳发展目标；五是以海洋新兴产业为着力点，促进传统海洋产业结构转型升级；六是提升国际合作水平，激发国际市场活力。

（一）加强技术创新，以价值链的打造为工作重心

技术创新和价值链的打造是建设现代海洋产业体系的重要抓手。通过技术创新得到高质量的海洋产品和服务，将驱使更多海洋产业相关的企业在价值链的中高端环节占据一席之地，进而促进产业链、供应链、价值链的延长与升级。

一方面，要想掌握海洋产业行业内部的核心技术，就必须有一定的创新能力，而强大的创新能力是通过人才建设培养出来的，故此，要贯彻落实创新驱动发展战略，重视海洋科研人才培养与引进，充分利用中国丰富的科学教育资源；同时要加强对海洋科技研发的资金支持和投入，助力多种类别的海洋科技创新平台搭建，构建促进海洋科技资源综合利用和提高海洋科研成果转化率的新机制。

另一方面，高附加值的产品研发与生产需要企业的参与，提高高新技术产业的占比，建设创新能力强且竞争力水平高的现代海洋产业体系，核心技术广泛应用才能带动海洋产业的发展，促进海洋产业的转型，从而提高海洋产业竞争力，优化海洋产业结构。

（二）加强改革创新，建立健全要素协同发展机制

技术、资金、人才、数据、海洋资源、能源等是海洋产业体系优化过程中不可忽视的要素，要加强改革创新和政策支持，打破影响要素流动的限制，促进获得高端要素价值释放和创造新的价值，突破技术创新的壁垒。建立现代海洋产业体系发展的引导体制机制，理顺现代金融服务机制，完善人力资源资本化机制，强化科技创新的动力机制，提升要素流动效率，提升促进海洋产业发展的技术创新、基础设施、金融服务、人才资源等要素效能，建立健全奖励机制，形成海洋产业与高端要素协同发展的高效机制，引导行业收入分配机制向有利于海洋经济发展的方向调整。

（三）贯彻陆海统筹思想，加强陆海经济联系

按照“外扩腹地、内接内陆”的布局原则，统筹安排海陆资源配置，加强海洋生态保护，加强陆域与岛、岛与岛之间的通道网络建设，加强沿海

与腹地经济的联系，打破不利于合作交流的壁垒，打造海陆统一的海洋产业要素协同市场。努力构建海陆衔接、陆域融合的海洋产业发展新模式，推进新兴产业在沿海与海岛、腹地等区域的协调布局和分工。加快深海技术研发，通过海洋科学技术的革新，加强海洋相关的基础设施建设和新科技创新平台，积极开发海洋装备，推进“三海”总体规划，即近海、远海和深海。

（四）坚持海洋生态文明建设思想，推进海洋领域双碳发展目标

在海洋生态文明建设思想的指导下，推进海洋领域双碳发展目标，提升海洋在促进碳达峰碳中和进程中的贡献，促进蓝色经济绿色转型发展。根据马克思主义的自然观，贯彻落实可持续发展理念，尊重、顺应自然规律，在海洋资源开发和海洋产业发展的过程中重点关注改善和保护生态环境，用最严格的制度和法治保护生态环境。与此同时，努力改善和投资海洋生态环境，在海洋经济绿色发展中增大金融支持力量，积极推进海洋循环经济模式，加快海洋绿色科学技术的开发和推广，加大对低耗能、低排放的海洋产业发展的支持力度，如海洋服务业、高技术产业以及海上太阳能、海上风能、波浪能、潮汐能等可再生能源发展，努力构建海洋生态产业体系，提高海洋产业的可持续开发能力。

（五）以海洋新兴产业为着力点，促进海洋产业结构转型升级

一方面，以海洋新兴产业为着力点，例如海洋药物与生物制品、海洋新能源、海工装备、海水淡化、海洋新材料等，加大科技研发资金投入力度，提升政策支撑强度，促进海洋新兴产业的壮大和发展。另一方面，积极促进传统海洋产业转型发展，利用电子信息技术改造提升，加强科技力量的投入，推动海洋渔业、海洋船舶工业、滨海旅游业等传统海洋产业质量的提升、效益的增强，打造特色品牌，提升海洋产业行业科技含量，促进海洋产业结构的高级化发展，振兴海洋工程装备制造业、海洋可再生能源利用业、海水利用业、海洋药物和生物制品业、海洋新材料制造业以及海洋高技术服务业等具有战略性的海洋新兴产业，提升海洋产业创新能力和发展能力。

(六)提升国际合作水平,激发国际市场活力

从国际化的视角来看,现代海洋产业体系是一个在现代国际化大发展背景下,开放、共赢、合作缺一不可的产业体系,需要积极汇聚全世界优秀的技术资源、资金资源、人才资源、市场资源。借助"一带一路"倡议和西部陆海新通道国家战略、RECP 正式生效等发展机遇,搭建多边合作开放平台,推进各国之间海洋新兴产业的深度合作,提升海洋新兴产业发展水平和国际协作水平。深度参与全球海洋产业价值链,在全面扩张开放的过程中为海洋产业的发展拓展更多新空间,在两个市场、两种资源的利用中发挥更大的效益。激发各类市场主体在国际市场平等准入、公平竞争的活力,营造良好的市场氛围,进一步深化市场准入和要素市场改革,建立更加合理的海洋产业薪酬提升机制,不断增强现代产业体系在全球市场上发展的活力和竞争力。当今世界各国都在抢占海洋经济发展的制高点,在这种背景下健全现代海洋产业体系就必须内外兼顾,将"引进来"和"走出去"相结合,既要注重国内发展释放改革红利,也要兼顾国外开发合作释放开放红利。

第三节　现代产业体系与现代海洋产业体系

一、现代经济体系与现代产业体系的内涵

(一)现代经济体系的内涵

经济体系可以从狭义和广义两个角度来理解。

狭义的经济体系基本上相当于经济结构,主要包括产业经济结构、区域经济结构和企业经济结构等。

广义的经济体系既包括经济结构,又包括对这种经济结构产生影响、作用的资源配置方式和宏观经济管理体制。实际上,广义的理解更符合现代经济体系提出的初衷。也就是说,现代经济体系不仅应该包括

产业体系、产业结构、产业组织结构等生产力层面的内容，还应该包括资源配置方式、国民经济管理方式、生产资料所有制形式、收入分配体系等生产关系层面的内容。

现代经济体系这一概念是十九大报告首次提出的。从经济的角度看，这个概念至少应该包括以下几层意思：一国的经济结构从传统农业经济为主向现代工业和服务业经济为主的转变过程；一国的产业从技术含量、附加值和国际竞争力低的产业或产业链环节向技术含量、附加值和国际竞争力高的产业或产业链环节攀升的过程；一国的经济增长主要驱动引擎由土地、劳动力、资本等传统生产要素转向人力资本和科技创新等新兴生产要素，经济增长的效率和效益不断提高的过程；一国的经济管理方式和经济治理模式由传统手段向智能化、数字化、信息化手段，从传统经济治理模式向现代经济治理和管控方式转变的过程；一国的区域经济发展由不平衡梯度发展向协调均衡发展，由发达与落后并存向共同富裕的转变过程。

由此可见，现代经济体系就是以新发展理念为指导，以生产力和生产方式现代化、宏观经济管控科学化为标志，以现代产业体系和社会主义市场经济体制为基础的经济体系。换言之，现代经济体系就是能最有效反映现代化要求、推动现代化的最终实现并保证现代化有序运行的经济体系，即经济体系现代化或现代化了的经济体系。从外延上看，现代经济体系主要包括以现代农业、现代工业、现代服务业为主体的高质量、高效益的新型现代产业体系；彰显优势、协调联动的高水平、高效益的现代区域发展体系；高水平、高质量的现代宏观经济治理体系。

现代经济体系有如下基本特征：

一是创新成为经济发展的第一动力。现代经济体系重视科学技术在推动工业化和经济发展中的巨大作用，把提高自主创新能力，加快提升产业技术水平作为推动经济发展的核心原动力，坚持市场需求与政策引导相结合、全面提升与重点突破相结合、长远战略与近期目标相结合、传统产业与高技术产业发展相结合；把科技创新摆在第一推动力地位，不断加大产业自主创新投入力度，不断开发出具有自主知识产权的高技术产品和先进装备；不断推广应用影响产业发展的共性关键技术和具有示范带动作用的先进适用技术，优化生产工艺，积极培育和促进新一代信息技术、生物技术、新能源、新材料、高端装备以及航空航天、海洋装备等相关新兴技术的产业化、集群化发展，抢占世界科技创新和先进科技成果产业化的制高点；不断提高科技创新对经济增长的贡献率和贡献度，全要素生产率达到国际领先水平，产业发展的关键核心技术、关键核心装备和核心基础零部件实现自主可控、安全高效。

二是经济结构高度优化。现代经济体系十分注重结构协调，统筹兼顾，强调通过实行城乡一体化、地区发展规划一体化、基础设施一体化、公共服务均等化、劳动就业一体化、社会保障一体化、社会管理一体化来逐步缩小城乡之间和地区之间的发展差距，实现城乡和地区和谐发展、包容发展；强调通过加快改造提升传统产业，推动传统产业高端化、智能化、绿色化，加快发展战略性新兴产业，培育壮大研发设计、数字金融、智慧物流等现代服务业，推动产业结构由劳动密集型产业占优势向资本密集型、技术密集型产业占优势跃升，打破产业结构低端锁定，产业结构实现高附加值化、高加工度化、高技术化，整个国民经济实现总量平衡、结构优化、内外均衡。

三是资源环境消耗强度低。现代经济体系十分重视资源环境的经济价值、生态价值、精神价值和社会价值，把良好的生态环境看作"金山""银山"，强调环境友好、资源节约、生态平衡，注重有效利用资源，有效保护生态环境，积极推广应用高效低毒的新型农业化学技术、节省材料的新材料制造技术、节能降耗的能源资源利用技术、可再生能源相关技术等绿色低碳技术。尽可能地提高能源资源开发利用效率，有效控制能源资源消耗，减少污染物排放总量，不断改善生态环境质量，构建更加牢固的生态安全屏障，提高经济发展的可持续性，城乡人居环境得到明显改善。

四是国际竞争力不断增强。在传统经济体系发展背景下，中国产业国际竞争力特别是高端产业国际竞争力很弱，长期处于全球价值链的中低端，在世界产业和经济治理中缺乏话语权。现代经济体系要突破中国在国际产业分工中的"低端锁定"，不断提升产业基础高级化和产业链现代化水平，不断提高产业国际竞争力，不断提升中国在国际产业分工中的地位。这种改变主要依靠 OEM（原始设备制造商）方式参与全球产业链分工的局面，培育一大批具有全球资源要素产业整合能力和产业话语权的大型跨国企业，打造一大批达到世界产业链和价值链高端的产业集群，推动从中国制造走向中国创造、中国智造，从注重中国速度走向注重中国质量，从中国产品走向中国品牌，形成中国企业参与国际竞争的持久优势。

五是发展成果全民分享。现代经济体系建设过程中自始至终把人民拥护不拥护、赞成不赞成、高兴不高兴、答应不答应作为衡量工业化和经济发展工作得失的根本标准，把满足人民的基本需要、维护人的尊严、扩大人的选择自由、增进社会福祉、促进人的全面发展作为推进现代化经济体系建设的出发点和落脚点。坚持以人为本，强调人的主体地位，推进经济发展成果由人民享受，提升人民生活水平与幸福指数，将实现人的全面发展与人的现代化作为经济发展的重要内容，提高人民收入水平，保障人民基本需要，积极为满足人民高层次的对美好生活的需要创造有利条件，为人民提供更多福利，使工业化和经济发展成果更好地惠及全体人民，保障全体人民的生活质量随着工业化发展水平的提高不断改善。

六是工业化与信息化、数字化融合发展程度高。在现代经济体系下，信息技术、数字技术已在全球企业和产业中得到迅速应用，信息网络技术和数字化、智能化技术对提升产业技术水平、创新产业形态、推动经济社会发展发挥着越来越重要的作用，信息网络技术和数字化、智能化技术已成为经济增长的"倍增器"、发展方式的"转换器"、产业升级的"助推器"、工业化和经济发展的"加速器"。以信息和知识的数字化为基础，以工业互联网为主要载体，以数字化、网络化、智能化技术为主要工具，包括数字化设计、数字化工艺、数字化加工、数字化装配、数字化管理、数字化检测、数字化试验、数字化营销等高度信息化、数字化的生产制造方式成为推动工业化和经济发展的重要力量，工业化与信息化、数字化在高度融合中不断推动工业化和经济发展的质量变革、效率变革、动力变革。

（二）现代产业体系的内涵

根据现代经济体系的概念和主要特征可知，现代产业体系是在现代经济体系下，由现代化元素比较显著的产业构成，主要包含第一、二、三产业，现代产业体系贯穿于社会生产生活各个环节。现代产业体系更加重视传统产业与高技术产业发展的结合，把科技创新摆在第一推动力地位，不断加大产业自主创新投入力度，积极培育和促进新兴技术的产业化、集群化发展。现代产业体系通过不断提升产业基础高级化和产业链现代化水平，从而不断提高产业国际竞争力，提升中国在国际产业分工中的地位。

二、现代产业体系与现代海洋产业体系的关系

从概念的起源来看，“现代产业体系”和“现代海洋产业体系”的提出，主要是决策者对现实经济发展方向所产生的思考，而不是经济理论发展的逻辑结果。在实证研究方面，国外学术界更多地关注产业发展进程中的具体问题，很少从宏观层面来研究海洋三次产业之间的互动关系。共产党第十七次全国代表大会之后，提出了“发展现代产业体系”的概念，推动了国内现代产业体系研究的初步发展；直至 2021 年，党的十八大创新性提出了“构建现代产业发展新体系”的理念，掀起了现代产业体系研究浪潮。

从总体上看，国内在现代产业体系的理论和实证方面的研究正在逐步深入，研究的内容和范围也在不断拓展，现代海洋产业体系就是现代产业体系研究的进一步拓展。实际上，由于两种体系分别是对两种不同生态系统的资源利用，因此，现代海洋产业体系相对于以陆域经济为发展载体的现代产业体系，必定具有一定的特殊性。杨娟(2013)基于产业间的横向联系、纵向发展以及产业的可持续发展视角，总结了现代海洋产业体系的内涵特点，却并未明确指出现代海洋产业体系的定义，对现代海洋产业体系特殊性的探讨比较缺乏。宋军继(2011)、王爱兰(2012)、蔡勇志(2017)等分别对山东半岛蓝色经济区、天津、福建等沿海发达地区现代海洋产业体系的建设情况进行研究，提出了推进海洋产业结构转型升级、调整海洋产业空间布局、建立海洋产业集群等完善现代海洋产业体系建设的具体思路。总的来看，以上研究普遍缺乏对现代海洋产业体系内涵与特征的系统梳理和深度探讨，对现代海洋产业体系演变规律和重要影响因素的讨论也比较匮乏，使得现代海洋产业体系的完善缺乏理论支撑。

目前，国内学术界对于现代产业体系和现代海洋产业体系的概念界定尚未达成统一认识，但大方向上都认为现代产业体系的构建是一个动态的过程，是在一定时期内产业结构演变进化最终表现的状态。马克思主义辩证法要求具体问题具体分析，所以每个国家地区都会根据对产业体系建设的具体情况设置不同的发展目标，因而对于现代产业体系的内涵理解表现出区域化特征。

2008年，广东省委省政府出台了《关于加快建设现代产业体系的决定》(粤发〔2008〕7号)，率先提出了建设有广东特色的现代产业体系的构想。报告将现代产业体系定义为："现代产业体系是以高科技含量、高附加值、低能耗、低污染、有自主创新性的有机产业群为核心，以技术、人才、资本、信息等高效运转的产业辅助系统为支撑，以环境优美、基础设施完备、社会保障有力、市场秩序良好的产业发展环境为依托，并具有创新性、开放性、融合性、集聚性和可持续性特征的新型产业体系"。这一定义充分体现了现代产业体系建设的时代特征，为广东省现代产业体系的建设与完善明确了方向，具有较强的现实指导意义。

现代海洋产业体系是现代产业体系的深入拓展。总结现代海洋产业的特点以及未来的发展趋势，并结合现代产业体系的内涵阐释，现代海洋产业体系的内涵也明确体现了"一个核心、两大支撑"的战略思想。"一个核心"是指现代海洋主体产业群，主要包括以下四大产业群：一是海洋优势传统产业，包括以高新技术和品牌改造提升为主线的海洋渔业、海洋交通运输业、滨海旅游业等；二是海洋先进制造业，包括海洋工程装备制造业、海洋船舶业、海洋化工业等；三是海洋现代服务业，包括海洋信息服务业、海洋技术服务业、涉海金融业、航运服务业、海洋地质勘查业等；四是海洋战略性新兴产业，包括海洋生物医药产业、海水综合利用产业、海洋新能源产业等高技术型的海洋新兴产业。

"两大支撑"，一个指的是海洋产业发展的辅助支撑，包括海洋基础设施建设、海洋科学研究、海洋装备制造、海洋信息数据库、海洋人才队伍等；一个指的是海洋产业发展环境支撑，包括海洋管控体系、海洋发展政策环境、海洋产业区域合作机制、海洋产业项目融资机制、海洋法律法规等。

三、现代产业体系与现代海洋产业体系的互促发展

现代产业体系是由具有显著现代元素的产业构成，主要包括第一、第二、第三产业的构成。不同经济发展水平的国家，现代产业的构成有很大差异，所以现代产业体系的含义也不同。在经济发达国家，现代产业体系主要是指现代服务业相对发达的产业结构。一般来说，现代服务业约占当地生产总值的70%以上。在发展中国家，现代产业体系主要

是指工业化过程中表现健康的产业结构，一般是指工业增加值占国内生产总值50%左右，第三产业比重稳步上升的产业结构。

现代海洋产业体系是现代产业体系的重要组成部分。加快构建完善的现代海洋产业体系，推进海洋产业科学技术创新、基础设施建设、金融服务以及人力资源等要素协调发展，是落实新的发展理念、促进经济优质发展、建设海洋强国的主要内容，也是推进海洋产业转型升级的必然要求。加快构建现代海洋产业体系，提升海洋产业中高端要素的参与度和高端要素流动便利度，促进产业间各部门的合作和优势互补，推动以海洋产业为中心的产业链、供应链、价值链协同发展。推动海洋产业向高质量、高效率方向转型，增强创新驱动能力，建设现代海洋产业体系也将促进现代产业体系的精深发展。

现代产业体系的全面发展，社会整体科技水平全面提升、基础设施建设不断完善、金融服务高端化、人力资源水平不断提高，这些关键的要素资源水平的提高，也将促进现代海洋产业体系的发展，促使现代海洋产业体系按照"培育高端发展元素——构建协调发展机制——优化海洋发展环境——促进四个方面协同——促进海洋产业结构高层次发展和产业高质量发展"的思路，提升现代海洋产业体系的连锁控制能力，增加现代海洋产业体系的辐射带动能力。

第四节　现代海洋产业体系与向海经济体系

十九大报告指出，要坚持陆海统筹，加快建设海洋强国，全面构建现代化的向海经济体系是下一步开放开发要坚持的战略方向。

一、现代海洋产业体系的构建与向海经济体系

现代海洋产业体系的构建需要向海产业体系中部分产业转型升级。首先，海水利用业、海洋医药及生物制品产业、海洋能源产业和海洋矿业作为向海经济体系中的战略性新兴产业，本身就是海洋产业链中高附加值、高效率的高端产业。它们需要以高新技术为指导，全面落实绿色发

展理念。但目前，这些产业都存在一些发展桎梏，如产业规模较小、关键核心技术缺乏、人才储备不足、整体发展水平低等。可以预见，未来要推动这些新兴产业的高质量发展，建立和完善适合它们的基础设施和设备，需要投入大量的资金，且时间成本也较高。其次，推进海洋渔业、海洋造船业、海洋油气产业、海洋盐业等传统海洋产业转型升级，需要推进基础设施、生产设备和技术的创新升级，以提高资源能源利用率，淘汰落后产能，推动传统海洋产业由要素驱动向创新驱动转型，打造现代海洋牧场，发展现代海洋渔业，最终实现传统海洋产业的绿色转型升级。同样，要实现海洋交通业、海洋旅游业和海洋文化产业的升级，必须深化绿色发展理念，建设完善的基础设施和先进的服务体系。综上分析，向海产业转型升级是现代海洋产业体系形成的基础条件。

二、现代海洋产业体系的发展与向海经济体系

发展和完善现代海洋产业体系，必须壮大向海经济，增强向海经济的带动能力。坚持陆海统筹指导，按照强化龙头、强化链条、集聚群体、抓创新、创品牌、扩市场、融“港、产、城、海”的发展思路，促进海陆经济协调发展，围绕主导产业和特色产业深化分工合作，加快完善向海经济现代产业体系。发展向海经济，以提升海洋相关产业竞争力为导向，以创新技术和优化结构为重点，加快推进海洋产业发展多样化，加快推进传统产业产能调整，促进新兴产业加快发展，对海洋资源供给结构精准发力，以传统海洋产业转型升级为重点，强化战略性新兴海洋产业，拓展和提升现代海洋服务业，重点发展海洋装备制造业、海洋生物医药业、沿海国际保税物流业、国际邮轮旅游业和现代海洋服务业等高端产业，实现海洋产业优质发展，提升海洋产业竞争力。

第五节　向海经济与海洋产业转型

现有文献表明，早在 20 世纪 40 年代，海外研究人员就已经开始研究海洋经济及产业结构，学者们自此开始对海洋经济进行系统的研究和

探索。海洋产业与海洋经济的发展相依相存，海洋产业结构的不断优化调整是发展广西海洋经济乃至向海经济过程中不容忽视的一环。

一、向海经济与向海之路

“向海经济”“向海之路”是习近平在视察广西时反复提及的重要词汇，开启了新时期海上丝绸之路的新阶段。海洋产业是否发达，在一定程度上体现了一个国家的经济发展水平。因此，国内外都十分重视海洋产业发展理论与实践的研究。中共十八大、十九大报告将建设海洋强国上升为国家战略。要成为海洋强国，海洋产业发展就显得尤为重要，广西是“一带一路”交汇对接的国际门户，但广西海洋产业发展较为缓慢，海洋经济规模总体偏低，现代海洋产业体系还没有完全建立起来。因此，广西在发展“向海经济”、构建海洋产业体系的过程中，必须贯彻科学发展理念，优化海洋产业空间布局，提高海洋经济发展效率，做到合理开发、高效利用。

二、向海经济是海洋产业转型的必然选择

发展向海经济是实现海洋经济转型升级、可持续发展的必然选择。发展海洋产业能耗低、污染少的绿色产业是促进向海经济可持续发展的重要途径。发展向海经济要更加注重产业转型升级和生态环境保护修复，坚持环境友好型的可持续发展模式，建设绿色海洋产业链，加强临海临港等产业园区的绿色改造。例如，以贝类养殖、滤食性鱼类养殖、人工鱼礁、增殖放流和渔业捕捞为代表的“碳汇渔业”可以减缓水体的酸变化和气候变暖。大力发展滨海旅游业、海洋医药及生物制品业、现代海洋服务业以及高价值、高质量海水养殖业等可实现海洋生态优势向产业发展优势的转化，维护海洋的生态健康，带动经济转型升级，实现可持续发展。

第四章　向海经济下海洋产业转型发展驱动因素与驱动路径

产业转型，也被称为产业结构高级化，指通过技术升级、政策管理升级和市场升级等多种方式实现产业结构优化，有利于实现经济、社会的健康有序发展。在这些产业结构优化的实现途径中，多数学者认为技术升级是关键，在技术升级的基础上对市场制度、价值链等进行优化，并结合政府政策管理方式的转变，最终实现产业的转型。产业转型不仅表现在产业结构的转变，而且也体现在某一特定产业内部的变换，例如，产业总体规模、自身结构、联结特点等方面。

第一节　海洋产业转型发展的经济驱动因素及其驱动力量特征

一、经济因素及其驱动力量特征

（一）经济因素的含义

经济因素指的是影响海洋产业转型的国家或地区的经济运行状况，侧重于但不仅限于宏观经济指标，主要包括经济规模、经济结构、居民收入、消费者结构等方面的情况。

(二)经济因素包含的要素

海洋产业转型受到诸多经济因素的影响,本书主要介绍经济发展水平、海洋产业资源禀赋、海洋产业区位条件和海洋产业结构水平四大经济因素。

1. 经济发展水平

产业结构具有历史继承性,历史阶段中已经形成的社会经济发展水平对海洋产业结构优化调整具有显著影响。这种经济发展水平包括区域经济发展状况、陆地产业发展水平以及海洋产业自身发展状况等。

对于一些已具备相当水平的海洋产业发展基础的地区,不论是发展海洋经济的支撑能力,还是对外来投资的吸引力,都已经达到较高的水平。在一些地区,海洋产业的发展相对缓慢,但与海洋产业密切相关的陆地产业正在快速发展,这往往有利于海洋产业的转型和现代化。通过合理规划当地海洋产业布局,形成陆地产业链,促进海陆产业一体化,不仅可以在短期内充分利用当地的海洋资源,还可以促进海洋产业和陆地产业的协同发展。

此外,区域经济发展水平往往与当地科技水平、市场规模和资本水平密切相关。结果表明,经济开发区是优化海洋产业布局的重要领域,是一些新兴海洋产业,如海洋高新技术服务业、现代海洋船舶业和海洋工程装备业的首要选择之地。

2. 海洋产业资源禀赋

根据自然资源禀赋论,各国由于地理位置、气候条件、自然资源储存等方面的差异性,使得各国各部门从事的产品生产格局有所不同。相应地,也会导致产业结构演进与经济增长发生变化。与一般产业不同,海洋产业发展具有比较明显的海洋资源指向性。认识海洋产业资源禀赋在海洋产业转型过程中扮演的角色,发挥的特殊作用,是探寻海洋产业结构优化规律的关键。

海洋产业资源禀赋是海洋产业得以快速发展的物质基础,是区域海洋产业竞争力形成和提升的前提条件。在海洋产业的发展过程中,海洋资源是必不可少的基础原材料,发挥着生产投入品的关键作用。作为一种原始资源，它的存在主要与地理位置、气候条件等相关，不受其他任何因素的影响；同时，作为一种储量丰富的生产原料，它也不会影响其他生产要素功能的发挥。因此，海洋资源与其他生产要素之间是相互独立的。

3．海洋产业区位条件

地理位置、交通运输和基础设施条件等都属于海洋产业发展的区位条件，它们通过作用于沿海产业生产要素的流动来影响海洋产业的竞争力。从静态发展角度来看，海洋产业区位条件的好坏直接影响海洋产业的发展空间和投资环境，以及海洋产业的竞争力。从动态发展角度来看，受经济全球化和一体化影响，信息技术和知识经济的发展在某种程度上削弱了地理位置对海洋产业发展的约束，但运输和通信基础设施的影响力正在增加。

严格来说，区域硬件基础设施和区域服务基础设施都会影响一个区域的海洋产业发展，都是区域海洋产业发展的重要前提，其发展水平反映了区域海洋产业的发展能力。然而，金融、教育、中介机构和各种特殊支持服务公司等基础设施也能够归类为区域社会经济基础，故本书中的基础设施将重点放在区域硬件基础设施上，特别是区域交通运输条件。

4．海洋产业结构水平

海洋产业可以分为海洋第一产业、海洋第二产业和海洋第三产业，其中海洋第二产业、第三产业占比能够最直观地反映出海洋产业转型的能力。

海洋第一产业是直接获取海洋资源的传统产业，主要指海洋渔业中的海洋捕捞和海水养殖，当海洋第一产业占比较高时，说明海洋产业结构总体处于较低层次。

海洋第二产业是海洋经济发展中起步最晚的产业，主要指海洋矿产业、海洋装备制造业、海洋化工业、水产品加工业、海洋药物工业、海洋能电力业、海洋空间利用和工程建筑业等。

海洋第三产业指的是为海洋资源与海洋空间利用、生产和流通等活动提供丰富的社会化服务的产业，主要包含海洋交通运输、滨海旅游和海洋科研教育管理服务业等行业，当以高新技术为代表的海洋第三产业占比达到一定水平时，说明海洋产业结构已经达到较高水平。

(三)沿海地区的经济因素驱动力量特征

1. 经济发展水平特征

作为一个海洋大国,中国海域面积约 300 万平方千米,沿海面积非常广阔。自 21 世纪以来,中国海洋经济及海洋产业发展迅速,海洋 GDP 增速加快,占总 GDP 比重不断上升,说明海洋产业已成为拉动国民经济发展的主要产业。据国家海洋局统计,2021 年中国海洋生产总值 90385 亿元(图 4-1),海洋生产总值占全国 GDP 的 7.90%,成为国民经济新的增长点,可见中国已经迈入高度依赖海洋空间利用的开放型海洋经济发展阶段。

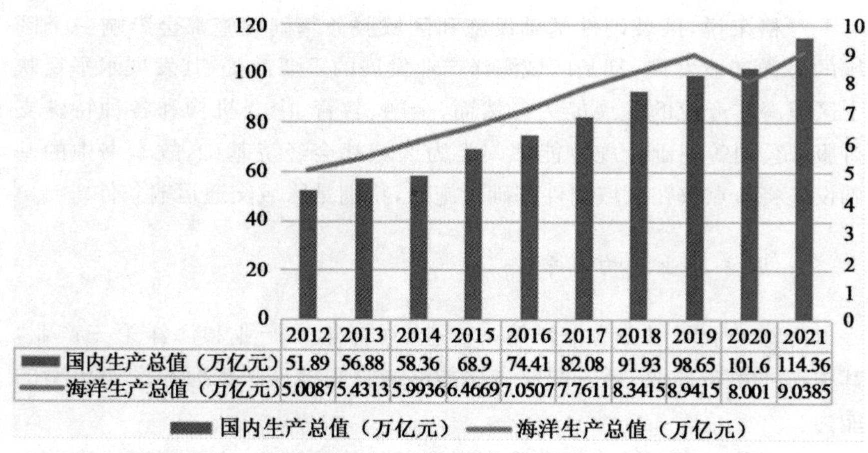

图 4-1　2012—2021 年中国海洋生产总值和国内生产总值变化图

数据来源:《中国海洋经济统计公报》

需要指出的是,中国海洋产业发展与区域经济发展特征非常类似,呈现明显的区域异质性特征。在中国海洋经济布局中,北部海洋经济圈、东部海洋经济圈和华南海洋经济圈构成了中国海洋经济的关键地带。区域海洋经济的规模差异由其自身的资源、环境和经济条件决定,构成海洋产业的主体结构。2021 年,北部海洋经济圈海洋生产总值 25867 亿元,东部海洋经济圈海洋生产总值 29000 亿元,南部海洋经济圈海洋生产总值 35518 亿元,占比分别为 28.6%、32.1%、39.3%(图 4-2)。

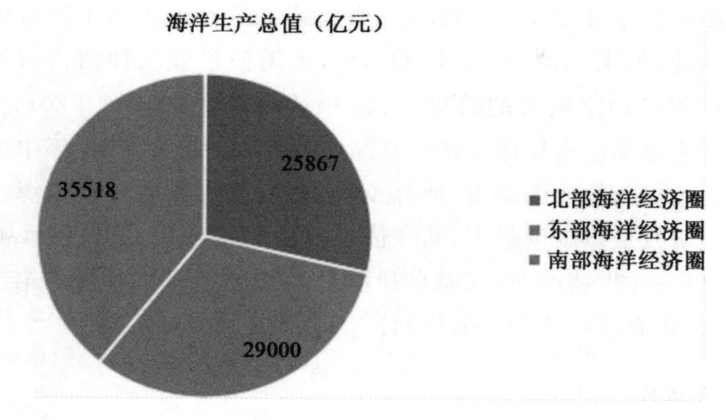

图 4-2　2021 年区域海洋经济生产总值占比图

数据来源:《中国海洋经济统计公报》

2. 海洋产业结构水平特征

近年来,中国海洋产业整体保持稳定增长,逐渐成为推动国民经济发展的支柱产业。据国家海洋局数据显示,2021 年中国主要海洋产业总量为 34050 亿元,由于疫情常态以及国家对疫情的强有力控制,相比于上年增加了 10.0%,海洋科研教育管理服务业总量为 25438 亿元,较上年增加了 6.4%。就三次产业结构来看,海洋第一产业增加值为 4562 亿元,占比 5.0%;第二产业增加值为 30188 亿元,占比 33.4%;第三产业增加值为 55635 亿元,占比 61.6%。与上年相比,第一产业、第三产业比重有所增加,第二产业比重保持不变。表 4-1 为 2021 年中国海洋经济生产总值数据表。

表 4-1　2021 年中国海洋经济生产总值数据表

指标	总量(亿元)	增速(%)
海洋经济生产总值	90385	8.3
海洋产业	59488	8.4
主要海洋产业	34050	10.0
海洋科研教育管理服务业	25438	6.4
海洋相关产业	30897	8.0

数据来源:《中国海洋经济统计公报》

由图 4-3 可知，2014—2021 年，中国第二产业在海洋生产总值中比重显著降低，由 45.10%减少至 33.4%，但第三产业增加值占海洋生产总值比例保持稳定增长的趋势，2020 年达到峰值 61.7%。2014—2021 年第一产业增加值占比保持在 5.0%上下浮动。结合 2021 年中国主要海洋产业增加值构成图来看，海洋交通运输、滨海旅游业以及海洋渔业对海洋经济发展贡献度最大，其产值之和占比高达 82.4%(图 4-4)。相对来说，以海洋生物医药业、海水利用业、海洋电力业为代表的第二产业占比较低，仍有进一步提升的空间。

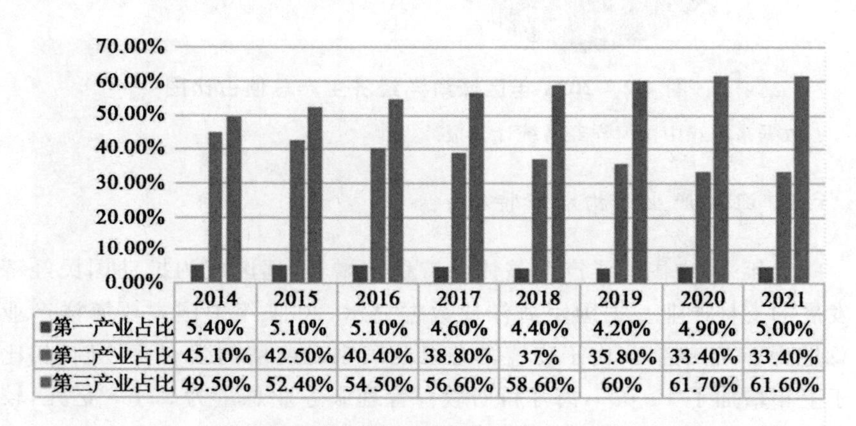

	2014	2015	2016	2017	2018	2019	2020	2021
■第一产业占比	5.40%	5.10%	5.10%	4.60%	4.40%	4.20%	4.90%	5.00%
■第二产业占比	45.10%	42.50%	40.40%	38.80%	37%	35.80%	33.40%	33.40%
■第三产业占比	49.50%	52.40%	54.50%	56.60%	58.60%	60%	61.70%	61.60%

图 4-3　2014—2020 年中国海洋三次产业增加值占海洋经济生产总值变化图

数据来源:《中国海洋经济统计公报》

总结来看，中国海洋产业结构发展有以下特点：第一，近年来中国海洋生产总值逐年递增，对国民经济的推动作用越来越明显；第二，即使是在疫情的影响下，中国海洋第三产业发展依然保持稳步推进；第三，在众多海洋产业指标均表现良好的发展态势情况下，也需要尽可能多地关注海洋高新技术产业发展缓慢的问题。综上所述，目前中国资源开发型和劳动密集型海洋产业占主导地位，而技术密集型和资本密集型海洋产业仍需进一步深化发展，海洋产业多元化发展特征不明显。

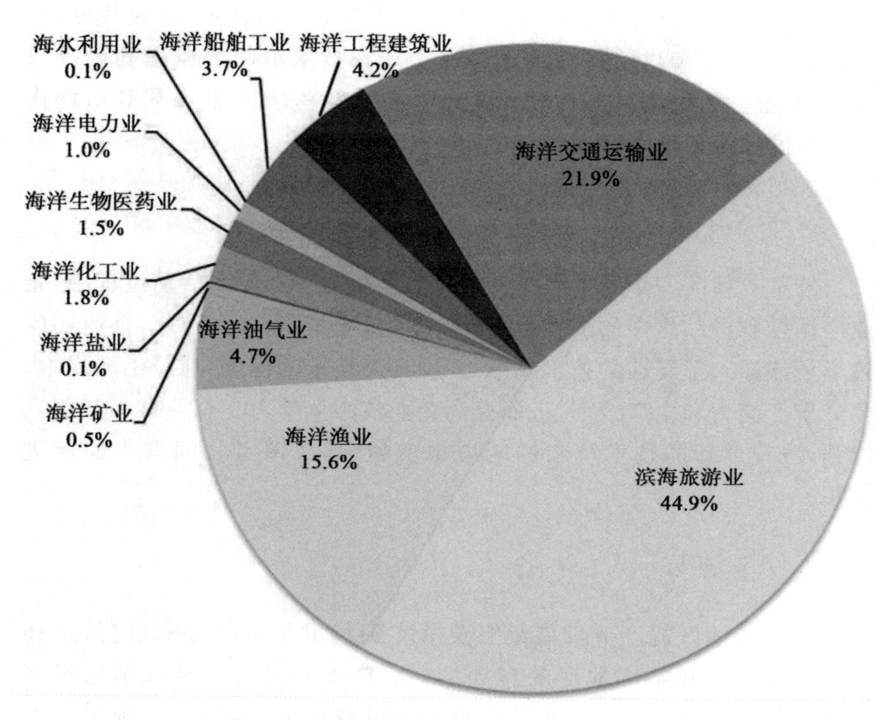

图 4-4　2021 年中国各海洋产业占比图

数据来源:《中国海洋经济统计公报》

二、技术因素及其驱动力量特征

(一)技术因素的含义

技术因素是管理者用来设计、制造、销售产品和服务的技术变化的结果。技术要素创新是海洋产业竞争力的核心所在,是提高区域海洋产业竞争力的动力。技术要素创新不仅包括海洋资源开发、技术研发的创新,也包括海洋产业发展的组织管理、技术投入产出能力等,如海洋科技成果转化能力、产业关联性和转化能力。

(二)技术因素包含的要素

1912 年初,经济学家熊彼特于《经济发展理论》一书中首次提出了技术革新的理论。技术革新理论被称为新的生产函数，具体包括方法、产品、组织形式和供给源方面的创新。现在技术革新的概念和分类很多，没有统一的定义。本书重点讨论了核心竞争力、产业布局和市场化三种关键技术革新因素。

1. 核心竞争力

技术革新的一个重要因素就是核心竞争力。在生产活动过程中，企业应该控制产品生产的成本，以提高自身市场竞争力。另外，企业还应该尽可能导入革新性的技术成果，利用高新技术的优点，削减生产成本，提高生产能力和生产效率，进而提高企业核心竞争力。企业核心竞争力增强，进行全新的技术革新的能力也就越强，故两者之间有正的促进作用。

2. 产业布局

一国或地区的产业发展最终要落实到特定经济区域来进行，这样就形成了产业在不同地区的布局结构。产业布局是一国或地区经济发展规划的基础，也是技术因素的重要组成部分，更是其实现国民经济持续稳定发展的前提条件。所以产业布局也是技术因素研究的重要领域。

3. 市场化

市场需求是企业生产和管理的风向标。只有了解并满足市场需求，才能占据一定的市场份额，最终实现销售目标，获取利润。因此，企业的技术革新需要根据市场需求来引导。只有挖掘市场需求，才能不断促进科技成果的迭代更新和生产制造的快速发展。中国经济体量庞大，具有巨大潜力的消费市场。在一项研究中，首先以完全竞争市场的废止为前提，引入了综合分析市场竞争的科学模型。通过研究技术革新和市场竞争的关系，得出结论：市场竞争和技术革新之间存在正比例关系。因此，如果一部分企业通过垄断排除竞争，他们的技术革新成果的使用时间会更长。

(三)沿海地区的技术因素驱动力量特征

1. 核心竞争力特征

从国家层面来看,中国充分利用丰富的海洋资源,积极发展海洋经济,为海洋科技发展打好了基础。党的十八大以来,中国遵循海洋强国建设战略路径,立足自身实际,强化海洋科技创新发展在海洋强国建设中的定位,自觉对标,进一步提升海洋科技创新能力。在中国海洋科技发展的70年中,海洋人才培养是推动中国海洋科技快速发展的主要因素。政府先后发布《全国海洋人才发展中长期规划纲要(2010—2020)》《国际海域资源调查与开发"十二五"规划》和《海水淡化科技发展"十二五"专项规划》,部署海洋科技创新发展的主要工作。表4-2为2011—2021年中国海洋科技发展概况一览表。

表 4-2　2011—2021 年中国海洋科技发展概况一览表

年份	重要事件	主要内容
2011	《国家"十二五"海洋科学和技术发展规划纲要》	对中国2011—2015年海洋科技的发展进行总体规划,按照国家重大需求和国际前沿问题,对"十二五"期间中国海洋科技发展任务作出部署
2012	党的十八大报告	提出建设海洋强国,提高海洋资源开发能力,发展海洋经济,坚决维护国家海洋权益
2013	中央政治局第八次集体学习	实施"海洋强国"重大部署,对推动经济持续健康发展,对维护国家主权、安全、发展利益具有深远而重大的意义
2016	《"十三五"国家科技创新规划》	对中国未来5年科技创新进行前瞻布局,对中国深海技术、海洋农业技术、海上风电技术、船舶制造技术以及海洋领域的基础科研进行了规划和部署
2016	《全国科技兴海规划2016—2020》	明确提出中国到2020年科技兴海的总体目标和重点任务,部署"十三五"时期海洋科技创新发展的工作思路和重点任务

续表

年份	重要事件	主要内容
2017	习近平总书记考察广西	习近平总书记在广西考察时强调，广西要立足独特区位，释放“海”的潜力，激发“江”的活力，做足“边”的文章，全力实施开放带动战略
2017	党的十九大报告	党的十九大报告明确提出，中国积极推进南海岛礁建设，坚持陆海统筹，加快建设海洋强国
2018	组建自然资源部	十三届全国人大一次会议审议国务院机构改革方案，组建自然资源部，不再保留国家海洋局，对外保留国家海洋局牌子
2021	“十四五”海洋经济发展规划	贯彻陆海协调发展战略，坚持以陆促海、以海带陆，走海陆结合、合作共赢的发展道路，加快建设具有中国特色的海洋强国

2. 产业布局特征

从空间布局的角度来看，沿海区域的海洋科学技术水平呈现出“发达地区海洋科研能力较强、欠发达地区海洋科研能力较弱”的特征。中国的区域经济发展原本就呈现出较强的异质性特征，加之海洋科技创新对地区的经济发展水平有一定的要求。因此，中国尤其是欠发达地区的海洋科学技术水平整体上并不高。以河北、广西为例，其区域经济开发水平比较落后，对海洋科技创新经费的投资难以持续，导致海洋科技创新发展始终停留在初级阶段。相对而言，北部海洋经济圈、东部海洋经济圈的海洋科研实力明显更高，海南、广西等地区难以望其项背。其中以青岛、上海、北京、天津为代表，这些城市在拥有良好海洋科技创新环境的同时，还能够极大地发挥创新投入与产出优势。青岛的海洋科技创新综合能力最为突出，其拥有的中国海洋大学、中科院所属的海洋研究所等数量庞大，故海洋科技论文发表、海洋科研专利成果也很丰富；上海善于专人专用，培养了一大批海洋科研队伍，具备专业的海洋产品研发能力；北京海洋科研产业的发达主要得益于其良好的海洋科技创新氛围，其涉海科研人员人数、R&D经费投入规模居于众多城市之首；天津则是由于大型企业在当地的投资生产，所以产生良好的海洋产业发展效益。

3. 市场化特征

目前，中国海洋能源产业的核心技术研发能力、技术变革水平以及技术市场化尚需改善。在推进新能源技术革新方面，与全球海洋发展强国相比，中国海洋领域的政策体系仍然存在明显的缺陷。一方面，中国对重点海洋科技项目提供大量资金投入，但却忽略了相应的服务和协调。目前，中国鼓励海洋能源技术研发投资的主要方法是对海洋科技研发机构、企业等主体给予金融财政上的优惠。尽管推动工业技术进步的基础条件之一就是这种大规模的R&D投资，但中国面临缺乏创新系统的"结构缺陷"，缺少对创新主体的科学技术服务，很大程度上影响了相关投资的效率。另一方面，中国虽然已经颁布较多引导性的规划方案，但是有关方案实施情况的保障措施、实施原则、跟踪评价却很少受到关注，使得一部分企业并没有实际享受到政府的重点扶持政策。

三、社会因素及其驱动力量特征

(一)社会因素的含义

人类社会是基于人类实践活动基础生成的不断进行更新的有机体，马克思认为"社会因素"是指社会生活和社会生活关系的总体，是社会活动中以生产、生活方式为基础的各种影响因素相互联系、相互约束的整体，包括经济关系、思想关系、家庭伦理关系等。它的主要目的是满足人类对海洋资源、海洋产品的各种需求，主要功能是为海洋产业转型提供大量劳动力与高质量智力支持。

(二)社会因素

具体地来讲，社会因素的核心是人，由依托生产人员及其所创造的具有人类特性的政策制度、海洋资源环境管理和人的生产等因素组成。

1. 政策制度

政策制度是影响海洋产业发展的关键因素。差别性的转移支付制度、税收制度、金融制度、土地政策等会通过影响企业的投资收益率，继而影响企业的区位选择，从而达到促进或阻碍该地区某一特定海洋产业发展的目的。此外，政府还可以通过直接投资某地区的基础设施建设，或对一些重大海洋建设项目进行投资等方式，打造具有当地特色的海洋优势产业，推动当地海洋产业发展。

2. 海洋资源环境管理

为了加强对海洋的使用管理，保证海洋开发活动有度有序进行，各国（或地区政府）通常会颁布一系列关于海洋资源环境的管控治理措施。包括建立涉海建设工程项目环境评价管理、海洋废弃物倾倒管理、污染物排海总量控制等管理制度；通过建立海洋环境监测预报体系，加强对全省海洋生态环境的监视监测，加强海洋灾害预报能力建设；通过建立海洋自然保护区、特别保护区，保护特定海域资源和生态环境，对已受到破坏的资源或环境进行恢复等。

3. 人的生产

第一，人的生产因素是海洋产业结构优化调整的前提条件，人的生产指的是海洋社会系统中，每个人通过自己生命的生产以及他人生命的生产组成延续人类生存的活动，包括基于海洋资源与空间进行生产的人口数量规模的增加、综合素质的提升等。第二，精神生产因素是海洋社会因素中的主要因素，狭义的精神生产是依托于海洋精神生产资料而进行的系统化、理论化的海洋精神产品生产，例如，与海洋生产有关的思想观念、科学技术、法律法规、政策制度以及艺术信仰等精神生产。而广义的精神生产范围更为广泛，除了以上的精神生产外，还涵盖不借助海洋精神生产物质基础，以海洋社会系统中人的心理作用、思想情感、意志经验等方式进行的意识生产。第三，人类作为海洋社会因素的主体，必然会在海洋经济复合系统的运行过程中相互作用，产生各种复杂的社会关系。随着海洋生产效率的提升，海洋生态环境系统的演变，在人的生产、精神生产和海洋产业结构优化的过程中所形成的各种社会关系也会日趋复杂化、多样化。

(三)沿海地区的社会因素驱动力量特征

1. 政策制度特征

十九大报告明确指出,实施区域协调发展战略,坚持陆海统筹,加快建设海洋强国。对此,广西、广东、浙江、上海、深圳等地相继发布加速推进建设海洋强省、发展海洋经济的相关方案(表4-3和表4-4)。

表4-3 “十三五”期间部分沿海省市海洋经济相关政策制度一览表

省/市	政策文件	发布时间	发展重点	目标
山东	1. 山东省“十三五”海洋经济发展规划 2.《山东海洋强省建设行动方案》 3. 山东省海洋与渔业厅发布《全省海洋与渔业系统深入推进新旧动能转换重大工程的实施方案》	2017年4月 2018年5月	1. 海洋传统产业升级、海洋新兴产业壮大、智慧海洋突破等十大行动。 2. 创建海洋经济示范区、巩固提升现代海洋渔业、加强海洋科技创新服务、稳步发展海外渔业等13条内容	到2022年,全省海洋生产总值达到2.3万亿元,年均增长9%以上,占地区生产总值的比重达到23%左右,海洋生态环境良好,近岸海域水质优良比例达到90%左右
浙江	1.《加快建设海洋强省国际强港的若干意见》 2.《2018年度浙江海洋经济发展重大项目实施计划》	2017年底 2018年4月	1. 一是大力发展现代海洋产业。二是大力扶持潜力产业。三是积极布局未来产业。四是培育建成一批现代海洋产业功能区等。 2. 共安排海洋经济发展建设项目348项,总投资10071亿元,年度计划投资1326亿元	到2022年,全省海洋经济生产总值计划达到14000亿元以上,年均增幅超全省生产总值增幅约为一个百分点,占全省生产总值达到18%以上,占全国海洋经济生产总值比重达到12%以上

续表

省/市	政策文件	发布时间	发展重点	目标
广东	海洋经济发展"十三五"规划	2017年6月	将围绕海洋经济培育超100亿元规模企业达20家,超500亿元产业集群达10个,海洋战略性新兴产业增加值年均增速15%以上	到2022年,全省海洋生产总值超过2.2万亿元,年增长8%,占全省地区生产总值比重达到20%。优化沿海空间开发战略格局,提升沿海经济发展协调性,打造广东黄金海岸
上海	上海市海洋"十三五"规划	2018年1月	突出海洋产业转型,突出海洋科技创新驱动发展,突出海洋生态文明能力提升	到2022年底,初步形成与国家海洋强国战略和上海全球城市定位相符合的海洋事业体系。全市海洋生产总值占地区生产总值的30%左右
福建	"十三五"海洋经济发展专项规划	2016年	计划用五年的时间提升海洋科技的创新能力。海峡蓝色硅谷是福建海洋科技发展的重要抓手	到2022年底,科技在福建海洋经济发展中的贡献率将超过60%,全省海洋生产总值力争突破1万亿元

表 4-4　中国部分沿海省市“十四五”海洋经济发展规划一览表

省/市	发展重点	发展目标
浙江	加快提升海洋经济实力、海洋创新能力、海洋港口硬核力量、海洋开放水平和海洋生态文明，忠实践行“八八战略”、奋力打造“重要窗口”	到 2025 年，海洋强省建设深入推进，海洋经济、海洋创新、海洋港口、海洋开放、海洋生态文明等领域建设成效显著，主要指标明显提升，全方位形成参与国际海洋竞争与合作的新优势
江苏	打造具有国际竞争力的海洋先进制造业基地、全国领先的海洋产业创新高地、具有高度聚合力的海洋开放合作高地、全国海洋经济绿色发展先行区、美丽滨海生态休闲旅游目的地	到 2025 年全省海洋生产总值达到 1.1 万亿元左右，占地区生产总值比重超过 8%
山东	坚持创新驱动、市场导向、错位发展、优势互补的原则，构建“一核引领、三极支撑、两带提升、全省协同”的发展布局	展望 2035 年，山东海洋经济和科技水平位居国际前列，对国民经济的引领和支撑作用跃上新台阶；沿海港口发展水平整体大幅跃升，建成世界一流港口；高水平海洋开放新格局初步形成，基本建成海洋经济发达、海洋科技领先、海洋生态优良、海洋文化先进、海洋治理高效的海洋强省
广东	支持大型电子信息企业向海洋领域拓展，推动高端海洋电子装备国产化；深入推进粤港澳大湾区“智慧海洋”工程；开展海洋数据资产化研究，探索数据资产化标准体系建设	到 2025 年，巩固海洋经济向质量效益型转变发展成效，打造 10 个以上海洋高端产业集聚、海洋科技创新引领、粤港澳大湾区海洋经济合作和海洋生态文明建设示范区，建设 5 个千亿级以上的海洋产业集群

续表

省/市	发展重点	发展目标
福建	持续优化海洋强省战略空间布局;高质量构建现代海洋产业体系;高能级激发海洋科技创新动力;高标准推进涉海基础设施建设	到2025年,在“海上福建”建设和海洋经济高质量发展上取得更大进步,基本建成海洋强省
广西	坚持陆海统筹,优化海洋产业布局;提升海洋产业发展质量,加快构建现代海洋产业体系;加强创新力度,搭建海洋科技创新平台;加强生态屏障建设,重视建设海洋生态文明;加强海洋开放合作,积极融合新发展模式,振兴海洋文化;维护海洋权益,提升海洋话语权	到2025年,广西海洋GDP年均增长率将维持在10%水平以上,海洋产业对区域经济增长的贡献率约达到11%。区域海洋经济综合发展水平显著增强,总体规模有所增长
辽宁	加快海洋强省建设,基于海洋经济发展现实情况,着力打造引领东北地区全面振兴的“蓝色引擎”、中国重要的“蓝色粮仓”、国内先进的海洋装备制造产业基地、海洋经济开发开放合作高地	“十四五”期间,海洋经济总体规模要显著扩大,海洋科研创新能力大幅提升,海洋经济健康可持续发展能力要明显提高,海洋管控体系要更加完善。至2025年,全省海洋生产总值超过4500亿元,占全省GDP14%左右
河北	建设沿海蓝色经济带,构建蓝色经济增长极,培育壮大沿海经济园区,打造“一带、三极、多点”的海洋经济发展新格局	力争到2025年,全省港口年设计通过能力达到12.5亿吨,海洋二次产业占比达到35%左右,海洋生产总值达到3200亿元

2. 海洋资源环境管理特征

广东省是中国沿海地区海洋资源环境管理能力较强的省份之一,在发展海洋经济的同时,注重海洋资源的科学合理应用,具有较强的海洋污染防治、海洋灾害应急管控能力。

广西海洋资源种类比较丰富，海洋产业发展基础良好。但2000—2005年，由于资源的过度开发利用，其海域环境尤其是近岸海域受到严重损害。近年来，为响应中国可持续发展战略的号召，广西政府开始注重海洋环境的保育与修复，其环境承载力逐渐增加。

辽宁省海岸线漫长，港口、海洋水产养殖、海岸旅游、海底矿物、海水化学和海洋能源资源丰富。发展海洋经济的优势条件是海洋渔业资源和海洋文化，海洋灾害很少。

天津市海洋环境承载力也较强，它拥有丰富的海洋资源和强大的资源供给能力，但天津海洋污染防治项目不多，由于大力发展海洋产业导致的海洋污染较为严重，海洋环境功能受到明显影响。

河北省东临渤海，拥有大陆岸线长487千米，海岛岸线长199千米。有多处优良的港址资源。秦皇岛港是国内外闻名的世界最大能源输出港。河北省海洋资源供给能力较上述四省稍弱，海洋经济发展较慢，但海洋污染较轻且基本无海洋灾害，海洋环境功能较好，承载力较强。

上海市和江苏省海洋资源环境管理能力在全国范围来看表现一般，且上海市与江苏省有一定差距。福建省和浙江省资源供给能力较强，但每年海洋灾害较多，所以承载力一般。

3. 人的生产特征

随着世界贸易的增长以及全球生产现代化的进展，海洋资源开发利用面临的竞争日益激烈。在此背景下，建设海洋强国成为众多海洋大国参与海洋资源竞争的发展战略。建设海洋强国必须加强海洋人才的培养，只有这样才能助推中国蓝色海洋经济的发展。中国拥有一支规模庞大的海洋人才队伍，涵盖了广泛的涉海领域，具有更清晰的层级结构。仅2018年全国涉海就业人员就达到3684万人，当年海洋生产总值83415亿元，涉海专业人才对于海洋经济的发展起到了重要作用。目前，中国已经基本建成了比较完善的海洋教育体系，大力培育涉海专业人才。近年来各海洋相关专业的硕博研究生、本专科生的数量都逐渐增长，其中基础海洋教育、高等海洋教育和职业海洋教育都发挥了各自的功能。2019年全国设置1231个普通高等教育本专科专业，海洋专业硕士、博士研究生毕业人数达到3806人，本科生毕业人数为17541人，为中国海洋事业发展奠定了人才基础。

第二节 海洋产业转型发展因素驱动机理

一、经济因素驱动路径分析

相较于沿海发达国家，中国海洋经济发展起步较晚，直至20世纪80年代，海洋经济才开始受到重视，海洋产业才得以快速升级。逐渐扩张的国内外市场需求，不断加速的全球化进程，如日方升的科技创新革命，使得国内产业布局逐渐向沿海区域聚集，促生了以上海、深圳为代表的沿海龙头城市发展，为广西发展海洋经济奠定了重要基础。此外，考虑到陆域资源的过度开发及资源的有限性，各国开始将目光投至海洋资源开发利用方面，国内沿海区域也成为资本、技术、人才等生产要素的集聚高地，为广西向海经济实现跨越式发展提供了广阔的发展空间。

经济因素与产业结构两者之间是密切相关、互相作用的，一方面，产业结构转型有利于资源的合理配置与利用，实现经济的快速增长；另一方面，随着经济状况的改善，并对其他相关因素产生正面作用，来优化调整产业结构。加之，经济发达的区域，资本要素充裕，人均收入水平较高，对优质的海洋产品需求层次也比较高，加速了海洋产业的转型。

（一）经济发展水平驱动路径

从经济发展水平角度来看，产出从劳动密集型过渡到资本和技术密集型，就意味着产业结构的转化升级。尤其是资本要素的丰富化，是影响产业结构合理化和高级化的关键因素。区域经济发展程度越高，资本、技术等其他生产要素越丰富，就有能力改善海洋产业结构，促进海洋第二产业和第三产业的发展。

首先是资本要素对海洋产业结构转型的直接作用。当资本要素的供给比较充裕时，政府会扩大对集约产业的投资力度，更有能力去改善一个产业的发展。其次是资本要素通过促进其他要素开发，进而促进海洋产业转型的间接作用。一方面，政府可能增加海洋相关从业人员综合能力的教育和训练，改善海洋产业的人力资本水平，间接推动海洋产业的转型。另一方面，基于海洋产业发展周期较长、相关投资具有高投资和高风险特性，能否长期保持资本资产的供给，将直接影响海洋产业的形成、开发和行业优化。对此，大型海洋国家一般具有完善的投融资机制，以便开发高附加值和资本密集型的海洋产业，促进海洋产业健康有序发展。

（二）海洋产业资源禀赋驱动路径

一方面，随着海洋科技的进步和海洋经济生产效率的提高，海洋产业的性质正逐步从资源型产业向知识型产业转变。海洋资源对产业发展的约束正在慢慢减弱，但丰富的海洋资源也为海洋捕捞、海盐产业、海洋捕捞、海洋石化等相关海洋产业提供了物质保障，依然在很大程度上决定了海洋产业能否得到快速发展。因此，科学合理且高效地开发和利用海洋资源是必要之举，这样既有利于区域海洋产业竞争力的提高、海洋产业结构的升级，也有利于区域海洋生态经济的协调发展，是“绿水青山就是金山银山”绿色发展理念在海洋领域的积极探索。

另一方面，海洋产业人力资源包括涉海就业人员的数量和结构两个方面。一则，海洋人力资源的丰裕程度代表着该区域的海洋生产劳动力规模，将直接影响海洋产业发展的总体规模。再者，海洋人力资源结构，即涉海人员劳动力的质量，是决定海洋产业发展是否能获得竞争优势的重要因素。高质量海洋人力资源和充裕的海洋人力资本投入，能持续推动海洋产业生产力的提高以及竞争力的提升，从而带动海洋产业结构的升级优化。

（三）海洋产业区位条件驱动路径

从产业区位条件来看，经济因素对海洋产业结构转型的驱动路径如下：一般情况下，考虑到海洋产业的长远发展，都会要求具备一定的交通运输基础。例如，港口开发一般需要大型码头来着力发展石油和天然气产业，并开发配套的陆上运输系统，可以快速实现海陆之间的货物运输；同时，沿海地区旅游的发展也需要注意国际和国内物流交通网络的连接，只有先进的物流交通网络才能提高旅游景点的交通流量。而且，沿海地区不同的海洋产业，其交通运输基础设施的要求也有所不同。21

世纪以来，各国均着重发展海洋经济，亟待完善的基础设施已成为首要障碍。为了进一步促进海洋经济的高质量发展，需要加大基础设施资金投入、优化基础设施建设条件，以保证海洋产业的转型，提高地区实施国际投资和产业转移的能力。

二、技术因素驱动路径分析

技术因素对海洋产业转型的影响非常深远。技术的进步不仅拓宽了海洋资源开发利用范围，使曾经无用的海洋资源变为有用的海洋产业发展基础，赋予海洋资源新的生产效用价值，促进新兴海洋产业快速发展，而且从空间上拓展了海洋产业布局范围，使得海洋产业在空间布局上或集聚或分散。

（一）核心竞争力驱动路径

核心竞争力对海洋产业转型的驱动主要是作用于劳动力市场中的高科技劳动价格变化机制。对于后发展海洋产业主体来说，低科技劳动力和高科技劳动力的价格水平是企业进行生产决策的重要参考依据。在技术主导的区域实施过程中，通过扩大科研教育投资和推进技术交流，提高从业人员劳动力水平。当低科技劳动力的原供应开始转化为高科技劳动力的供应，其结果是，高科技劳动力的整体供应扩大。由此，假设劳动力需求未发生明显变动，也就意味着高科技劳动力价格有所降低。那么在高附加值产品的生产过程中，后发型产业的主体有能力利用更多的高科技劳动力来搭建研发平台，并实现大比例的高附加值生产平衡，从而带动海洋产业结构的转换和升级。

（二）产业布局驱动路径

产业布局内容包括产业布局层次、产业布局机制和区域产业结构三个方面，其对产业结构转型的影响主要表现在：一是通过直接影响产业结构的布局推动产业结构转型。产业布局关键是要调整生产力的分布状况，要求结合当地实际情况进行资源配置，也就是要求在进行产业结构的升级时确定发展什么产业以及如何发展，依据资源的特征，因地制宜地组织生产。二是通过间接影响产业结构的发展趋势推动产业结构转型。各地区由于资源禀赋包括自然资源、气候条件和技术水平等因素的影响,使得各区域经济发展呈现出不平衡的状态。例如,资源丰富的地区,就适合发展资源密集型产业;交通便利的地区,就适合发展以外贸为主体的产业;而对于那些具有良好的工业基础的地区,则适宜发展高新技术产业。由上述内容可以看出,产业布局与产业结构升级的关系是十分紧密的,沿海省市应当从实际区情出发,优化产业布局,促进产业结构的合理化。

(三)市场化驱动路径

技术驱动可以通过市场化渠道,即通过改变技术市场特征,作用于海洋产业,促使产业转型。为了保证技术驱动的持续发展,往往会采取优化技术中介服务、降低技术学习门槛、发展海洋产业共性基础技术等方式,改变原有的技术市场特征。

据此,该地区可以积极推进技术的引进、吸收和研发成果的转化,强化海洋产业主体的技术吸收能力,通过大规模引进国际先进技术,使其在海洋产业结构升级中实现更多的知识外溢效应,改变原先的低技术生产过程,增加海洋产业主体的产出率,以促进海洋产业主体的优化和升级。

此外,在推进技术创新的过程中,需要注重对涉海公共机构研发的资金支持,以便将其直接应用于其他相似地区的海洋产业发展过程中,为海洋科研提供后备支撑,缩小主要海洋产业与后期开发海洋产业之间的技术差距,这也能够促进海洋产业的转型。

三、社会因素驱动路径分析

影响海洋产业发展的社会因素,即以人为核心,通过人类生产活动及其相互作用关系产生的,涉及海洋产业发展的战略、政策、法规等。从整体上来看,一个国家的宏观海洋产业发展战略和政策将在很大程度上决定一国或地区的海洋产业发展环境和竞争格局,而区域海洋产业政策规范、投资政策等会影响海洋产业空间布局及投资区位的形成以及海洋产业发展总体方向和未来趋势。因此,不论是区域层面的海洋产业发展具体规划、法律法规,还是国家层面的海洋产业政策制度等,都为传统海洋产业的升级、海洋资源开发利用以及新兴海洋产业发展的空间布局等提供顶层规划部署和未来发展方向，从而影响区域海洋产业的转型。

(一)人的生产驱动路径

基于人口流动角度，社会因素通过以下路径对海洋产业转型产生驱动力：社会因素中的人口流动指的是一段时间内，区域之间发生的各种短期的、周期性的、重复的人口迁徙运动，主要是通过人口数量、人口素质、人口结构等对海洋产业转型产生作用。地区人口数量作为海洋产业转型的要素投入之一，代表了海洋产业从业人员劳动力数量，将直接影响该地区的海洋产业发展总体规模。区域人口结构，包括区域结构、性别结构和质量结构，影响区域海洋产业开发的类型。当区域劳动力总量、综合质量、结构不符合区域海洋产业发展要求，将通过一定程度的人口流动来实现，其中人口流动可以分为主动流动和被动流动。人口主动流动是指某地区海洋经济发展状况良好，工资水平较高，吸引其他地区涉海就业人员主动到该区域工作。人口被动流动是指政府通过一些强制性措施迫使某一地区涉海就业人员到其他地区从事海洋产业相关工作。一般来说，这样的人口被动流动模式是当国家根据海洋产业开发的整体战略考虑，计划在某个地区开发特定的海洋产业，但是该地区缺乏采纳发展海洋产业所必需的劳动条件的情况下采用。中国当前处于市场经济状态，应多通过人口主动迁徙来改善地区的劳动力规模与结构。

(二)政策制度驱动路径

基于政策支持角度，众多海洋强国发展海洋经济的经验表明，社会因素通过如下路径对海洋产业转型产生驱动力：首先，通过采取货币政策和财政政策促使金融资本向海洋新兴产业倾斜，扶持高新技术产业发展，加快产业链向高附加值环节延伸，为海洋产业转型奠定基础；其次，政府能够结合当地区情制定相应的产业发展政策，明确下一步海洋产业发展方向，有效配置资源，保证产业组织合理化、高度化。需要注意的是，在海洋产业的发展过程中，国家应根据各区域发展的不同阶段、海洋资源的开发条件等，针对性地制定出规划方案和发展策略，因地制宜地指导海洋产业的发展。以一些沿海发达国家为例，日本、挪威等严格制定海洋保护法律法规，借助法律的强制性有力推进海洋环境保护计划；

美国自20世纪60年代以来，就接连制定了一系列海洋战略，且大多是国家级发展战略，以扩大自身的海洋权益，其成为海洋强国的首要原因就在于政府颁布了多项支持海洋高新技术产业发展的政策。

（三）海洋资源环境管理驱动路径

有学者对于海洋资源环境管理与海洋产业转型的作用关系进行了研究：李学峰等（2021）基于生态系统服务重点分析了挪威海的海洋环境综合管理计划，发现其计划是建立在海洋生物多样性和良好的海洋环境基础之上的，能够持续性地实现海洋产业价值创造。这种海洋空间规划为中国海洋产业的快速健康发展提供了重要依据。常玉苗（2011）通过面板数据分析方法考察了资源环境管理制度对中国海洋产业发展的影响，研究结果表明，资源环境管理的政策制度、实施效果等对海洋产业发展影响十分显著。姚瑞华等（2021）梳理了中国近60年来海洋生态环境管理体系的发展历程，他们认为尽管中国海洋生态环境综合治理能力不断提升，但依旧缺乏科学的政策管理制度，由此引发了较为严重的海洋产业发展结构不合理问题。即健全的海洋资源环境管理能够明确各个涉海部门的职能划分，克服行政壁垒，实现海洋的统一管理与协调。究其本质来说，海洋资源环境管理对海洋产业转型的驱动作用就是从可持续发展角度，明确海洋资源的有限性和实用性，使海洋产业发展朝着科学开发、合理利用的方向进行。

第三节　海洋产业转型发展因素驱动一般机理及其理论内涵

海洋产业转型，即海洋产业结构的合理化和高度化，不是低水平的海洋产业集聚，而是海洋产业的根本性变革。海洋产业转型的核心内容是海洋产业组织和结构的高度化、海洋产业相关技术内容的高度化、海洋产品结构和生产形态的高度化。

海洋产业转型发展因素的驱动机理可以分为宏观、中观和微观层次。

一、宏观驱动机理

宏观层面的转型主要发生在整体海洋经济结构变化上，核心内涵体现在海洋产业发展到特定阶段时，在创新这个驱动力的推动下，向更加合理化和高级化的方向发展，促进海洋产业整体优化升级，增加对海洋经济的贡献度。要实现宏观层面的海洋产业转型，必须依靠政府资金的支持、法律的规范以及政策的指导，并把产业转型与提升就业率相结合，而这些因素正好也是创新驱动力的必要条件。

海洋产业转型发展的方向是高端化、高效化、绿色化，海洋产业转型升级的最终目标是更好地满足经济社会发展的需要，在海洋产业结构调整的过程中，要求通过创新将海洋产业的各个部门向高端、高效、绿色的方向升级。这就从另一个层面上促进了海洋产业部门的转型，而海洋产业部门的转型又使得海洋产业的整体发生变化，表现为资金、技术、劳动力等生产要素在海洋产业整个系统内部进行重新组合，使产业内部分工高效运行，发展模式不断进步，由资源消耗、粗放型经济增长方式向高附加值、集约型发展模式转变，由海水养殖、海洋捕捞、海洋交通运输等传统海洋产业向海洋装备制造业、海洋高端服务业等新兴海洋产业转型，这种产业结构的优化可以提高海洋产业的核心竞争力，推进整体海洋经济的结构性改革，提升产业链附加值，提高海洋产业全要素生产率，实现海洋经济质量的全面提升。

二、中观驱动机理

中观层面的转型主要集中在产业和资源领域。为保证满足整个产业的市场需求，需要尽快调整和更新产业结构。海洋产业结构的优化极度依赖于科技水平的发展，海洋产业生产要素的开发利用在技术上比较困难，产业的进入壁垒更高，海洋生产活动大部分的核心技术都掌握在该领域的龙头企业中，具有一定的垄断性。

在外部市场不断变化的情况下，为了在竞争中获得比较优势，海洋产业内的企业集群需要不断的技术进步，加强关键技术攻关，提高创新能力，推动科技成果转化，推动海洋产业向更高层次转化。同时，应该强调在产业转换的时候，把焦点放在接受变化且能产生正向溢出效应的产业类型上，有利于带动相关产业的发展。与陆域产业相比，海洋资源是海洋产业发展的关键基础要素，海洋资源丰富多样，海洋产业发展很难通过拥有资源来获得相对竞争优势。通过加强海洋资源的创新开发，能够快速适应市场需求，建立自己的竞争优势。

三、微观驱动机理

微观层面上的转型则集中在企业内部。对“产业转型”含义的理解被认为是由企业开发过程中，产业发展困难、资源分配不均衡等外部环境的巨大变化所造成的。因此，要注重提升企业产业改革的效率，适当调整企业内部制度结构，加强与外部企业以及行业间的联系，促进整个产业组织的高效整合。

企业创新促进海洋产业转型的过程意味着，海洋产业中的不同产业集群通过引入不同生产要素重新进行组合，在海洋生产的技术、工艺和设计方面取得了创新性成果。它使公司能够以更低的生产成本制造或改进现有产品、开发新的海洋产品，以更好地满足消费者需求，减少海洋产品和服务环境的负外部性，更好地适应市场需求的变化，满足国家监管的要求。此外，海洋产业的转型可以创新海洋产品的营销从而创造新的需求，促进或衍生新的海洋产业。如此循环往复，不仅加快了传统海洋产业部门的转型进程，也促进了新兴海洋产业部门的快速发展，使得海洋产业系统内部的结构和模式发生质的改变，最终实现海洋产业的永续转型发展。

四、一般驱动机理

在上述三种驱动因素中，经济因素一般是由一国（或地区）的政策环境、社会发展需求和更高级别的区域环境所决定的，对一个区域的所有产业、所有分区域发展普遍适用且有所约束。关于区域海洋产业的转型，它是一种可以适应，但属于无法改变的环境因素的一种外部因素。海洋产业结构优化的管理决策需要在由此设定的框架内执行。社会因素不仅反映在整个地区的发展水平上，而且还反映在部分地区的发展水平上。和经济因素一样，社会因素也是分区域海洋产业发展仅能够适应，但不能改变的一种外部因素。而就技术因素而言，根据各种产业的不同，基于独特的海洋产业技术特征也有所不同。并且当区域主体不同时，技术因素体现的差异化也更明显。这反映了不同地区海洋产业发展能力和潜力的不同。综上，技术因素才是区域功能划分和区域海洋产业转型的基本区别标准。在优化海洋产业结构时，首先，根据其总体基本条件、国家经济社会发展的需要、国内和国际环境，决定海洋产业的发展方向。其次，根据技术因素的地域差异，进行海洋产业的转换和高度化。

海洋产业的转型不是这些因素的单方面作用，而是经济因素、技术因素、社会因素相互作用的结果。为了提高地区海洋产业结构水平，需要综合考虑各种因素，进行综合评估和计量。不仅要比较单一因素，还要比较产业发展的多重因素，也要比较关联性产业，根据地区海洋产业的未来发展方向，来决定各地区海洋产业的发展计划。不同海洋产业发展的主要影响因素不同；同样的因素对不同海洋产业的发展有不同程度的影响；不同时期影响海洋产业发展的主要因素也有所不同。因此，在调整区域海洋产业结构时，需要注意评价指标系统的多样化、合理化。

第五章　广西全面发展向海经济新引擎

第一节　习近平讲话精神

从全球海洋经济的发展趋势来看，世界上海洋强国对海洋的探索和开发遵循着“从陆地到海洋，从浅海到深海，从近海到远海”的发展轨迹。世界上大多数发达国家和地区的发展都高度依赖海洋，海洋特别是港口为这些地区的发展和繁荣作出了巨大贡献。21 世纪，大多数国家都开始致力于推进海洋经济的持续稳定发展，将海洋产业作为重要的发展对象，制定了许多与海洋相关的发展政策。海洋经济的构成也发生了质的变化，由单一的资源型结构转变为由资源、加工制造、医药、旅游、服务等多要素产业的组合型结构。

一、习近平关于海洋发展的讲话精神

从古代到现在，海防事业都是维护和保障国家安全的重要事务。中国是一个位于太平洋西岸的沿海国家，大陆海岸线长达 18000 多千米。因此，中国的长远发展不能不考虑海洋战略，重视和落实海洋战略的作用和地位是实现伟大复兴的中国梦的必由之路。

习近平总书记高度重视海洋强国建设，围绕海洋事业多次发表重要讲话、作出重要指示，强调“建设海洋强国是实现中华民族伟大复兴的重大战略任务”。海洋强国战略对于新时代中国特色社会主义事业的发展具有重要意义。① 2012 年，党的十八大报告提出建设海洋强国，发展海

① 习近平：《中共中央关于制定国民经济和社会发展第十四个五年规划和二〇三五年远景目标的建议》，《人民日报》2020 年 11 月 4 日。

洋经济、保护海洋生态、开发海洋资源的思想。2017年，党的十九大报告提出“坚持陆海统筹，加快建设海洋强国”的思想，中国自此进入海洋建设的新征程。2018年，《中共中央国务院关于建立更加有效的区域协调发展新机制的意见》指出要“建立区域战略统筹机制”，其中核心内容之一是推动陆海统筹发展。2021年，国家“十四五”规划纲要的提出表明，要进一步开拓海洋经济的发展空间，统筹陆海经济、注重人与海洋的和谐相处，共同推进海洋生态保护、海洋经济发展，保障海洋权益，打造海洋强国。

2013年7月30日，习近平总书记在十八届中央政治局第八次集体学习时指出：“建设海洋强国是中国特色社会主义事业的重要组成部分。”①党的十八大作出了建设海洋强国的重大部署。实施这一重大部署，对推动经济持续健康发展，对维护国家主权、安全、发展利益，对实现全面建成小康社会目标、进而实现中华民族伟大复兴都具有重大而深远的意义。

2013年8月28日至31日，习近平总书记在辽宁考察时的讲话指出“要顺应建设海洋强国的需要，加快培育海洋工程制造业这一战略性新兴产业，不断提高海洋开发能力，使海洋经济成为新的增长点。”②

2014年11月28日至29日，习近平总书记在中央外事工作会议上的讲话指出：“要坚决维护领土主权和海洋权益，维护国家统一，妥善处理好领土岛屿争端问题。”③

2017年5月24日，习近平总书记在视察海军机关时的讲话指出：“建设强大的现代化海军是建设世界一流军队的重要标志，是建设海洋强国的战略支撑，是实现中华民族伟大复兴中国梦的重要组成部分。”

2018年4月12日，习近平总书记在海南考察时的讲话指出：“中国是一个海洋大国，海域面积十分辽阔。一定要向海洋进军，加快建设海洋强国。”④

① 习近平：《进一步关心海洋认识海洋经略海洋 推动海洋强国建设不断取得新成就》，《人民日报》2013年8月1日。

② 习近平：《深入实施创新驱动发展战略 为振兴老工业基地增添原动力》，《人民日报》2013年9月2日。

③ 廖政军等：《中国坚定不移维护领土主权和海洋权益》，《人民日报》2017年8月10日。

④ 习近平：《中共中央国务院关于支持海南全面深化改革开放的指导意见》，《人民日报》2018年4月15日。

2018年6月12日至14日，习近平总书记在山东考察时的讲话指出："海洋经济发展前途无量。建设海洋强国，必须进一步关心海洋、认识海洋、经略海洋，加快海洋科技创新步伐。"①

2019年4月23日，习近平总书记在青岛集体会见应邀出席中国人民解放军海军成立70周年多国海军活动的外方代表团团长时的讲话指出："海洋对于人类社会生存和发展具有重要意义。海洋孕育了生命、联通了世界、促进了发展。人类居住的这个蓝色星球，不是被海洋分割成了各个孤岛，而是被海洋连结成了命运共同体，各国人民安危与共。海洋的和平安宁关乎世界各国安危和利益，需要共同维护，倍加珍惜。当前，以海洋为载体和纽带的市场、技术、信息、文化等合作日益紧密，中国提出共建21世纪海上丝绸之路的倡议，就是希望促进海上互联互通和各领域务实合作，推动蓝色经济发展，推动海洋文化交融，共同增进海洋福祉。"

2019年6月15日，习近平总书记在亚信第五次峰会上的讲话指出："中方将继续在和平共处五项原则基础上深化同各国的友好合作，通过和平方式处理同有关国家的领土主权和海洋权益争端，支持对话协商解决地区热点问题。"

2019年10月15日，习近平总书记致2019年中国海洋经济博览会的贺信指出："要高度重视海洋生态文明建设，加强海洋环境污染防治，保护海洋生物多样性，实现海洋资源有序开发利用，为子孙后代留下一片碧海蓝天。"②

2021年11月22日，习近平总书记在中国—东盟建立对话关系30周年纪念峰会上的讲话指出："要增强中国—东盟国家海洋科技联合研发中心活力，构建蓝色经济伙伴关系，促进海洋可持续发展。"③

2022年4月10日至13日，习近平总书记在海南考察时的讲话指出："建设海洋强国是实现中华民族伟大复兴的重大战略任务。要推动海洋科技实现高水平自立自强，加强原创性、引领性科技攻关，把装备制

① 习近平：《切实把新发展理念落到实处 不断增强经济社会发展创新力》，《人民日报》2018年6月15日。

② 习近平：《秉承互信互助互利原则 让世界各国人民共享海洋经济发展成果》，《人民日报》2019年10月16日。

③ 习近平：《中国—东盟建立对话关系30周年纪念峰会联合声明》，《人民日报》2021年11月23日。

造牢牢抓在自己手里，努力用我们自己的装备开发油气资源，提高能源自给率，保障国家能源安全。”①

二、习近平关于广西发展向海经济的讲话精神

人类社会发展的重心遵循从陆地到海洋的变化趋势。习近平总书记认为，发达的海洋经济是建设海洋强国的重要支撑。在宁德工作期间，他强调山海协作；在福州工作期间，他提出海上福州的观念；十八大以来，党中央国务院对海洋强国建设作出工作部署。习近平总书记的“向海而兴、向海图强”的海洋发展观是他对沿海地区经济建设指导实践的体现，更是他对于向海而兴的世界发展趋势的深刻理解。

习近平总书记一直关心和重视广西的发展战略和发展格局。

2015年，全国两会期间，习近平总书记在参加广西代表团审议时，明确赋予了广西“构建面向东盟的国际大通道、打造西南中南地区开放发展新的战略支点、形成21世纪海上丝绸之路和丝绸之路经济带有机衔接的重要门户”发展的“三大定位”。广西作为对内承接、对外联通的贸易枢纽，为广西更好的发展海上经济与贸易奠定了坚实的基础。

2017年，习近平总书记在视察广西北海时首提“向海经济”，这是习近平总书记在中国特色社会主义进入新时代提出的新命题，对广西发展赋予的新使命，为经济社会发展指明了重要方向、指出了重要途径，为广西如何释放海的潜力，给出了科学指南。中国经济已经从高速增长阶段转变为高质量发展阶段，中国正面临转变发展方式、优化经济结构、转变增长动力的关键时期。面对海洋开发，拓展海洋经济将是未来经济发展的新增长点。向海经济是海洋经济与外向型经济较高层次的整合。这是一种创新、协调、开放、绿色、共享的经济形式。向海经济的内涵和外延大于海洋经济。向海经济是一个新命题，它要求沿海地区大胆探索，大胆实践，在探索中完善，在实践中发展。

2022年1月1日，《区域全面经济伙伴关系协定》(RCEP)的正式生效为广西大力发展向海经济，提供了更加宽广的合作平台和更加多元化的合作机会。在新发展理念的理论指引之下，广西可以凭借天然的区位优

① 习近平：《解放思想开拓创新团结奋斗攻坚克难 加快建设具有世界影响力的中国特色自由贸易港》，《人民日报》2022年4月14日。

势和政策的开放优势，继续拓展向海经济模式，拓宽在国际市场的合作领域。

第二节　广西发展向海经济的战略意义

一、广西发展向海经济的必然趋势

海洋是自治区最宝贵的财富、最得天独厚的优势。2017 年 4 月 19 日，习近平总书记视察广西时强调，“打造好向海经济，写好新世纪海上丝路新篇章。”这既是习近平总书记向海经济思想的具体体现，也是对广西打造向海经济提出的新要求。广西壮族自治区党委、政府高度重视，全面深入贯彻落实习近平总书记重要指示精神，先后出台了《关于加快发展向海经济推动海洋强区建设的意见》（桂发〔2019〕38 号）和《广西加快发展向海经济推动海洋强区建设三年行动计划（2020—2022 年）》（桂政办发〔2020〕63 号）等政策性文件，发布了《广西向海经济发展战略规划（2021—2035 年）》《广西海洋经济发展“十四五”规划》等规划文件，持续深入推进海洋强区战略，积极拓展海洋发展新需求新空间、培育壮大现代海洋产业体系、加快构建向海经济发展新格局。

面对世界百年未有之大变局，中国正在加快构建国内国际双循环相互促进的新发展格局，为广西迎来了发展向海经济的重大战略机遇期。2020 年 RCEP 的正式签署、中国—东盟自贸区的持续升级、西部陆海新通道上升为国家战略、平陆运河规划实施、新一轮西部大开发战略实施，这些重大战略规划的实施都为广西向海经济的发展提供了强有力的政策支撑。广西北部湾经济区和北部湾城市群、中国（广西）自由贸易试验区、面向东盟的金融开放门户等一批国家级开放平台等对外平台和窗口的建设，以及广西区内“强首府”和“北钦防一体化”战略深入实施，都为广西加快密切与周边省份和东盟国家合作、承接东部沿海地区产业转移、完善向海产业链和构建现代向海产业体系，实现“大通道＋大平台＋大产业”的融合发展带来重大的市场机遇和优越的发展环境。

广西海洋资源丰富，海洋经济引擎作用明显。据统计，2021年广西海洋生产总值达1828.2亿元，比上年增长14.4%，占地区生产总值的比重为7.4%。海洋经济是向海经济的重要组成部分。长期以来，广西在向海经济发展过程中，还存在对向海经济认识不够深入、现代海洋产业体系发展滞后、海洋产业发展粗放、科技创新能力欠佳、海洋环境保护压力大、海洋资源供给面临挑战、国土与海洋总体缺乏统一规划等问题。自进入21世纪以来，面临全球经济下行压力增大和变幻莫测的国际经济政治形势，国内经济发展既有机遇也有挑战，在这样的局势下，发展向海经济无疑是大有裨益的。

广西具有特有的地理优势，为向海经济的发展提供了优良的地缘基础。北部湾港是西南中南地区最近的出海口，是中国本土距离马六甲海峡最近的港口，更是连接东盟47个港口的海上窗口。

北部湾港口周边铁路密集，布局完善。防城港、北海港、钦州港、铁山港等北部湾四港与区内铁路网无缝对接，南昆铁路、益湛铁路、湘桂铁路、黔桂铁路、玉铁铁路等五条铁路线直通港口。同时，广西作为衔接"一带一路"的重要门户，依托自身的区位优势，广西建设了毗邻香港的工业经济区、国际产能合作示范区等向海经济的重要载体，辐射整个东南亚，战略机遇突出。

发展向海经济，是实现中央赋予广西社会经济发展战略定位的重要举措。习近平总书记要求广西要"构建面向东盟的国际大通道，打造西南中南地区开放发展新的战略支点，形成21世纪海上丝绸之路和丝绸之路经济带有机衔接的重要门户"，这是中央赋予广西社会经济发展的三大重要的战略定位。[①] 在"一带一路"倡议提出三周年之际，习近平总书记进一步要求"打造好向海经济"，是广西推进"创新驱动、开放带动、双核驱动、绿色发展"战略新的具体路径，更是落实中央赋予广西社会经济发展战略定位的重要举措。

发展向海经济，是开发广西海洋经济发展潜在力量的基础要求。2021年广西海洋生产总值达1828.2亿元，比上年增长14.4%；分别占全区生产总值的7.4%和全国海洋生产总值的2.02%；广西海洋经济一、二、三产业比重分别为12.5%、31.1%和56.4%，全国海洋经济一、二、三产业比重则为5.0%、33.4%和61.6%。从整体上看，广西海洋经

① 习近平：《书写新世纪海上丝绸之路新篇章》，《人民日报》2017年7月6日。

济产值增速相对其他沿海省市而言总量偏低，海洋产业结构亟待升级优化，加快向海经济发展已成挖掘广西海洋经济发展潜力的迫切要求。

发展向海经济，有利于拓展广西区内外合作新视野。广西向海经济发展水平滞后，不仅是因为该地区经济基础薄弱，海陆互动不畅，也是因为广西与区内外其他地区合作停滞不前。

从广西的实际出发，广西社会经济基础相对薄弱，项目、资金、技术、人才和资源短缺问题突出。因此，广西迫切需要寻求对外合作。一方面，广西应主动对接粤港澳大湾区，打造环北部湾港口群。北部湾港接受粤港澳大湾区城市群的辐射带动有待加强，正如获批的《北部湾城市群发展规划》扩及湛江市、茂名市、阳江市和海口市、儋州市、东方市、澄迈县、临高县、昌江县，超越行政区划的环北部湾港口合作机制应及早建立。另一方面，广西应切实发挥"三大导向"作用，提升内部合作水平。作为中国西南中南地区开放发展的新的战略支点，应加强与相关省区的合作，发挥国际门户的作用，更好地连接"一带一路"。此外，在"互联网+"背景下，更需要贯彻习近平总书记要求的"在目标、任务、方式、政策、路径、举措等方面进一步前进"，扩大视野，加速发展。

二、广西发展向海经济的重要意义

西汉时期，广西就已建成海上丝绸之路的始发港，而今趁"一带一路"倡议的深入推进，加快向海经济发展，"面朝大海，春暖花开"正当时。

（一）发展向海经济是维护国家海洋安全的必由之路

发展向海经济，实现海洋的综合治理是维护国家安全、争取国家海洋权益的客观要求。首先确保适合中国国情的海上防卫力量，同时强化行政、法律、经济手段的综合运用，结合中央和地方治理的力量，政府和公众共同参与。海事管制和问责应当完善海事法律法规，加强海洋资源综合管理，提高执法能力，保护海洋权益。向海经济的发展将不可避免地需要加强科学研发基础和支持创新与发展的能力，这将会大大促进海洋勘探技术、卫星导航等高新技术产业的高质量发展，提升国防管理的现代化水平，有利于中国在国际事务中拥有更多的发言权，有助于中国在公海空间利用、海洋资源开发等方面维护自身海权。

向海经济的建设有助于帮助人们构建海权意识。自古以来，中国关注的重心始终在陆地权利上，却很少关注海权。尤其是在清朝，闭关锁国使得中国海军的实力长期得不到发展，以至于1840年，英国从海上入侵，用坚船利炮打开了中国的国门。中国是一个半内陆国家，只有少部分地区与海洋相接，人们的海权意识并没有那么强。广西是古代海上丝绸之路的重要发祥地之一，是中国沿海唯一与东盟海陆相连的省份，是中国西南最便捷的海上通道，是西南地区通往东南亚最便捷的海上通道。思想是实践的指导方向，海洋强国战略是一次从思想上对人们海洋意识的唤醒，从而提高国民的海权意识，增强对中国海洋实力的信心，增加海洋政策的认同感。打造向海经济是对海洋强国战略的深化，中国要打造海洋强国，广西要打造海洋强区。

建设海洋强国是屈辱的历史带来的深刻反思。1840年鸦片战争从海上打开了中国的国门，此后的一百余年，中国屡次遭受外国侵略，中国的近代史是一部屈辱的历史。为救亡图存，提升海上军事的实力，开展了以富国强兵为目标的洋务运动。然而1894年，甲午中日战争中北洋水师的全军覆没，宣告了洋务运动的终结。对比中国的闭关锁国，放眼世界，新航路的开辟涌现出许多当时的海上强国。15世纪，葡萄牙和西班牙是当时的海上霸主；17世纪，荷兰在海洋贸易中占据了“海上马车夫”的地位；17世纪后，英国一跃成为“日不落帝国”。后来，美国的海上实力迅速崛起并在二战后实现了其全球霸权。美国军事理论家马汉出版了闻名中外的《海权论》，其中主要的核心思想就是一个民族和一个国家的发展与强大离不开海洋。因此，全球观下的经验教训和理论告诉中国，发展向海经济，提升海洋实力，建设海洋强国，是中国实现全面发展、维护国家安全的必由之路。

（二）发展向海经济是保障广西海洋资源安全的现实需要

广袤的海洋为海洋经济的可持续发展提供了取之不尽的丰富资源和广阔空间。然而，随着人类对海洋的日益开发，海洋生态也像陆地生态一样遭到破坏。提高海洋资源开发能力，强调海洋资源开发利用的节约性、集约化和可持续性，在当前非常重要，也非常有必要。因此，要按照海洋强国战略的总体要求，规划海洋开发，强化保护海洋和生态用海意识，避免海洋开发过程中的生态破坏活动。

人类文明进步的标志之一是人类能够科学合理地开发利用海洋资源。提高海洋开发利用水平，要加强科学规划与统筹管理，增强海洋调查评价能力，实现海洋资源和环境的可持续发展。

目前，广西海洋产业体系仍以传统产业为主，附加值低。同时也存在诸多问题，如开发强度过大，近海捕捞失控；技术发展落后，海洋盐业仍采用手工操作；发展理念滞后，海洋新能源利用率低；海洋保护不足，海洋生态污染持续恶化，深海特别是国际海底区域海洋矿产资源开发亟待快速推进。

在向海经济发展的过程中，广西将聚集更多的高端创新要素和先进生产力，进一步提高广西配置和整合全球资源的能力。向海经济是满足资源需求、破解发展瓶颈的崭新领域。中国在能源和原材料方面对外国的依赖正在增加。中国广大海域目前已探明的石油和天然气资源，可以满足近一百年国家经济发展的能源需求；其中，南海大陆架已发现 10 多个含油气盆地。南海和东海发现的可燃冰约为 800 亿吨油当量，相当于目前大陆油气资源的 50%。中国在国际海底获得多金属结核、多金属硫化物和富钴结壳 4 个矿区，在西太平洋、北印度洋和南大西洋发现 4 个潜在矿区，获得生物基因专利近 80 项，命名海底名称 230 个。综上分析，中国海洋资源丰富，只要合理规划，科学发展，就能解决资源能源对中国经济发展的制约。

（三）发展向海经济是助力广西经济高质量发展的重要途径

向海经济是突破经济发展瓶颈、实现经济持续健康发展的重要途径。进入新世纪以来，土地资源开发利用日趋集约，中国经济的可持续健康发展迫切需要找到一个增长来源。另外，随着科技水平日渐增长，全球海洋意识正在逐步提升，海洋的开发和利用已经成为全球经济可持续发展的关键战略和前沿领域。然而，海洋产业发展过程中，海洋资源的开发利用和保护问题也日渐凸显。因此，务必要通过海陆资源统筹协调，优化海陆产业布局，完善现代产业体系，为国民经济发展衍生新的增长点和增长极，从而促进国内经济持续健康发展。

广西向海经济发展是实现海陆统筹发展的必然要求。广西向海经济的发展是从陆上发展向海上发展的延伸，经济增长取得了新的突破。第一，从发展历史来看，北部湾海域目前是中国沿海经济发展的“处女地”,具有明显的后发优势。广西向海经济的发展将产生巨大的集聚效应。以内陆为基础,以海洋为目标,连接海与陆,将成为拉动经济增长的新引擎。第二,从区位因素来看,广西是西部乃至西北和中部周边省、市、区对外开放的战略枢纽,是出海的新通道。广西发展向海经济,促进了海洋潜力的释放,为中西部地区提供了新的发展资源,促进了区域之间科技、资金和人才等诸多要素的整合和协同。第三,从区域经济建设来看,在建设向海经济的背景下,更能促进广西接轨粤港澳大湾区的发展与融合,提升了海陆联运建设的水平,发挥粤港澳大湾区对广西北部湾城市群发展的带动作用。

(四)发展向海经济是广西建设海洋生态文明的重要组成

海洋是地球上最重要的生命保障系统,海洋生态系统的状况对整个人类的生活质量乃至生存状态有着决定性的影响。当今社会高速发展,为了缓解人口、资源、环境的压力,人类开始向海洋进军,大规模开发海洋,利用海洋资源。

改革开放以来,海洋资源和海洋空间的不当开发利用对海洋生态造成了严重的影响,改变了海岸的形态,破坏了海洋生物赖以生存的栖息地。海洋生态破坏和环境污染会造成直接经济损失,增加海洋生态管理成本。一方面,海洋渔业、海洋矿业等第一、二海洋产业对生态环境和资源的依赖程度不同,海洋环境污染会给相关海洋产业造成经济损失;另一方面,海洋生态系统的破坏加剧了海洋生态灾害的发生。浒苔、绿潮、赤潮等海洋灾害频发,增加了海洋生态治理成本,造成直接经济损失。在经济发展过程中,中国曾经走上了先破坏环境、后治理修复的道路,以海洋生态环境为代价换取发展海洋经济是得不偿失的,重建被破坏的生态环境的成本要远远大于最初带来的经济效益。因此,必须在海洋经济的发展过程中,将实现好、维护好海洋生态环境保护作为最基本的要求和底线。

党的十八大报告指出:“提高海洋资源开发能力,发展海洋经济,保护海洋生态环境,坚决维护国家海洋权益,建设海洋强国。”发展向海经济要求不仅要发展海洋经济,更不能忽视海洋环境的生态健康。党的十八届五中全会首次提出了创新、协调、绿色、开放、共享的新发展理念,绿色发展作为新发展理念的重要内容之一,与十八大“五位一体”总布局中生态文明建设是一脉相传的。海洋生态文明建设是中国生态文明建设不可或缺的重要组成部分，要自觉把海洋生态文明建设纳入经济、政治、文化、社会建设的各个方面和过程，注重海洋生态保护和恢复方面的工作建设。

保护海洋生态系统是人类最强烈的情感，也是最强烈的以人为本的思想，海洋环境污染、海洋生态系统恶化等问题越来越成为海洋开发过程中的关注焦点。2013 年，习近平总书记在第八次中央政治局学习会议上强调："要下决心采取措施，全力遏制海洋生态环境不断恶化趋势，让中国海洋生态环境有一个明显改观，让人民群众吃上绿色、安全、放心的海产品，享受到碧海蓝天、洁净沙滩。"围绕保护海洋生态的要求，大力发展海洋经济和海洋科技，是让海洋开发的成果更好、更广泛地惠及所有人的有效途径，是增加民生福祉和海洋开发的效益必经之路。"十三五"规划规定，"发展海洋科学技术，重点在深水、绿色、安全的海洋高技术领域取得突破"，明确提出将"保护海洋生态需求"作为海洋科技的发展价值取向。《"十三五"海洋领域科技创新专项规划》强调中国海洋面临资源过度捕捞、环境污染严重、生态系统恶化、海洋灾害频发的困境。为此，2020 年 6 月，国家发改委和自然资源部颁布《全国重要生态系统保护和修复重大工程总体规划(2021—2035 年)》，指出要加强生态系统修复，将沿海生态系统的恢复列为重要项目，强调科技在生态系统恢复中的作用，要在基础研究、技术攻关、装备研制、标准规范编制等方面开展生态科学研究，这对海洋科技的发展方向提出了明确的要求，也推进了恢复海洋生态恢复作为海洋科技发展的动力。

总而言之，坚持"开发与保护"并重，走"人与海和谐"之路，是发展海洋经济的时代要求，也是向海经济建设的最终趋势。

(五)发展向海经济是广西海洋产业转型升级的需要

海洋产业相对于其他类型的产业来说更加绿色低碳，污染较少，能耗较低。在传统海洋产业和新兴海洋产业中融入高新科技元素，更有利于向海经济的打造，有利于实现经济可持续发展、高质量发展。例如，传统海洋产业中，发展"碳汇渔业"可以减缓水体的酸变化和气候变暖；在新兴海洋产业中，大力发展滨海旅游业、海洋医药业、现代海洋服务业以及附加值较高的海水养殖业等，能够促进海洋生态优势向海洋经济优势流动,有利于海洋经济的低碳化、高效化发展。

向海经济为培育经济新的增长点提供了更广阔、更有深度的发展空间。目前,全球海洋经济已形成海洋渔业、海洋运输、海洋油气和海洋旅游四大主业。我国海洋经济自 20 世纪末兴起以来,其发展速度始终高于同期国民经济的总体发展速度。伴随着城镇化速度的不断加快,到目前为止,经济发展的重点仍在转移到沿海地区。据统计,全球大约七成的大城市的人口和工业资本都集中在距海 100 千米以内的沿海地区上,求职者也更倾向于向发达的沿海城市寻求工作机会。

广西发展向海经济,是产业结构升级的重要途径。党的十八大报告提出建设海洋强国的战略目标,在土地资源开发日趋饱和的情况下,发展向海经济是减轻中国资源环境压力的重要选择。一方面,它可以促进新旧动能的转换,另一方面可以为供给侧结构性改革提供支撑,提高发展质量和效益。第一,将经济资源带向海洋,发展海洋经济,就会不断优化海洋产业结构,建立现代海洋产业体系。第二,新兴海洋产业的萌芽和新兴海洋服务业范围的扩大,能够为一国的海洋产业带来先发优势,刺激新的海洋产业产生和发展,为海洋经济带来更多的新鲜活力。第三,海洋资源的开发和利用,促进了对海洋生态环境保护工作的重视,激发了新一轮产业结构的改变。国家发展要利用海洋,开发海洋资源,让人们享受海洋带来的福祉;同时,更要保护海洋,打造海洋生态文明,积极将科技创新与绿色生态相结合,促进海洋科技产业化的发展。

第三节　广西向海经济发展现状

2020 年广西向海经济生产总值达 3910 亿元,比上年增长 5.9%。2021 年,广西以建设向海经济为目标,在建重大项目 352 个,总投资 1.89 万亿元,生产总值 4202 亿元,比去年同期增长 12.9%,占广西 GDP 的 17.0%。2017—2021 年,北部湾港港口货物吞吐量由 228 万标准箱提高到 601 万标准箱,年均增长 27.4%,西部陆海通道海铁联运班列由 178 条提高至 6117 条,增长近 33 倍。发运的产品数量从往年的 130 件提高到 600 多件,可以到达全球 106 个国家及地区的 311 个海港;渠道营商环境不断优化,2021 年广西口岸进口总体通关时间为 5.36

小时，出口总体通关时间为0.5小时，处在国内一流水准，竞争能力显著增加。总体来说，广西向海经济发展持续提速。

向海经济作为一种新型开放型经济发展模式，是围绕海洋而延伸的开放开发合作所开展的一切经济活动的总和，其范畴远大于海洋经济，不仅包括海洋经济，还包括为服务于海洋经济活动的其他经济形态。如沿海经济带经济、向海通道经济等。向海经济并不独立于其他部门经济或行业经济，而是在许多部门和行业一体化的基础上发展起来的，其经济活动覆盖了国民经济的三大产业。发展向海经济是由陆及海、以海带陆、强陆促海、陆海统筹的开放型经济。

发展向海经济，拓宽支柱产业势能新空间，是争取区域经济协调发展绝对优势的重要渠道。向海经济包含海洋经济、沿海经济带经济、向海通道经济，以海洋为方向和媒介，以向海产业为联结点，以当代港口和现代综合交通运输体系为支撑，具有陆海协同合作、江海联动、合作共赢的显著特点。其中涉及的海洋产业、临海临港产业、腹地向海产业、向海通道产业、对外贸易等，都能够列入向海经济产业。

向海经济具备陆海协同、江海联动、合作共赢的特点。就是把发展步伐从沿海地区转移到更深一层、更远一层的海洋空间，进阶海洋经济在全球各国社会经济发展中的影响力，逐渐适应海洋经济发展空间的新形势、新要求。向海经济的内涵远大于海洋经济，发展向海经济是快速释放海洋潜能、拓宽新发展前景的关键力量。向海经济的特征表明，它是多种产业类型或经济形式融合发展的外向型发展模式，如果要更全面地了解何为向海经济，那就需要在陆海统筹发展的视角下，全面考虑向海经济体系的发展范畴，即发展向海经济要把握四大关键点：陆域经济、海洋经济、临港经济与离岸经济。

一、陆域经济

陆域经济是向海经济的发展基础，支撑现代港口建设与布局，完善海洋交通运输网络，构建现代海洋体系的，实现陆域产业向海延伸、海洋经济转型升级以及对外贸易扩大，为向海经济高质量发展提供持续动力。向海经济的提出，实质是推动国民经济通过海洋实现全方位的对外开放格局，借助沿海地区海洋经济发展所形成的对外开放格局，推动陆域经济的外向发展，是陆域经济通海发展的重要体现。

陆域经济发展积累起来的产能和市场需求，为向海经济提供了良好的发展基础，主要体现在两个方面：一是转移内陆过剩产能。向海洋发展陆域经济可以在一定程度上扩大消费市场，促进经济生产能力向国际市场转移，缓解产能优势过剩问题。二是陆域经济的市场需求将加速生产要素向沿海地区的流入和聚集，为向海经济转型和现代化提供新的动力，完善现代海洋产业体系，促进海洋经济的发展壮大，同时也为陆域经济外向发展提供产业基础支撑，尤其是港口产业与海洋交通运输业。因此，在推进向海经济发展的进程中，要牢牢把握陆域经济的基础性地位，通过陆海资源要素流动逐步完善向海经济基础设施，为打造畅通无阻的陆海通道、实现陆海一体化发展提供雄厚的物资储备。

如图 5-1 所示，近五年来，广西陆域生产总值稳步上升，从具体数据来看，从 2017 年的 16413.68 亿元到 2021 年的 22971.8 亿元，5 年间增幅 39.80%，年均增长 8%左右，这充分说明广西陆域经济增长稳定，陆域经济发展已经具备自己的生产力水平以及技术水准，构成了广西发展向海经济的基础。

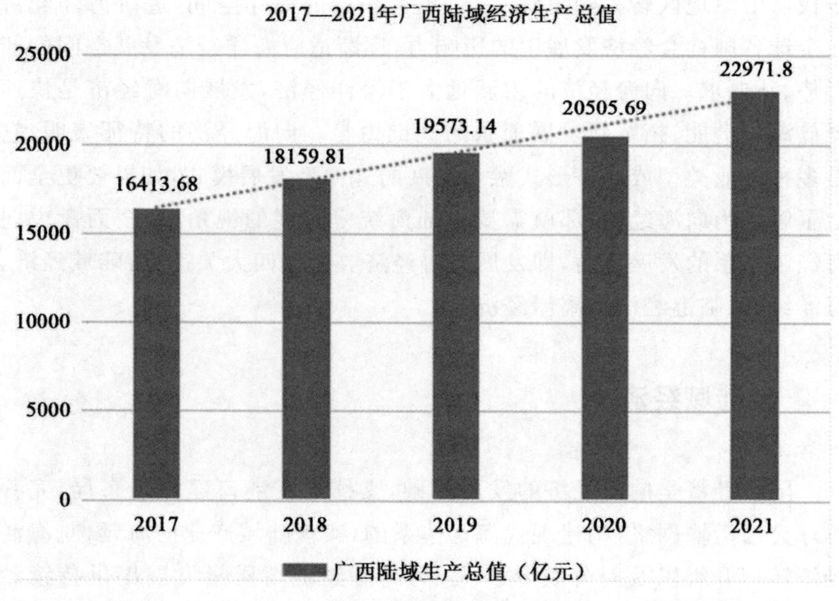

图 5-1　2017—2021 年广西陆域经济生产总值变化情况图

数据来源：《广西统计年鉴》、《广西海洋经济统计公报》

二、海洋经济

海洋经济是向海经济的重要依托，是陆域经济实现向海延伸、产业融合的重要载体。海洋科技创新能力不断增强，通过与陆域工业技术的传播、融合和创新，支撑向海经济高速高质量发展，现代港口和海运业的发展壮大，日趋构建起完善的陆域经济向海大通道，这为向海经济发展提供了强有力的硬件支撑。

在向海经济中，海洋经济的地位不同于陆域经济，海洋经济是影响向海经济对外开放深化、资源财富拓展、内陆通海发展的主要经济形态，向海经济能否满足陆域经济的外向发展需求与资源财富的拓展，依赖于海洋产业体系的完善程度与海洋经济发展水平的高低。

海洋经济本质是外向型经济，向海经济的提出将会扩大其外向属性，外向属性的增强依赖于海洋开发能力，取决于海洋技术创新。海洋经济成为推动向海经济发展的重要途径，影响向海经济的高效、高质、持续发展。同时，海洋产业是资源财富拓展的重要载体，海洋工程装备业、海洋生物医药业、深海油气业、海洋交通运输业、港口物流业等产业发展直接影响海洋资源开发程度。因此要坚持陆海统筹原则，推动陆海资源的空间集聚，促进海陆产业的高端融合，深入改造升级传统海洋产业，发展壮大海洋战略性新兴产业，完善现代海洋产业体系，提高海洋经济的综合服务功能，为陆域经济向海延伸提供产业基础。

海洋是人类赖以生存的空间，也是推动区域经济发展的重要资源，同时也是沿海地区发展全球经济的主要路径。随着能源和资源的逐渐短缺，海洋经济已经成为改善全球经济的新路径。全球经济的重心正逐渐向海洋靠拢。以海为媒介的市场和技术的合作越来越紧密。深入勘探海洋资源，促进海洋经济发展，已逐渐成为各国的发展趋势。广西作为连接中国与东盟的重要区域，应充分利用海洋资源，发挥海洋优势。

2021年，广西海洋经济呈现稳步增长的态势，海洋经济生产总值达1828.2亿元，总体较去年增长14.4％。从三次产业来看，第一产业增加值229.1亿元，占海洋经济生产总值的12.5％；第二产业增加值569亿元，占海洋经济生产总值的31.1％；第三产业增加值1030.1亿元，占海洋经济生产总值的56.4％，如图5-2所示。

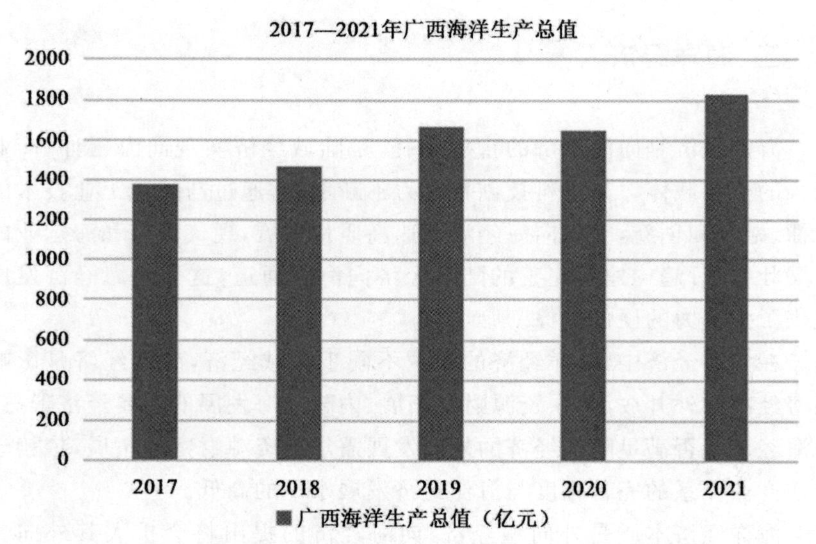

图 5-2　2017—2021 年广西海洋生产总值变化情况图

数据来源:《广西海洋经济统计公报》

近五年来,广西的海洋经济得到了充分的发展,在发展海洋经济和推动海洋产业等方面取得了巨大的成就,海洋经济成为广西海洋经济的重要组成部分。海洋经济已经成为广西经济发展的重要支柱,第三产业对广西海洋经济的增长作出了巨大贡献。

根据图 5-3,近五年来,广西三次海洋产业结构呈现出典型的“三二一”格局。从具体数据来看,2021 年广西海洋第三产业比重占绝对优势,比例达 56.4%;其次为第二产业,占 31.1%;第一产业比重最小,仅为 12.5%。从 2017—2021 年的数据来看,广西海洋三次产业分别保持稳定增长的态势,第三产业相对于第一、二产业来说增加值大幅增长,这充分说明,近几年来,广西海洋经济第三产业已经得到一定的重视,广西的海洋产业结构得到进一步调整。

根据产业结构演进的一般规律,随着社会经济的发展,第一产业所占比重比较稳定,第二产业所占比重趋于稳定并最终下降,第三产业所占比重应达到逐渐上升。根据表 5-1 数据可知,2017—2021 年广西三次海洋产业产值增长迅速,三次产业间比例变动较大的是第二、三产业。五年来,海洋第一产业比例稳中有降,由 15.2%下降为 12.5%;海洋第二产业 2017—2019 年持续下降,从 33.4%下降到 29.9%,但 2020、2021

两年出现略有回升，由 30.7%上升为 31.1%。海洋第三产业比例持续上升，在三次产业中主导地位更为显著，由 51.4%上升为 56.4%。2017—2021 年，广西三次海洋产业结构一直较为稳定呈现"三二一"的格局。

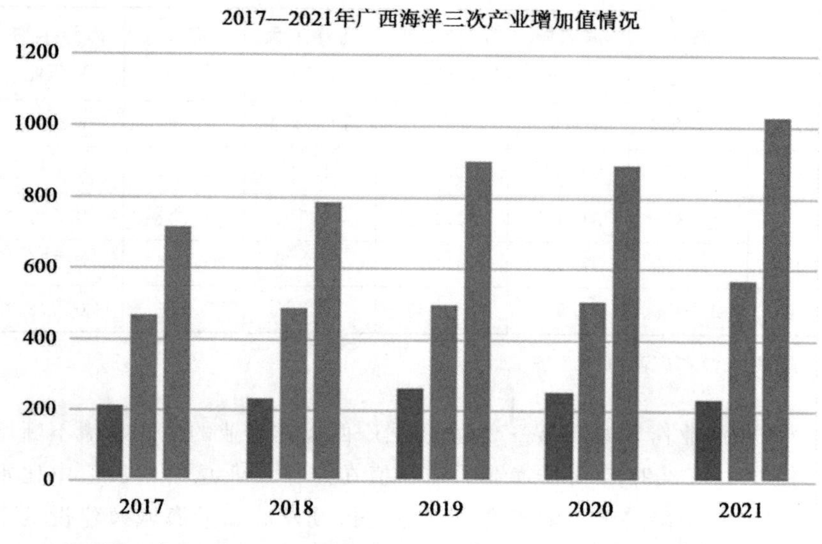

图 5-3　2017—2021 年广西海洋三次产业增加值情况图

数据来源：《广西海洋经济统计公报》

表 5-1　2017—2021 年广西海洋三次产业结构产值一览表

单位：亿元

指标 年份	海洋第一产业	海洋第二产业	海洋第三产业	三次产业比值	产业结构类型
2017	212	466	716	15.2∶33.4∶51.4	三二一
2018	230	487	786	15.3∶32.4∶52.3	三二一
2019	263	498	903	15.8∶29.9∶54.3	三二一
2020	251	507	895	15.2∶30.7∶54.1	三二一
2021	229	569	1030	12.5∶31.1∶56.4	三二一

数据来源：《广西海洋经济统计公报》

根据表 5-1 可以看出，广西的三次海洋产业 2017—2021 年的产出水平，在此分析五年来广西海洋经济的六个主要海洋产业增加值在三次海洋增加值中的比重变动情况，具体如表 5-2 所示。

表 5-2 2017—2021 年广西主要海洋产业占比变动情况一览表

指标 年份	海洋 渔业	滨海旅 游业	海洋交通 运输业	海洋工程 建筑业	海洋 化工业	海洋生物 医药业
2017	31.23%	20.77%	30.14%	14.94%	1.9%	0.27%
2018	31.3%	22.5%	29.4%	14.5%	1.7%	0.2%
2019	32.3%	31.4%	21.2%	12.5%	1.3%	0.5%
2020	31.4%	27.4%	24.2%	14.0%	1.4%	0.5%
2021	25.8%	28.5%	28.0%	14.3%	1.6%	0.5%

数据来源：《广西海洋经济统计公报》

海洋渔业作为海洋第一产业，虽然广西海洋渔业的生产总值不断增加，但 2017—2021 年海洋渔业的增加值在海洋产业总的增加值中比重整体来看呈下降趋势。随着海洋渔业的持续发展和沿海城镇建设的不断推进，近年来，广西着力建设沿海渔港群，推进渔港转型升级，建设科学规范的高质量渔港。

海洋第二产业包括海洋化工业、海洋生物医药业和海洋工程建筑业等，总体来说，广西的海洋第二产业增加值在海洋产业总增加值中占比呈下降趋势，但是分别来看海洋工程建筑业、海洋化工业、海洋生物医药业，这三个海洋产业的变化趋势不尽相同。海洋工程建筑业的比重从 14.94%持续降至 14.0%；海洋化工业比重波动下降，从 1.9%降至 1.6%；海洋生物医药业比重逐渐从 0.27%上升至 0.5%。近年来广西不断推动西部陆海新通道的建设，完善陆运河运等交通运输体系，推进与东盟及世界各地的沟通连接，为海洋交通运输业、海洋工程建筑业、海洋化工业、海洋生物医药业等行业发展创造了有利条件。

海洋第三产业包括海洋交通运输业、滨海旅游业等。根据表 5-2 可知，滨海旅游业的增加值在海洋产业总的增加值中比重从 20.77%持续上升至 28.5%，已经逐渐成为整个海洋产业增加值中的第二大主要来源；海洋交通运输业自 2017—2021 年增加值比重呈现出一个非常缓慢的下降趋势，从30.14%下降至28.0%。近五年来，广西借助其生态优势，打造海洋特色旅游胜地，为全区带来相当可观的经济效益，促进了全区海洋交通运输业、海洋旅游业等产业的发展。

从广西全区的主要海洋产业的变化趋势来看，海洋渔业、海洋交通运输业、海洋工程建筑业等发展逐渐减缓，滨海旅游业等发展迅速，即广西海洋经济的主导海洋产业以第三产为主，并不断从第一、二产业向第三产业转移。

海洋科技的创新是促使海洋产业结构调整的关键动力，也是推动海洋经济增长和新旧动能转化的核心所在。创新是发展的第一动力，发展海洋科技，着力推动海洋科技向创新引领转变，以科技进步打破制约海洋经济发展的技术瓶颈，要靠创新。围绕深海、绿色、安全等领域进行海洋高新技术的突破，以推进海洋经济转型过程中的核心技术的研究开发为重点，做好海洋科技创新总体规划。

三、临港经济

临港经济在新一轮对外开放中发挥着重要作用，是陆域经济向海延展的重要渠道，是协调陆地经济与海洋经济一体化发展的重要支撑，是有效衔接陆上丝绸之路与海上丝绸之路的重要节点，是实现陆海经济互联互通重要纽带，也是向海经济的战略支点，还是连接陆域经济与临海经济的关键纽带，在外向型经济中扮演着重要的角色，“一带一路”战略的实施更加凸显了临港经济的重要地位。要充分发挥临港经济的支点、纽带作用，重点打造智慧港口与绿色港口，完善港口基础设施，持续提高港口综合服务能力，优化港口发展模式，推动港口发展向资源集约型、环境友好型转变；同时通过港口资源整合，合理布局港口建设，集合区域优势资源塑造定位清晰、分工明确、错位互补、竞争有序的港口群，同时积极推动集码头泊位规模化、布局网络化、腹地协同化、技术结构高新化、功能结构基地化等特征为一体的第四代港口建设，打造具有国际影响力的规模化大港，为陆域经济的向海拓展提供有力的基础支撑。另外，陆域经济“走出去”会加速推进港口建设，扩大港口经济腹地与货物来源，提高港口国际竞争力。在实现港口自我发展的同时，会拉动陆域经济与海洋经济的转型发展，实现多方共赢。

广西北部湾港口依靠各种规模和功能的港口若干，集中分布在五湾十三区。目前具备一定规模的重点港口有防城港、北海港和钦州港三大港口。这三大港口已经能具备进一步发展现代物流业的硬件要求，着重发展供应链物流、跨境物流、保税物流，可以引导港口相对应物流产业建设，逐步构建货物运输、产品配送、保税仓储与信息处理能力完备的国际货运供应链体系。进阶多元化服务能力，完善配套服务设施，推进广西北部湾口岸物流集群化发展，聚焦聚力打造面向东盟、辐射西南乃至全国的区域仓储物流中心。着重规划广西钦州保税港区、北海出口加工区、北海铁山港区临海工业园仓储物流中心、防城港港区物流中心、广西防城港保税物流中心、防城港东湾物流加工等 6 个大型综合物流园区。

最近几年，广西沿海港口经济发展颇为迅速，防城港、钦州港、北海港三个港口的联合发展布局初步形成。2014 年，北部湾三个港区关键码头泊位等资产总体挂牌，更有利于达成了广西北部湾港区整体规划设计、统一建设开发、统一开发和运营。截至 2017 年 1 月末，北部湾港掌握和管理 83 个泊位，其中生产性泊位 79 个，万吨级以上泊位 61 个，10 万吨级以上泊位 24 个，20 万吨级以上泊位 2 个。货物吞吐量高于 2 亿吨，年海运集装箱货物吞吐量 468 万标准箱。

近年来，北部湾港货物吞吐量由 2017 年的 21855 万吨增长至 2021 年的 35822 万吨，五年间增幅 63.90%，其间年均增长率为 12.78%。北部湾港集装箱吞吐量由 2017 年的 227.87 万 TEU 增长至 2021 年的 601.19 万 TEU，五年间增幅 163.83%，其间年均增长率为 32.77%，高于全港货物吞吐量年均增速。其中钦州港在西南地区优势明显，它的出海距离很短而且拥有最好的出行通道。

表 5-3　2017—2021 年广西北部湾港口吞吐量年累计总量表

单位：万吨

年份 地区	2017	2018	2019	2020	2021
广西北部湾港	21855	23985	25568	29567	35822
其中：集装箱（万 TEU）	227.87	290.14	382.04	505.16	601.19

数据来源：广西壮族自治区北部湾经济区规划建设管理办公室—广西北部湾经济区 2017—2021 年年报

2021 年,钦州港完成港口货物吞吐量 16699 万吨,外贸吞吐量 5370 万吨,集装箱吞吐量完成 601 万标箱,在全国的港口吞吐量中增速排名第一。北海港的主要业务是集装箱、散货和码头人员的运输,是连接国内外贸易的综合枢纽。2021 年,北海港作业区完成吞吐量 4323 万吨;集装箱吞吐量 61.38 万吨;外贸货物吞吐量 1482.74 万吨,同比增长 8.26%。其中防城港是西部沿海地区最大的港口,装卸货物功能完整。截至 2021 年,防城港港口吞吐量完成货物吞吐量 14800 万吨,同比增长 21.49%;集装箱完成 77.1 万吨,是集装箱吞吐量最大的港口。

北部湾经济区是西部地区的唯一沿海区域,陆海交通便利,处于华南、西南、东盟三大经济区的交点,区位优势和战略地位明显。

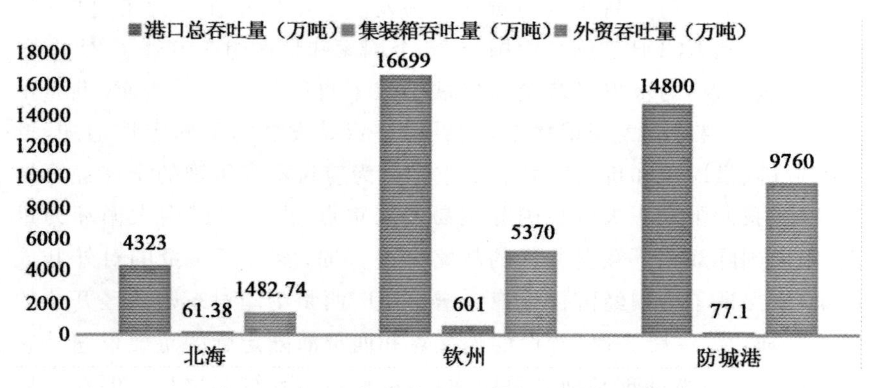

图 5-4　2021 年北部湾三港吞吐量一览图

数据来源:广西壮族自治区北部湾经济区规划建设管理办公室网站

2009 年 3 月,广西将北部湾经济区内的北海港、钦州港、防城港三个港口合并成一个北部湾港。数据表明,三港合并收效甚好,2009 年港口货物吞吐量 6016 万吨,比上年同期增长 25.39%。然而,从那时起,由于进口量的迅速增加,北部湾港口开始出现许多问题。由于配送体系不完善,早期货物对铁路运输的过度依赖,港口组织管理信息化水平不高,北部湾港口货物压力非常严重,船舶有时甚至漂在海中,货物无法装卸。第一,北部湾经济区发展受限,硬件结构失衡,软件未调优,陆网不通。第二,北部湾港以运输为代表的配送网络的发展,因货量大幅增加、港口自身不完善、港口大宗货物囤积等问题而存在问题。大型特种深水码头和集装箱中转能力不足以满足大型船舶发展的要求。第三,完成货物的装卸需要许多大型船只的转运，这增加了货物和船只的延迟，大大降低了港口的效率。第四，北部湾港的功能还是停留在较为基础的装卸、仓储、运输等方面，而无法提供理想的物流服务、物流规划，以及精细的组织管理。第五是港口、航运、物流、铁路等相关部门的配合协调度较低，因此工作效率也不高。

四、离岸经济

随着经济全球化、区域经济一体化以及生产和资本国际化进程的加快，一个国家或地区参与国际分工的程度越深，其经济与世界经济的距离就越近，就越需要高质量的对外贸易发展。中国正在大力推进"一带一路"建设和 RCEP 实施。中国与 26 个国家和地区组织签署了 21 个自由贸易区协议，为世界经济贸易发展贡献了自己的力量。然而，世界正处于百年不遇的重大变革之中，世界经济贸易发展的不确定性增加，世界产业链、供应链和价值链必然要重构。为应付不容乐观的全球经贸局势变化，我们国家积极调整国际贸易发展重点，提出以国内大循环为重点，国内国际双循环互促共进的战略发展方向，实行高质量的对外开放政策，得保证了中国经济持续稳定增长。广西是中国对东盟地区开放的核心阵地，是"一带一路"建设的连接点和西部海陆走廊的重要枢纽。它有其独有的自然地理和地方政策优势，进出口贸易继续增长。但在世界经济贸易形势不明朗的状况下，外贸规模发展和增速进一步增加均承受不同程度的效果。

离岸经济是指一种经济外向型，其中之一就是对出口的依赖，即出口依存度。离岸经济主要包括离岸贸易和离岸金融。

(一)广西离岸贸易发展概况

1. 出口依存度

出口依存度是指一国在一定时期出口贸易额在该国的国民生产总值中占的比重。一国出口依存度的大小说明该国经济对出口贸易依赖程度的大小。它反映了一个国家在一定时期内新创造的商品和服务总价值中有多少是出口到国外的，也反映了一个国家的国民经济活动与世界经济活动的联系程度。出口依存度越高，说明该国国民经济活动对世界经济的依赖程度越高。分析近几年广西对外贸易出口额的变化对广西出口与经济增长的关系作初步了解。从表5-4可以看出，2012—2021年广西出口贸易占区域GDP的比重从8.60%上升到11.90%，总体呈现稳步上升趋势。2013—2014年广西出口贸易比重上升近2个百分点，得益于"一带一路倡议"，极大地促进了广西出口贸易的发展。然而，2016年广西出口贸易占比下降了2个百分点，广西出口占比自2017年以来持续保持稳步上升态势。随着中国(广西)自由贸易试验区于2019年正式开放，广西的出口贸易得到进一步发展，并与全球经济的联系越来越紧密。同时，通过计算可以看出，2020年广西出口量约为2012年的三倍，广西整体出口量有了显著增长，2021年相比2020年出口额和生产总值都有上升，但出口贸易占区域GDP稍有回落。

表5-4　2012—2021年广西出口贸易与生产总值数据表①

单位:亿元

年份	2012	2013	2014	2015	2016	2017	2018	2019	2020	2021
E	972.27	1139.81	1494.71	1739.86	1523.83	1855.20	2175.52	2597.15	2707.50	2939.1
G	11303.55	12448.36	13587.82	14797.80	16116.55	17790.68	19627.81	21237.14	22156.69	24700
E/G	8.60%	9.16%	11.0%	11.76%	9.46%	10.43%	11.08%	12.23%	12.22%	11.90%

数据来源:《广西统计年鉴》

2. 出口商品结构

出口商品结构是判断一个国家或地域经济社会发展水平、整体技术水平和产业结构的关键指标。一个国家或地域主要出口高新科技产业产品，可以看出该国家或地域经济发展程度和整体技术水平相对较高，产业结构趋近重化工业，出口商品富有竞争力。反过来，出口产品的整体竞争力相对比较弱。如表5-5所示，除2016年外，2012—2021年广西技术密集型产品出口总量基本呈逐年上升趋势。其中，机电产品出口占广西商品出口的34.1%～44.1%。与其他产品相比，机电产品出口贡献最大。高新技术产品出口规模虽小，但逐年快速增长，2019年高新技

① 表中E代表广西出口总额;G代表广西生产总值;E/G代表广西出口依存度。

术产品出口占广西商品出口的比重从2012年的10.3%上升到近20%，到了2021年，为促进加工贸易高质量发展，广西实施“加工贸易＋”计划，推动加工贸易向技术密集型产业转型升级，高科技产品出口金额达到了131.1亿美元，占出口总额比重的31.4%，这表明，广西施行供给侧结构性改革，促进产业结构升级取得显著成效，外贸新的增长动力进一步显露出来，出口商品结构更进一步改善和提高。

表5-5　2012—2021年广西数据技术密集型产品出口情况表

单位：亿美元

年份	出口总额	机电产品		高科技产品	
		出口金额	占出口总额比重(%)	出口金额	占出口总额比重(%)
2012	154.68	58.23	37.6	15.94	10.3
2013	186.95	74.10	39.6	19.40	10.4
2014	243.30	107.40	44.1	28.78	11.8
2015	280.26	110.25	39.3	36.98	13.2
2016	230.29	78.07	33.9	30.57	13.3
2017	274.56	111.43	40.6	43.28	15.8
2018	327.99	134.69	41.1	60.72	18.5
2019	391.62	149.14	38.1	75.80	19.4
2020	392.52	133.86	34.1	59.35	15.1
2021	434.79	258.06	59.4	131.14	30.2

数据来源：广西商务厅对外贸易数据

3. 国际市场占有率

商品全球所占市场份额越高，外贸竞争实力越强；反之，外贸竞争能力越弱。鉴于广西出口总额较小，占全世界出口总额的比重不高，本节着重考察广西出口总额占全国出口总额的比重和31个省市的整体排名，粗略估计广西外贸业务竞争力水平。从表5-6可以看得出来，广西出口总额在全国出口总额中的所占的比例和综合实力排名逐年上升，但增幅不是很大。广西出口总额占全国出口总额的所占的比重相对低，为

0.76％至1.67％。广西出口总值在全国出口总值中位列中游，在15～19位，过去十年几乎没有变化。这表明广西出口商品的国际竞争力处于中、低水平，并呈现出逐步提高的微弱态势。

表 5-6 2012—2021 年广西出口商品占全国出口总额的比重和排名表

单位：亿美元

年份	2012	2013	2014	2015	2016	2017	2018	2019	2020	2021
出口总额	154.68	186.95	243.30	280.26	230.29	274.56	327.99	377.41	391.76	434.79
出口总额全国占比（％）	0.76	0.85	1.04	1.23	1.10	1.21	1.32	1.57	1.51	1.67
出口总额全国排位	19	18	17	17	17	17	17	15	15	18

数据来源：《广西统计年鉴》

4. 主要出口贸易方式

从表5-7中可以看出，2012—2021年广西出口贸易基本为一般贸易、边境小额贸易和加工贸易三大类。2017—2018年是广西出口贸易的一个关键增长点，一般贸易和加工贸易成倍增长，边境小额贸易也增幅较大。一方面是由于“一带一路”倡议的积极推动作用；另一方面，得益于以珠江—西江为主要设施的广西区域发展和“双核驱动”战略的出台，大大促进了广西出口贸易的发展。除2016年各类贸易大幅下降外，广西各类出口贸易总体呈上升趋势，特别是一般贸易增长最快，与其他贸易类型的差距逐渐拉大。

表 5-7　广西主要出口贸易方式一览表

单位：亿元

年份	2012	2013	2014	2015	2016	2017	2018	2019	2020	2021
一般贸易	30.6	253.64	338.7	342.79	256.66	539.37	1380.8	1656.6	1522.7	1847.2
加工贸易	16.32	142.80	304.77	387.40	306.61	428.03	915.6	812.7	939.0	1140.0
边境小额贸易	49.64	462.40	952.61	1107.24	681.01	799.02	1076.2	1090.8	1125.6	1071.6

数据来源：广西壮族自治区商务厅对外贸易数据

（二）广西离岸金融发展概况

离岸金融业务是指商业银行吸收非居民资金，为非居民提供相关服务的金融活动。非居民具体详细是指自然人、法人涵括在境外注册的中资公司、政府机构、国际机构和其他位处中国境外范围涵盖港澳台地区的经济性组织，其中包括中国各类金融机构的境外注册设立分支机构，但不涵盖境外代表相关部门和境内相关机构办事处。中国离岸金融业务肇始 1989 年，招商银行、中国工商银行深圳分行、中国农业银行深圳分行、深圳发展银行、广东发展银行先后获批在中国相继开展离岸金融业务先行试点。1998 年，受亚洲金融风暴和中国金融政策调整的效果，同时初创银行自身经营管理的效果不是很好，离岸银行资产质量迅速下降，不良资产率明显慢慢上升。1999 年初，中国人民银行最后决定暂时停止办理境外资产相关业务。2002 年 6 月，中国人民银行审核同意招商银行和深圳发展银行全方位覆盖恢复离岸银行业务。与此同时，交通银行总行和浦发银行总行也得到许可在上海设立离岸银行，在深圳和上海重新开办离岸银行。目前，中国人民银行仅向这四家商业银行授予离岸银行业务牌照，并依据之前试点的具体的标准来进行符合自身的部门管理。从中外自由贸易区或自由贸易港口的发展模式来看，金融开放无疑已成为最具活力的发动机。在众多的金融开放政策中，离岸经济是最引人注目的积极措施。

广西企业在东盟各国的跨境金融和投资是进一步发展离岸金融业务的关键经济支撑。在跨境贸易相关方面，最近几年，广西外贸进出口总额一直保持相对较快增长态势，对东盟国家进出口贸易占比较高。2020年，广西外贸进出口总额703.8亿美元，出口总值391.8亿美元，进口总值312亿美元。其中，广西对东盟国家出口222.2亿美元，占所在的区域出口总值的56.7%，主要贸易方式进出口快速增长。一般贸易、加工贸易和边境小额贸易分别为人民币710.8亿元、人民币499.4亿元和人民币1098.2亿元。在跨国投资方面，2020年广西实际利用外商直接投资13.17亿美元，连续多年增长。与此同时，广西企业海外投资也实现了快速增长。

离岸金融业务是一种后续金融服务，具有“内外部分离、两端向外”的特点，对中国企业国际化和国际银行本土化都存在一定的有利影响。为了服务离岸企业的资金存放、转移、贸易和对外投资等业务需求，基础的离岸业务便包含了存款、结算、贸易融资和海外信贷，为离岸企业提供良好的金融服务支持。

离岸企业不是那么容易直接获得外资金融机构的银行贷款支持，而这个问题一般能够依靠国内银行的外汇业务来解决问题。譬如，招商银行近期推出了“离岸联动”综合服务体系，境外子公司在银行开立离岸账户，境内控股公司将指定可用资金转存境内银行账户或对其作出资产担保，银行可在境外连带担保责任；能满足外部担保的前提条件，公司给予贷款，更有利于达成境内账户与境外账户的联动配合。

公司也能随时随刻以任何形式同时进行账户管理和资金实时调度远程监控，一定程度冲破物理局域网络和时间空间的限制。以招商银行在天津东疆保税港区给予的离岸金融服务为例，离岸金融服务可涵括“离岸结算及贸易融资服务”“离岸综合信贷业务”“离岸与境内联动模式”“多元化服务”和“全球范围现金集中综合服务”，离岸人民币存贷款，组织和参加全球融资业务，提供担保和见证服务，全面提供外汇投资、跨行汇款、信用证等跨境结算服务，代收银行保函，全面提供航运投融资服务，全面提供进口和出口凭证、汇款融资、保理业务、信用担保融资等商品贸易链投融资服务。

离岸金融业务与广西企业在东盟地区的跨境双边贸易具有高度的匹配性。一是广西企业跨境交易投资逐步确立的经济实体均为非居民，与境外银行都具备完全一样的对象；企业只规定必需各种可自由直接兑换的外国货币和以外国货币为基础的融资服务。供需关系两者之间存在很明显的匹配。接下来，从境内银行等金融机构取得融资担保也方便了许多，因为境内企业进行离岸贸易和投资，绝大多数状况与境内商业银行搭建稳定持续的信用关系。

表 5-8　2016—2020 年广西社会融资规模增量及相关指标统计表

单位：亿元

指标	2016	2017	2018	2019	2020
非金融企业境内股票融资	148.2	7.7	37.5	50.63	28
社会融资规模增量	2616.87	3421.38	4172.32	5483.5	7089
企业债券	197.82	33.85	160.69	216.5	799
人民币贷款	2529.09	2594.36	3330.53	3714.39	4748
外币贷款折合人民币	－30.14	－5.69	－8.64	－28.69	17
委托贷款	199.94	265.87	－187.58	－98.62	－4
未贴现银行承兑汇票	－610.04	434.47	－16.91	402.99	116

数据来源：《广西统计年鉴》

现在，广西商业银行处于商业国际化程度较低且海外分行较少的阶段，国际开发还没有充分进行。由于海外机构的网络相对有限，本地商业银行可以通过参与境外金融服务的发展和国际市场竞争，为进入国际金融市场提供低成本的有效途径，为间接利用外资开辟了一条重要渠道。所以，作为广西商业银行国际化发展的重要阶段，采取境外金融业务的策略在加速该地区商业银行国际化发展方面起着重要作用。为“走出去”企业提供后续金融服务是现阶段广西北部湾经济区商业银行的最佳选择之一，也是促进广西企业跨国经营的客观需要。

《广西北部湾经济区发展规划》为发展离岸金融业务营造了有利的政策优势。《广西北部湾经济区发展规划》的批准实施，这使得广西北部湾经济区的开放和发展成为国家战略和重要的国际和区域经济合作区，享有国家特殊政策的倾斜。《规划》明确提出建设南宁区域金融中心，形成现代金融服务体系，建设包含金融等综合性、专业性信息的中国—东盟区域国际信息交流服务中心。离岸金融业务的发展，正助力南宁区域性国际金融中心的形成。从广西北部湾经济区的实际情况来看，考虑到金融业的集聚效应和规模经济效应，在金融业不发达的情况下，金融业处于离岸金融市场发展的早期阶段，为使新获批的境外金融业务得到完全发展，中国和外国银行将集中在特定地区，逐步建立市场并尽力提升知名度和影响力，同时应该注重客户的积累。另外，为了尽量规避新旧金融体系摩擦带来的金融风险，可以采取金融机构定点监管的措施。

广西金融机构的离岸金融业务得以发展，得益于广西与东盟长久持续的经贸往来。另外，活跃的贸易和投资活动增加了融资需求，为离岸存款和离岸金融业务提供了最基本的离岸贷款来源；同时，随着贸易和投资的深入发展，越来越多的跨国公司将对离岸联动金融服务产生了需求，这将推动离岸金融业务的更高层次的创新，北部湾地区对中国—东盟自由贸易区离岸金融业务拥有良好的发展前景。

广西的经济实力还没有达到很高的水平，离岸金融业务的发展还处于初始阶段。面对困难和挑战，根据不同区域因地制宜发展离岸金融业务是关键所在。面对中国的东盟自由贸易圈，发展海外金融业务是广西本土金融机构国际化的重要特征。广西北部湾经济区将牢牢抓住中国东盟自由贸易区最重要的区域特性，并且面向东盟的广大地区，在经济上扩大交易交换过程中，依靠多层次广泛的开放模式，努力优化中国—东盟自由贸易区企业的国际金融服务，为弥补经济实力差距采取差别化路径。

第四节　广西向海经济发展面临的机遇与挑战

十九大报告指出，要坚持陆海统筹，加快建设海洋强国。全面构建现代化的向海经济体系是进一步加大开放开发，坚持陆海统筹，建设海洋强国的重要内容。

一、广西发展向海经济的优势与机遇

(一)广西发展向海经济的优势

1. 区位优势

广西是位于中国沿海的西南唯一的沿海省份,海岸线曲折绵长,达到1629千米。广西背靠大西南,坐拥北部湾,面向东南亚,具备与陆海丝绸之路衔接的绝佳条件,拥有独特的区位优势,被赋予"三大定位"的历史使命,北部湾港是西南中南地区最近的出海口,是中国本土距离马六甲海峡最近的港口,更是连接东盟47个港口的海上窗口。

2. 生态优势

广西沿海地区属亚热带季风气候,气温高,日照充足,雨量充沛,这是发展热带农业的理想场所。海岸线蜿蜒曲折,港口与水路相交,铁路与港口联运逐步扩大,港口建设状况良好。北部湾地区拥有丰富的石油、天然气、矿产、海洋能源和生物资源,为沿海产业和资源转移提供了良好的条件。海滩平坦,海滩洁白,水温良好,波浪平缓,是一个优良的天然海滩。广西高度重视生态工程建设,环境质量常年位居全国前列,"长寿之乡"的称号闻名遐迩。空气质量优良天数比例几乎接近95%,森林覆盖率高达六成以上,植被生态质量和植被生态改善居全国首位。同时,广西近岸海域水质优良,是中国第二大最优良海域的地区。丰富的自然资源和美丽的生态环境是广西参加海洋开发的主要优势。

3. 资源优势

广西海岸线长度1629千米,滩涂面积达到833平方千米,海岸线曲折绵长,拥有富饶的港口,是优良的自然屏障,有多种多样的海洋生物资源和丰富的海洋矿物资源。它有三个典型的海洋自然生态:红树林、珊瑚礁和海草床。拥有12.93平方千米面积的北部湾,是中国赫赫有名的渔场,更是全球海洋水产生物的聚宝盆,北部湾有600多种鱼类、200多种虾、近 50 种头足类、190 多种蟹类、300 多种植物浮游生物和 200 多种动物浮游生物，还包含中华白海豚、儒艮等国家保护动物，举世闻名的合浦珍珠也产于这一带海域。另外，广西拥有中国最大的锡和有色金属储量，尤其是中国十大有色金属生产基地之一。在自治区发现的 168 种矿物中，有 128 种已被确认，约占全国特定资源的 79%。

4. 文化优势

京族自明代以来一直生活在广西沿海地区，主要生活在广西的澫尾、巫头、山心这三个岛屿，京族是中国少数民族中唯一生活在海边的民族。京族人发展了农业、鱼类加工业和人工养殖珍珠、海马等养殖业，属沿海渔业与农耕混合的经济文化类型。

（二）广西发展向海经济的机遇

1. 海洋强国战略的实施

21 世纪被誉为“海洋世纪”，走向海洋是成为世界强国的必由之路。海洋强国战略和 21 世纪海上丝绸之路的实施，客观上为广西向海经济发展提供了良好的宏观环境。在新的经济条件下，海洋综合开发的形式是可持续的，即以科技创新为动力的服务贸易将成为中国海洋经济转型和现代化的重要起点。海洋强国战略下一系列支持海洋发展的政策措施为广西建设现代综合海洋产业体系提供了良好的外部环境。

2. 中国—东盟自由贸易区建设发展日益深化

2010 年，中国—东盟自由贸易区正式开放，标志着中国与东盟十国的合作更加深了一步，广西海洋经济支柱产业在开放中实现合作共赢。其中，第十二届中国—东盟博览会以“共建 21 世纪海上丝绸之路——构建海上合作美好蓝图”为主题，有效促进了广西与东盟国家的政治交流、投资融资、跨境交易畅通和金融服务便利。

近年来，中国—东盟自由贸易区建设与“一带一路”有机衔接初见成效，广西在电子海关、跨境投资、口岸合作、跨境海滨旅游、民间文化交流等方面取得了快速的进步和显著的成绩。

3. 北部湾经济区开放开发

一方面,国家和自治区高度重视广西沿海地区的发展,将北部湾经济区整合为物流基地、贸易基地、加工基地、制造基地和信息交流中心,促进东盟在中国的开放与合作,将北部湾经济区发展成为重要的国际区域、经济合作区和沿海经济发展的新支柱,作为“富强广西”海洋经济发展战略的重要组成部分。另一方面,在全国范围内实施新型城镇化和西部大开发,充分发挥北部湾城市群政策的作用,与周边地区合作,承接产业转移,为向海经济提供强大动力。

广西北部湾经济区主要以四个沿海城市为基础推进大发展:南宁、北海、钦州、防城港,各城市定位明确。南宁以发展高新技术产业、金融、会展、物流等现代服务业为重点,发挥省会和中心城市的作用,成为中国与东盟合作的区域性国际城市和信息交流中心;北海重点发展电子信息、石化等沿海产业,积极发展海洋生物医药产业;防城港重点发展钢铁、核电等港口产业;钦州注重发展海洋工程、机械工程等现代港口产业,积极发展港口服务业。

4. RCEP 正式生效

2021 年 10 月,广西壮族自治区政府制定出台了《广西对接 RCEP 经贸新规则若干措施》,意图借力 RCEP,推动广西深度融入国内国际双循环的新发展格局。2022 年 1 月 1 日,RCEP 正式生效,为广西全方位多层次扩大对外开放,带来了新的契机。RCEP 的有效实施得益于关税削减、贸易和投资壁垒的消除、区域原产地积累制度、统一的经贸新规则和新的市场机遇。2022 年 5 月,广西壮族自治区政府印发《广西高质量实施 RCEP 行动方案(2022—2025 年)》。

近年来,国际产业合作日益加强,国外采购在供应链中的地位和趋势日益明显。广西地处 RCEP 覆盖区域的中心,是最适合区域和全球产业转移的转移地。要抓住这一机遇,广西必须要建设 RCEP 产业重组的生产要素配置基地、建设 RCEP 产业化网络平台、拓展中国—东盟博览会面向 RCEP 的出口服务功能。为了确保广西融入 RCEP 区域产业链的新节点,广西需要扩大中国—东盟的出口功能,吸引资源和产业集聚。

二、广西发展向海经济的威胁与挑战

（一）海洋经济发展水平较低

广西的自然资源优势和文化效益在沿海地区最为突出，而近年来海洋经济的发展尤为突出，但仍远远落后于国内其他的发达沿海省市。航运业发展速度放缓，主导产业在国内竞争中落后，仅海水养殖产值和海洋旅游业具有较高的产值，严重阻碍了产业结构调整。

（二）海洋经济发展瓶颈问题较突出

虽然广西海洋经济结构已经优化，但仍有很大的改善空间。在广西海洋经济的整体结构中，第一产业所占比重仍然较大，第二产业所占比重相对较小。特别是由于国际经济的发展趋势和国内劳动力价格的上涨，港口吞吐量停滞不前的行业之间没有联系，没有完整产业服务体系。沿海城市的产业认同和重复建设问题十分突出。科技投入不足，海上风力发电、潮汐发电、海洋生物医药、海洋生物技术等高新技术产业尚处于起步阶段，海洋金融信息产业基础设施建设和维护缓慢，抵御潮汐等自然灾害的能力不强。

（三）科教发展先天不足

近年来，随着海洋经济的发展，广西海洋科教事业逐步建立。广西海事高等教育和中等职业教育基本处于起步阶段。以广西大学为例，其海洋学院2016年首次招生，积极从事海洋研究开发的机构、人才和项目数量落后，与国际海洋学会沟通不畅，海洋高科技研究开发项目支持困难，社会培训设施空置。

（四）发展向海经济的外部综合环境复杂

当前广西向海经济面临的重大挑战已经逐步向海洋安全问题转化。在世界海权纷争频繁发生的大背景下，南海海权和中国海洋范围界定等问题已经严重阻碍了广西发展向海经济和海洋产业的转型升级。另外，由于广西过快的追求工业发展，造成了海洋经济增长单一、不可循环、海洋污染严重等严峻挑战，同时又由于不合理的工业化、城市化速度，使广西面临着海水养殖区域水产数目锐减的瓶颈。

(五)临港产业发展与广东、海南等沿海省份存在同质化竞争

由于海洋渔业、钢铁及其他产业集中于广东省及海南省，故三省所提供的许多产品及服务存在过度竞争。近年来，广西先后引进了 CGN 钦州发电项目、防城港核电项目等一批高质量的大型项目，但是缺乏对企业生产个性化的产品、树立独立的品牌等方面的考虑，不免在人力资源、资金、成本上造成了一定浪费。以钢铁项目为例，2012 年 5 月，国家发展和改革委员会批准建设 WISCO 防城港项目和宝钢湛江项目。这两个项目的产品结构相似，目标市场重叠，距离相近。

第六章　广西海洋产业发展概况

第一节　广西海洋产业发展的总体规模与主要特征

一、总体概况

近年来，广西充分抓住海洋经济发展的机遇，积极向海洋事务中投入大量资金、技术和人才等必不可少的生产要素，大力发展海洋产业，推进海洋强区建设。根据表6-1，在2008—2021年期间，广西海洋产业生产总值从最初的398.40亿元增长到1828.20亿元，增长率358.89%，2014年广西海洋生产总值突破千亿，是广西海洋经济发展的一个突破点。广西海洋经济实力有巨大的提升，进入新的海洋经济发展阶段。

表6-1　2008—2021年广西和全国海洋产业发展情况一览表

年份	广西海洋生产总值（亿元）	广西海洋生产总值增长率（%）	广西海洋生产总值占广西GDP比重（%）	全国海洋生产总值增长率（%）	全国海洋生产总值占全国GDP比重（%）
2008	398.40	15.98	5.66	16.00	9.31
2009	443.80	11.40	5.70	8.22	9.23
2010	548.70	23.64	5.71	23.19	9.61
2011	613.80	11.86	5.22	15.05	9.34
2012	761.00	23.98	5.81	10.08	9.32

续表

年份	广西海洋生产总值(亿元)	广西海洋生产总值增长率(%)	广西海洋生产总值占广西GDP比重(%)	全国海洋生产总值增长率(%)	全国海洋生产总值占全国GDP比重(%)
2013	899.40	18.19	6.20	9.06	9.23
2014	1021.10	13.53	6.49	10.93	9.47
2015	1130.20	10.68	6.70	7.97	9.55
2016	1251.00	10.69	6.84	6.35	9.42
2017	1377.00	10.07	7.43	11.36	9.46
2018	1502.00	9.08	7.38	7.48	9.27
2019	1664.00	13.40	7.80	6.20	9.00
2020	1651.00	2.30	7.40	−5.30	7.88
2021	1828.20	14.4	7.40	8.3	7.90

数据来源:《广西统计年鉴》《广西海洋经济统计公报》《中国统计年鉴》和《中国海洋经济统计公报》。

根据表6-1可知,2008—2021年,广西海洋产业GDP增长率不断波动,其中2010年和2012年广西海洋产业GDP增长率明显高于其他年份,2012年海洋生产总值增长率23.98,是14年的最高点。2015年后,广西海洋产业的GDP增长率相对较低,一直持续在10%左右。2019年,广西海洋GDP增长率相较之前出现小幅增长的趋势。与此同时,广西海洋产业占GDP的比重从2008年的5.66%上升到2021年的7.40%,表明广西海洋经济对促进区域经济发展发挥了积极作用,海洋经济发挥着越来越重要的作用。2020年,受到新冠肺炎疫情影响,广西乃至全国的海洋经济增长率呈现出增幅甚微甚至是略微下降的趋势,但2021年全国的海洋经济发展都得到了改善,广西海洋生产总值增长率高达14.4%。此外,根据表6-1分析,广西海洋产业在区域GDP中的比重发生了变化,表明广西海洋经济发展的活力尚未充分发挥。因此,广西壮族自治区政府应加快落实相关政策,有效利用资金、科技、人才等生产要素,积极发展海洋经济。

若将视角从广西转向全国范围，除 2008 年、2011 年和 2017 年这三年以外，2008 年至 2021 年其他年份的广西海洋产业 GDP 增长率均不低于近年来全国的 GDP 增长率水平，丰富的海洋资源和地理分布的有效利用，加快了广西海洋产业的发展，但与此同时，广西海洋在全国 GDP 中的份额低于其他地区。图 6-1 中的指标表明，广西海洋经济发展良好，是区域经济增长的重要驱动力。然而，广西海洋经济发展活力不足，增长相对国内其他地区较为缓慢。

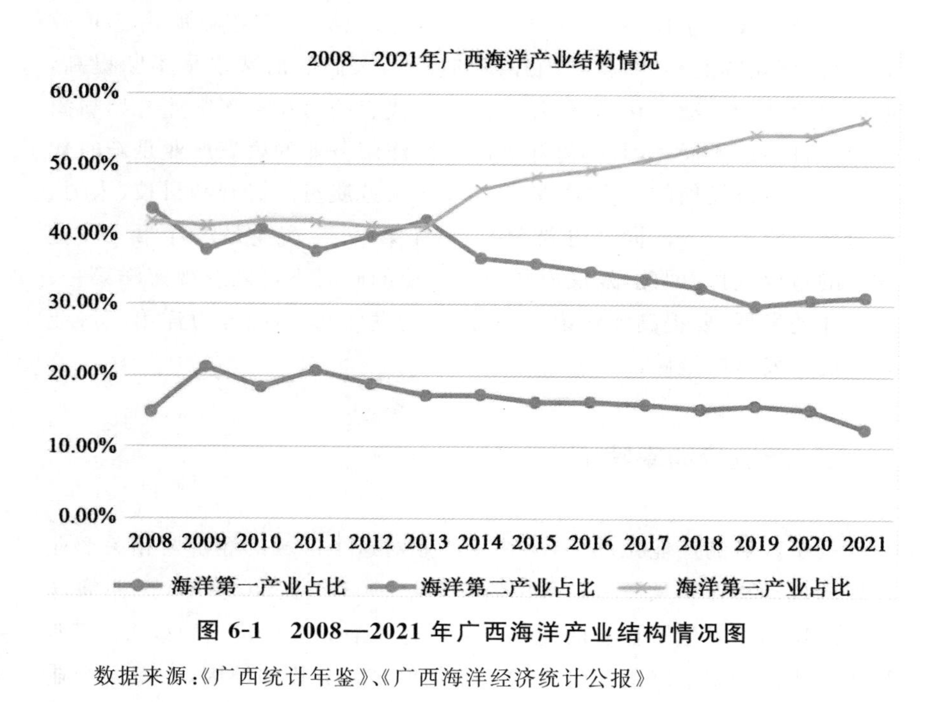

图 6-1 2008—2021 年广西海洋产业结构情况图

数据来源：《广西统计年鉴》、《广西海洋经济统计公报》

二、结构特征

对海洋产业结构的总体分析表明，2008—2021 年，三大海洋产业的结构差异很大，如图 6-1 所示。其中，海洋第一产业比重最低，说明在海洋经济总体增长的过程中，海洋第一产业相对来说贡献度不如海洋第二、三产业。同时 2008—2013 年，海洋第二产业与海洋第三产业比重大小处于波动趋势，但 2014—2021 年，海洋第三产业比重一直高于海洋第二产业比重，且两者之间的差距逐渐拉大，说明广西海洋产业结构日趋调整优化，此外，从2008年到2013年，海洋第二和第三产业的份额发生了变化。从2014年到2021年，广西海洋第三产业的比重高于海洋第二产业，这表明广西海洋产业结构不断调整和优化，产业结构由“二三一”向“三二一”转变，广西海洋产业发展的重点体现在第二产业向第三产业转移，从单一的海洋资源型产业转向多元化的海洋服务业。图6-1展示了广西的海洋产业结构变动趋势，2008—2021年，海洋第一、二、三产业的结构规模发生了巨变，起初的几年内，海洋第二、三产业所占比重较高、数值变化幅度小，随着中国经济的发展，人们的消费水平不断提高，海洋产业结构逐渐变化，以海洋旅游业为代表的海洋第三产业开始崭露头角并且高速发展。因此，海洋旅游等海洋服务业的第三产业是新时代推动海洋经济发展的主力军，要更加注重服务质量的提升和科技、人力、资金等要素的投入。同时也要考虑，海洋第一、二产业是海洋第三产业发展的重要支撑，因此，发展海洋第三产业的同时不可以忽视海洋第一、二产业的发展，要提高海洋第一、二产业的发展水平，引导海洋第三产业走上健康发展的道路。

三、产业拉动率特征

一个区域的产业拉动率，反映了产业对这个区域的经济及相关产业发展的拉动程度。从图6-2可以看出，从2008年到2021年，广西海洋产业的拉动率发生了显著的变化。从整体来看，在2008—2021年，广西海洋产业拉动率下降的年份比增长的年份多。分析的原因，在海洋产业发展初期，经济增长相对较快，对区域经济发展贡献很大，但随着海洋资源的消耗和发展难度的加大，科技、人才等生产要素的紧缺，使得广西海洋产业缺乏发展动力，并未充分发挥带动本地区相关产业发展的作用。在广西海洋产业发展刚刚起步的时期，海洋经济的发展对拉动区域经济的效果非常显著。但由于一直坚持粗放型的开发模式，不注重科技、资金、人才等要素的投入，缺乏核心技术的支撑和完善的基础设施建设，因此，广西海洋产业发展的效益逐渐减弱，限制了对区域经济增长的拉动作用。2020—2021年相较特殊，受新冠疫情影响，外经济环境呈现出整体低迷的状态。因此，广西应积极转变海洋产业发展模式，优化海洋产业结构，延长海洋产业链、价值链、供应链。同时，广西要充分发挥临近海洋优势，深度融入粤港澳大湾区，积极发展与东盟国家的对外合作，发展具有地方特色的海洋产业，为区域经济的可持续发展贡献海洋力量。另外，在有效配合疫情防控下，积极恢复发展生产，尽力最小化疫情带来的影响。

图 6-2　2008—2021 年广西海洋产业拉动率变化图

数据来源：《广西统计年鉴》、《广西海洋经济统计公报》

近年来，尽管广西背靠海洋资源促进了本地海洋产业的发展，增强了广西海洋经济的综合竞争力，但是放眼全国，目前广西海洋经济仍然居于 11 个沿海省市的尾端。2020 年，广西海洋生产总值只有广东省海洋生产总值的 9.6%，全国海洋产业生产总值的 2.1%，与广东、山东、浙江等省份相比，广西海洋产业总量总体偏小，居全国末位。

第二节　广西传统海洋产业的发展规模与主要特征

目前，传统产业在广西海洋产业中占有主导地位，产业规模较大。2021年，受COVID-19影响，广西海洋渔业和海洋运输业增加值分别为243亿元和263.1亿元，同比增长5.0%和30.7%。最近几年以来，广西海洋旅游产业发展势头迅猛，但传统产业在广西海洋产业结构中的主导地位仍未动摇。

一、海洋渔业

(一)发展资源

广西北部湾海域面积约12.8万平方千米，广西大陆海岸线长1629千米，岛屿海岸线长605千米，北部湾渔场是中国著名的四大渔场之一，也是世界海洋生物物种资源的宝库。广西滩涂面积广大，达到833平方千米，沿海滩涂生长着面积占全国32.7%的红树林，面积达9330.34公顷，是全国第二大红树林分布重点区。同时，广袤的海水中蕴含着丰富的生物饵料，并且水温适宜，适合于多种经济鱼、虾、贝、藻类等海洋生物的繁殖和生息。目前广西近海渔港27个，码头泊位270个左右，海上货运量逐年大幅度递增。广西拥有643个海岛，是全国沿海省市中海岛较多的省份之一。为数众多的海岛、渔港为海洋渔业发展创造了良好的运输、保鲜、加工等条件。据调查，北部湾有600多种鱼类、200多种虾、近50种头足类、螃蟹190多种、植物浮游生物300多种和动物浮游生物200多种，还包含中华白海豚、儒艮等国家保护动物，举世闻名的合浦珍珠也产于这一带海域。北部湾近海海域有海洋动物14门1000多种，海洋植物有3门43种，物种丰富。

(二)发展规模

根据统计公报显示，2017—2021年，广西海洋渔业增加值由238亿元增长到243亿元，近五年增长率为2.1%，呈现良好递增态势。2021年，广西海洋渔业产业在新冠疫情的影响下平稳恢复。尽管如此，相对于广西其他的农业部门来说，广西的海洋渔业发展规模呈现出规模较小、方式单一、科技含量低等特征。广西对于海洋渔业的发展还是应该加大科技投入和管理力度，转变发展方式。

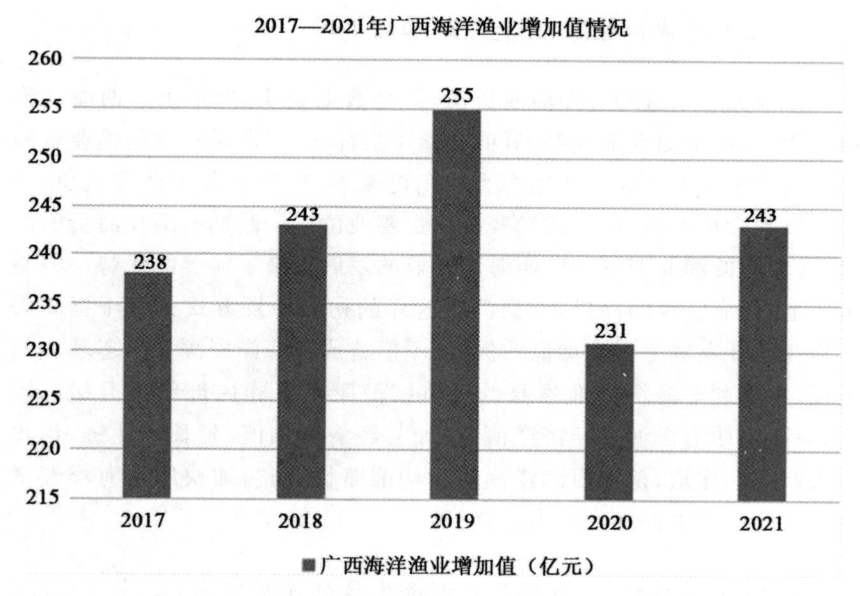

图6-3　2017—2021年广西海洋渔业增加值情况一览图(单位:亿元)

数据来源:《广西海洋经济统计公报》

(三)主要特征

1. 配套设施落后，渔港管理缺乏科学性

广西在国内的沿海地区中属于欠发达省份，地方政府的财力有限，企业投资的吸引力不足，单靠政府的资金投入，很难推进海洋渔业的持续健康发展，渔港的基础设施较为落后。另外，广西的小规模渔业较多，并且经营较为分散，没有形成规模；渔港的管理较为混乱，经营权、使用权、所有权模糊，资金有限和不合理不科学的管理方式，对渔港的经营和管理起到很大的影响。

同时，广西港口的职能不明确，缺乏分化管理，常常是同一港口拥有多种不同种类的功能。以广西北海港为例，此港口除了为渔业服务以外，同时还拥有军用和商用的职能。这样的管理模式不仅不利于港口装运效率的提高，还存在极大的安全隐患，更不利于地方经济的发展和社会秩序的稳定。

2. 经济总量相对低，开发方式落后单一

广西拥有丰富的海洋渔业资源，但是数据表明，近年来广西海洋渔业 GDP 仅占全国渔业经济 GDP 的 2%左右，经济发展程度与渔业资源的丰富程度极不匹配。从生产力的角度来看，广西渔业生产方式单一，科学技术含量不高，粗放式发展占据主要地位。广西拥有绵长曲折的海岸线，丰富的渔业资源为广西海洋渔业的发展带来了显著的优势。但是事实上，依靠资源的高投入、高消耗这样的初级开发方式无助于提高海洋渔业的开发效率和附加值的提升，不但造成驿海洋资源和生态环境的损耗，更不利于海洋渔业本身的可持续健康发展和内部结构升级。因此，提高广西海洋渔业经济产值，增加其经济附加值，延长产业链，优化三大产业的比重，是广西海洋渔业结构战略性调整，加快广西海洋经济发展变化和水平提高的必由之路。

3. 资源压力大，环境保护与经济发展的矛盾突出

近几年来，广西的海洋渔业资源在海水水质污染和鱼类过度捕捞的双重打击下日趋减少。

首先是因为广西沿海地区的城市化进程加快，导致对陆域海域资源的过度开发，沿海陆地上的生活污水和工业污水全都排放至北部湾，造成海水的污染；随着沿海地区的开发和科学技术投入的增加，渔业捕捞工具升级换代，捕捞量大大提升，对海洋生物的捕捞量逐年增长，在巨大的资源和环境压力下，海洋环境与经济发展的矛盾日益突出。

其次，填海造陆把原有的海域通过人工技术手段转变为陆地，海洋和滩涂面积越来越少，广西特有的红树林也遭到了破坏，鱼虾贝蟹等海洋生物赖以生存的环境不复存在，使得沿海的生态系统失去平衡。

另外，海水养殖病害也对海洋生物的繁殖和生长造成了一定的威胁。广西地处亚热带地区，一年中高温天数多且雨水丰沛，海水水温相

对较高。水温较高一方面会导致养殖水域中的病原体和微生物更加容易滋生;另一方面,会导致养殖生物的摄食量增大,排泄物增多,养殖水域中的残饵和排泄物积累致使水质恶化。同时,降雨容易使养殖的生物免疫力下降,增加暴发疾病的概率。广西海洋渔业经济的可持续发展遇到了严重的瓶颈时期,海洋生态严重退化,海洋生物种类也急剧下降,必须要在此方面加以规划和管理。

4. 科技薄弱,海洋渔业教育滞后

目前,广西海洋渔业科教方面主要存在以下问题:一是海洋渔业资源研究设施平均规模小,强度分散,没有形成渔业科技推广规模;二是渔业从业人员缺乏系统性和专业性的培训,如海钓、水产养殖和航运等。据调查,广西北部湾渔民的年龄组基本上为中老年,受教育程度普遍低于高中,大多数渔民的文化水平不高,不利于高端的渔业和水产养殖科技、导航和渔具的普及和应用。

与此同时,高校、海洋局等机构与科研机构的设立尚未形成相互适应的模式,海洋科学技术缺乏重视,也没有将科研成果转化为实质性生产力的有效机制,这就导致了海洋渔业科技网络的不完整性。

二、海洋交通运输业

(一)发展资源

广西位于中国西南部,地理位置极其优越。首先,东侧靠近广东省,广东省经济发达,贸易频繁。其次,南侧靠近北部湾;最后是中国西部的“独特性”,靠近大海,靠近边境,从而显示出该省进出大海贸易的便利性。广西海洋资源丰富,有岛屿 651 个,海岸线 1595 千米,滩涂面积近 1000 平方千米。作为连接中国西部与新加坡等东南亚国家的节点和陆海联运的中转站,广西发展海洋运输业具有巨大优势。

广西海港具体布局如下:“一港”特指广西北部湾港;“三港”特指北海港、防城港港口和钦州港;“八港”具体指龙门港区、铁山港东、西港区、金谷港区、企沙西港区、大兰坪港区、渔港区、石埠岭港区;“多港口”特指规模覆盖面相对较小,能够满足当地生产和外国游客需求的港口。统计数据显示，从成立至今，年通过能力已超过1.6亿吨，拥有万吨级泊位65个以上，生产性泊位240个以上。可以看出，广西海港经济发展不断上升，运行状况良好。

首先，广西在中国越南地区的“两廊一圈”经济带、泛珠三角、北部湾经贸合作等众多交易项目中，都具有承北启南、承接东西的功能。其次，它也是许多经济圈的中心，比如西南和华南。最后，它可以连接东盟与中国，这意味着它既有国内市场，也有国外市场。北部湾港口区正在向现代化、科学化方向发展，具有良好的发展前景。

1990年前后，中央政府出台相关政策支持西南地区发展。广西因其重要的地理位置，被认为是联系西南的重要渠道。广西不断完善钦州、北海、防城港沿海港口的建设，通过贸易增长带动西南地区经济发展。2000年以后，中国的经济、科技等各个方面都在不断地崛起。此时，东盟自由贸易区的建立已逐步加快，与东盟的关系日趋密切。临海的经贸往来越来越多；港区货物装卸数量持续增加，标准箱数量也在“跳跃”。2006年，广西北部湾经济区港口在很多领域都取得了优异的成绩，如旅客上落货物数量增加，沿海地区货物周转量增加，港口泊位数和码头长度增加，新建和改建船舶数量较去年同期增加。“十一五”以来，广西向西南地区出口的煤炭、石油、金属及非金属矿等各类大型物资的50%以上。

随着时代的进步和经济的发展，广西北部湾经济区已经具备了较为完善的综合交通网络，即铁路、航运、航空一体化网络，成为连接东南亚、南亚、西南、中南、华南的枢纽。目前，许多航线和过境线已经建立通过或前往包括泰国，香港，泉州等地的地区。

（二）发展规模

广西拥有中国西部地区唯一出海口，适逢一系列重大国家战略规划的出台，为广西水上运输的提供了重要的历史机遇，广西的水路运输地位上升至新的高度。2017—2018年，广西交通运输业增加值呈现逐年增长的态势，2019年稍有下降，2020年平稳恢复，2021年迅速上升。其中广西北部湾港口的货物吞吐量和集装箱吞吐量逐年稳步增长。由图6-4、图6-5可知，2019年因加入西部陆海新通道，广西北部湾港口的国际标准集装箱吞吐量大幅上涨，在新冠疫情的打击下仍然逆势上扬。

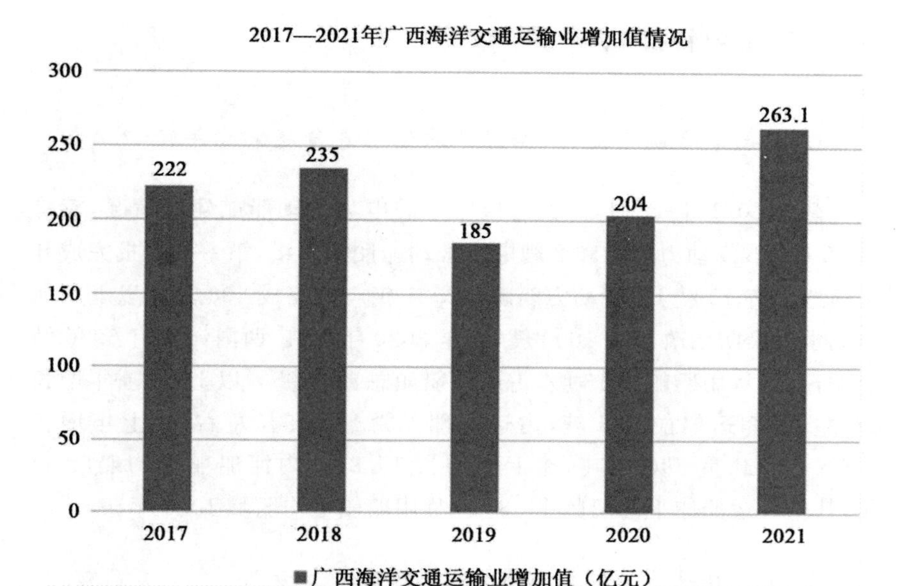

图 6-4　2017—2021 年广西海洋交通运输业增加值情况图(单位:亿元)

数据来源:《广西海洋经济统计公报》

图 6-5　2017—2021 年广西北部湾港口吞吐量情况图

数据来源:《广西海洋经济统计公报》

(三)主要特征

1. 船舶运输能力提升,船舶平均使用寿命越来越年轻

截至2021年12月,广西已检验3艘电力推动船舶建造情况,校检了65艘LNG动力船舶和2艘电力推动船舶的图纸,第一批审批完成开工建造的有12艘LNG动力船舶。2021年广西完成400总吨以下内河船舶水污染防治改造近1000艘,截至2020年底,广西内河共有6936艘船舶,其中货用船舶6613艘,占运输船舶总数的95%以上,比上年增长8%左右;客运船舶323艘,占运输船舶总数的5%左右,比上年增长3.5%。净载重896万吨,比上年增长15.2%,内河船舶平均船龄11年,其中客运船舶平均船龄11.8年,货用船舶平均船龄10.8年。

2. 港口吞吐能力得到强化,泊位划分更加专业

截至2021年,北部湾港总体规划开通了64条航线,其中外贸航线37条,包含4条远洋航线,内贸航线27条,基本覆盖了全国沿海主要港口和东盟国家的所有水上通道。2020年底,广西内河港口开工建设528个泊位,占全国的3.0%,占珠江水系的30%左右。总加工能力为12.9万吨货物,212069万个集装箱,游客21440人。2021年,广西沿海基础设施建设投资高达104.7亿元,还有三个新的港口项目和五个继续建设项目。

3. 水运航线体系逐步完善,货物吞吐效率提升

截至2021年12月,全区水运基础设施建设投资达到145.6亿元,列入交通运输部十四五规划项目库的总投资约1662.7亿元,用于支持全区57个水运系统和2个水运服务支持系统的建设。2020年1月至10月,广西水运基础设施投资同比增长63.9%,该地区港口货物吞吐量为3064万吨,比上年增长23.2%。其中,北部湾港货物吞吐量20918万吨,同比增长12.8%;内陆港口货物吞吐量9546万吨,同比增长54.6%。集装箱吞吐量达到388万标箱,同比增长31.4%,其中北部湾港完成298万标箱,同比增长31%;内河完成90万标箱,同比增

长 32.7%，水运行业管理日趋规范，发展规划不断完善，经营环境也越来越规范。

三、滨海旅游业

（一）发展资源

广西海洋旅游资源丰富，拥有独特的海洋景观，主要包括滨海观光、民俗节日、休闲度假、特色活动体验等。就广西的三个沿海城市而言，北海有银滩、涠洲岛和金海湾红树林生态旅游区；钦州有三娘湾、茅尾海、七十二泾等；防城港有白浪滩、怪石滩、西湾城市沙滩等。其中，北部湾风景名胜区拥有 44 处一级及以上标准的景点，其中更有 18 处 4A 风景名胜区，22 处 3A 级风景名胜区，4 处 2A 级风景名胜区。

从历史的角度看，广西拥有广阔的中外旅游市场，并且具有海上丝绸之路起点、中外海上贸易窗口的重要地位。广西位于华南、西南、东盟三大经济圈的中心位置，其中，北部湾经济区依托北钦防三个沿海城市打造成为便利的短途旅游圈。从大量的统计数据可以看出，广西拥有大量的自然景观，如火山景观、海蚀景观、海洋景观、动植物等生物景观，以及古建筑景观、现代建筑景观、民俗景观等人文景观。这些大量的旅游资源会吸引大量的游客前来观赏和观赏，很好地促进海洋旅游的发展。就广西旅游资源的数量而言，单个海洋旅游资源就有 300 多处，不仅种类丰富，而且占地面积大。对于游客来说，这会给他们一个非常好的度假体验。

（二）发展规模

由图 6-6 可知，2017—2021 年广西的滨海旅游业增加值呈现持续增长的趋势，由 156 亿元增长至 268.4 亿元，2020 年滨海旅游业受到疫情的影响，沿海的旅游业、餐饮业以及住宿等呈现出明显下降的趋势。近五年来，广西借助其生态优势，打造海洋特色旅游胜地，为全区带来相当可观的经济效益，促进了广西海洋旅游业等产业的发展。

图 6-6　2017—2021 年广西滨海旅游业增加值情况图(单位:亿元)

数据来源:《广西海洋经济统计公报》

(三)主要特征

1. 旅游资源质量极高

广西沿海地区拥有罕见的集生物、海洋侵蚀、海洋沉积等为一体的景观,这里有神话传说的"蓬莱岛",有山口红树林保护区、北海银滩国家旅游度假区等国家重点旅游项目,还有大量的古建筑遗址和丰富的民俗文化,都极具欣赏价值。广西的优势旅游资源对游客在观光、科研方面有很高的体验价值,对国家有极高的审美价值和科学价值。广西自然资源和人文资源丰富,对游客来说是旅游胜地,所以广西每年都会吸引大量的游客,旅游业对广西的发展起到了极好的促进作用。

2. 海洋旅游发展处于起步阶段,缺乏资金管理支撑

广西北部湾虽然地理位置优越,但经济发展水平相对落后。广西

14个地级市中，3个沿海城市历年来在区域GDP中的排名均相对较低，整体水平也相对较低，表明北部湾仍是一个经济基础较差、缺乏海洋旅游综合支撑的相对欠发达地区。广西整体教育水平低，城市发展缺乏深度金融支持和健康的市场投资环境，缺乏丰富的旅游管理人才，移民人口少，经济发展水平落后，制约了北部湾海洋旅游的发展。

3. 海洋文化独特，旅游资源开发潜力大

广西北钦防三地有丰富的海滩、岛屿、海湾等类型的旅游资源。海滩有北海的银滩、防城港的万尾金滩和白浪滩等；岛屿有北海涠洲岛、钦州的马栏岛等；海湾有钦州的三娘湾等。但是这些类型的景点与国内其他沿海城市的海洋景区产生重复，对游客而言大同小异，吸引力不足。真正富有吸引力的是广西独特的文化资源，是广西特有的民族民俗风情和海洋生物景观。广西境内有壮、瑶、侗、苗等11个少数民族，其中京族旧时以渔业为生，落居于北部湾沿岸的海滨城市。北部湾是我国目前水质最优良且海洋物种最丰饶的海域之一，有区别于其他沿海城市的中华白海豚、红树林等海洋生物景观。要充分利用丰富的海洋旅游资源，形成鲜明的海洋特色，在旅游产品开发中融入历史文化、生态文明、宗教文化等要素，大力挖掘广西海洋旅游业的发展潜力。

4. 广西海洋旅游景点知名度普遍偏低，品牌建设不足

广西的旅游景点除了北海银滩、涠洲岛等知名度较高的品牌以外，其他的景点鲜有人知。此外，广西共有A级以上海洋旅游景区44个，没有5A级海洋景区，景区整体水平低，整个广西海洋旅游圈尚未形成自身知名度高、辨识度高的旅游品牌。虽然广西北部湾三个沿海城市都量身打造了各自的旅游宣传标语，但知名度和影响力都不高，收效甚微。不但影响了广西海洋旅游品牌在国内国外影响力和竞争力的提升，中高端旅游项目的招商引资也受到了一定影响，不利于广西滨海旅游产业的长期健康发展。

第三节 广西新兴海洋产业的发展规模与主要特征

广西海洋新兴产业主要包括海洋工程建设产业、海洋医药及生物制品产业和海水利用产业。近年来,新兴产业已成为推动区域海洋产业发展的重要支撑点。

2019 年 8 月 26 日,国务院印发《中国(山东)、(江苏)、(广西)、(河北)、(云南)、(黑龙江)自由贸易试验区总体方案》。2019 年 8 月 30 日,中国(广西)自由贸易试验区举行揭牌仪式,正式开始运行。广西自贸试验区建设是中共中央、国务院赋予广西的重大政治任务,是广西加速实行改革开放的关键突破口,是推动广西全方位对外开放的导引工程和高质量可持续发展。建成更高标准、高效优质的广西自贸试验区,必须得立足广西实际,最大限度的发挥边境城市的江海资源优势,充分发掘广西丰富的海洋资源,深入推进海洋经济的繁荣发展。目前,与国内沿海发达城市相比,广西海洋经济发展仍不能保持较高的扩张水准,产业转型升级效率不高。以创新驱动战略、掌握核心技术为显著特征的海洋战略性新兴产业发展还存在不少问题。为扭转这一事态,广西要聚焦聚力促进进一步发展、培养专业人才、着力深化合作、构筑完整体系,努力做到广西海洋新兴产业扎实有序的科学发展。近年来,随着中国社会经济发展进入新常态,海洋新兴产业增长速度有所放缓,结构性问题日益突出。这主要是由于中国沿海城市海洋新兴产业趋同化、低端化发展,海洋核心高科技优势尚未形成。

一、海洋生物医药业

(一)发展资源

广西广阔的海洋孕育了种类繁多的海洋生物,有鱼类 600 多种、虾类 200 多种、贝类 170 余种、蟹类 190 多种、浮游植物近 300 种、浮游动物200多种，是中国海洋药用生物资源较为丰富的省区之一，也是中国传统中药珍珠、牡蛎、文蛤等的主产区。

目前，广西已鉴定出具有药用价值的海洋药物721种，其中海洋植物63种，如马尾藻、孔石莼、江蓠、龙须菜、海杧果、毛马齿苋、水芹以及大型海藻等；海洋动物633种，广西海域独具特色的海洋药用的珍稀生物资源有海蛇、海马、海龙、中国鲎、儒艮、文昌鱼、方格星虫、珍珠等。广西海洋生物资源多样性在海洋医学、生物学研究和海洋资源开发利用方面具有明显优势，这是发展具有广西特色的海洋生物医药产业的基础。

(二)发展规模

2018年，广西海洋生物医药业的增加值为2亿元，与2017年基本持平，但是与海洋产业总体增加值相比，生物医药业的增加值所占的比重较低。2019年广西海洋生物医药业的增加值为4亿元，较之前的产业增加值翻了一倍，2020—2021年小幅度增长。总体来说，广西的海洋生物医药业发展处于初步阶段，发展水平正在逐步提升，如图6-7所示。

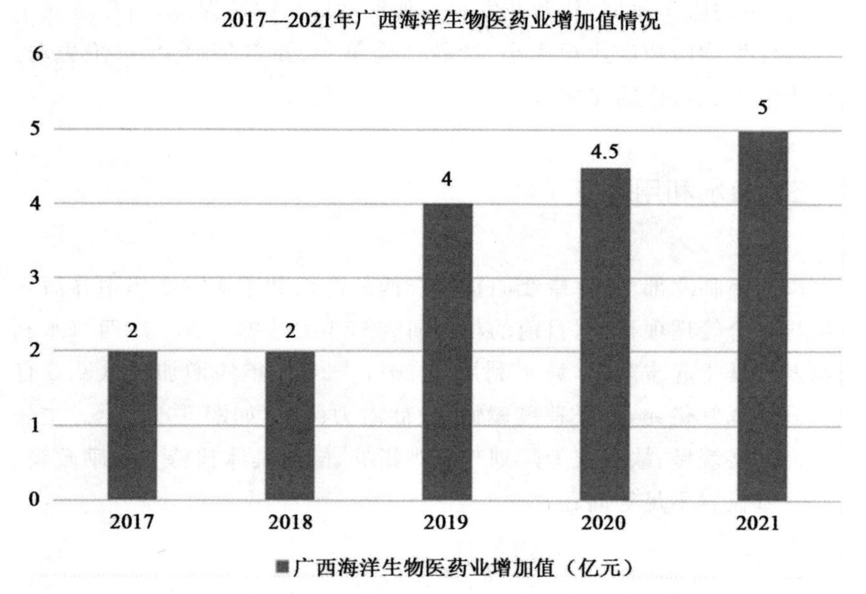

图6-7　2017—2021年广西海洋生物医药业增加值情况图(单位:亿元)

数据来源:《广西海洋经济统计公报》

(三)主要特征

1. 海洋生物医药业科研人才匮乏,科研投入不足

广西海洋生物研究开发人员的科研能力低于沿海发达地区,高精度人才和高水平科研设备极度缺乏,海洋生物医药研发人才团队对区域外人才缺乏吸引力,整体研发能力不足,总体科技水平和自主创新能力较低。另外,海洋生物医药产业需要在技术含量高、投资、科研成果产业化等方面拥有更高的标准要求,广西政府和相关企业对基础研究和海洋生物设备投资不足的问题关注甚少。

2. 缺乏资金支撑

广西属于欠发达地区,政府投入到海洋生物医药产业的资金本身就少。另外,对于企业投资的吸引力不足,因此,海洋生物资源的开发和保护、海洋生物医学研究、新药开发和其他活动缺乏财政保障,最终造成了广西海洋生物医药产业规模小、产品结构单一、知名品牌少、竞争力弱、企业影响力弱这样的局面。

二、海水利用业

广西南临北部湾,海岸线曲折。广西的海水利用业主要集中在海水淡化与综合管理项目上,目前的相关研究与相关数据较少。广西海水利用业发展处于起步阶段,海水利用业 2017—2021 年的增加值从 0.5 亿元上升到 0.9 亿元,增长速度较慢,发展潜力巨大,如图 6-8 所示。主要特征为发展缓慢、缺少统筹规划与宏观指导、缺乏具体扶持与鼓励政策、产业领域投入不足等问题。

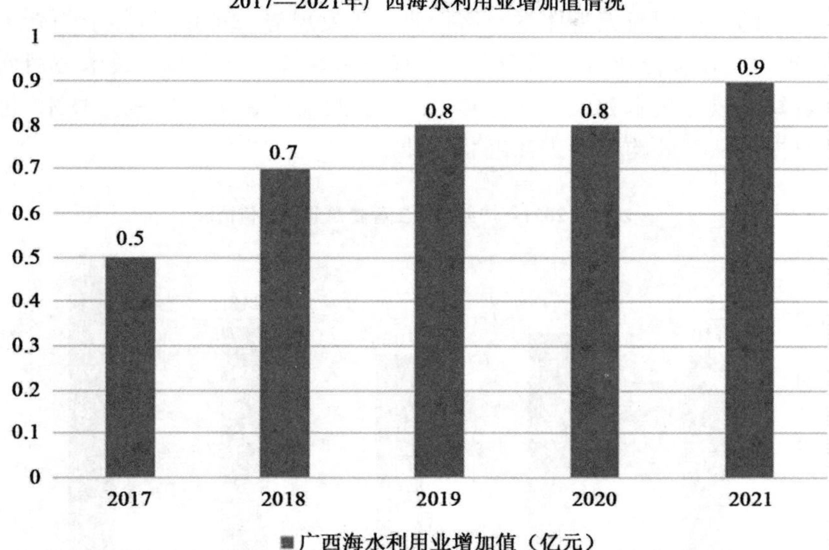

图 6-8　2017—2021 年广西海洋生物医药业增加值情况图(单位:亿元)

数据来源:《广西海洋经济统计公报》

三、海洋工程建筑业

海洋工程建筑业是指在海上、海底和海岸所进行的用于海洋生产、交通、娱乐、防护等用途的建筑工程施工及其准备活动。目前,广西海洋工程建筑业发展处于起步阶段,缺乏系统性的相关研究与数据整合。2017—2021 年,广西海洋工程建筑业的增加值从 110 亿增长至 134 亿元,从长期来看,增长速度较为缓慢。广西海洋新兴产业的发展速度相对较慢,其规模与国内先进沿海相比,存在极大的差距。

四、广西新兴海洋产业的综合特征

1. 海洋科技核心技术匮乏

与传统产业不同,海洋新兴产业同时具有基础技术和新技术的海洋产业。目前，广西海洋新兴产业发展尚处在初步研究期间，未能初步形成完整的产业创新完整体系。该行业尽管发展势头迅猛，但鉴于创新乏力，难以已逐步形成有效而强大的市场竞争优势。许多高新技术公司面临着缺乏核心技术和人才的困境，没有掌握设计和研发等核心技术，仍然习惯于从国外购买加工和组装零件。

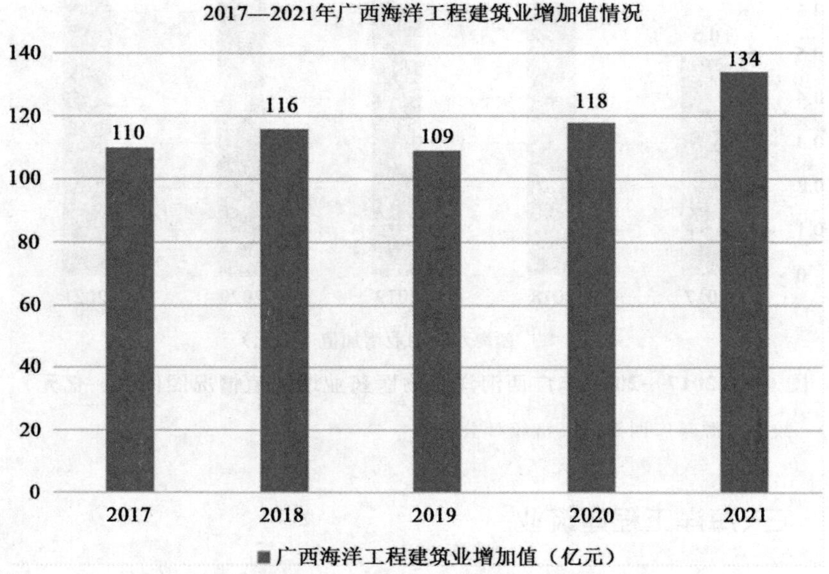

图 6-9　2017—2021 年广西海洋工程建筑业增加值情况图(单位:亿元)

数据来源:《广西海洋经济统计公报》

2. 科技成果的产业化效率低下

据《广西日报》报道，广西科技成果转化现状不容乐观，广西科技成果的变化主要集中在高校和科研机构，转化率仅占 2.1%。其中，科技成果产业化的相关人才缺乏、体制机制不完善等问题昭然若揭。

3. 缺少资金投入，缺乏投资科学引导

第一，当前，广西海洋经济发展基本依靠投资融资。鉴于没有可以加强所在的区域企业积极参与招商引资的措施，难以依靠市场和企业动用社会资源，积极主动参加大型项目。第二，缺乏海洋新兴产业在金融投资方面的引导与重视，海洋新兴产业的技术特征决定了海洋新兴产业的发展必须经历一个漫长而复杂的发展过程，但是往往高新技术企业无法获得发展新海洋产业的技术支持，企业缺乏促进海洋经济发展、创造高额利润的核心科技基础。另外，广西目前没有风险投资基金来支持海洋新兴产业的发展。第三，金融投资结构不合理。多年来，金融投资有力地支持了传统的海洋渔业和港口基础设施，但与此同时，对海洋设备制造、海洋生物产业和海洋新能源产业、海洋工程建筑业等新兴海洋产业的投资并未增加。

第四节　广西海洋产业发展瓶颈与问题

一、海洋产业结构不合理

《2021 年广西海洋经济统计公报》显示，2021 年广西海洋生产总值达到 1828.2 亿元，比上年增长 14.4%，占地区生产总值比重为 7.4%，在国民经济发展中占据更为重要的地位。按三次产业结构划分，海洋第一产业增加值为 229.1 亿元，海洋第二产业增加值为 569.0 亿元，海洋第三产业增加值为 1030.1 亿元。海洋第一、第二、第三产业增加值占海洋生产总值比重分别是 12.5%，31.1%，56.4%，如图 6-10～图 6-12 所示。

按照海洋产业发展规律和趋势，初期是以海洋捕捞传统渔业及初级加工业等海洋第一产业为主；中期开始着重发展第二、三产业，特别是技术密集型、资本密集型产业为主的中级产业结构；最后形成“第三产业、第二产业占主要比重，高附加值产业得到快速发展，第一产业次之”的产业格局。然而，目前广西海洋经济主要以传统的海洋渔业、滨海旅游业、海洋交通运输业和海洋工程建筑业等海洋产业为主体。而新兴的海洋砂业和海洋船舶工业产业规模都比较小，海洋生物医药业、海水利用业、海洋化工业和海上风力发电等高新技术海洋产业在广西海洋生产总值比重也非常低。

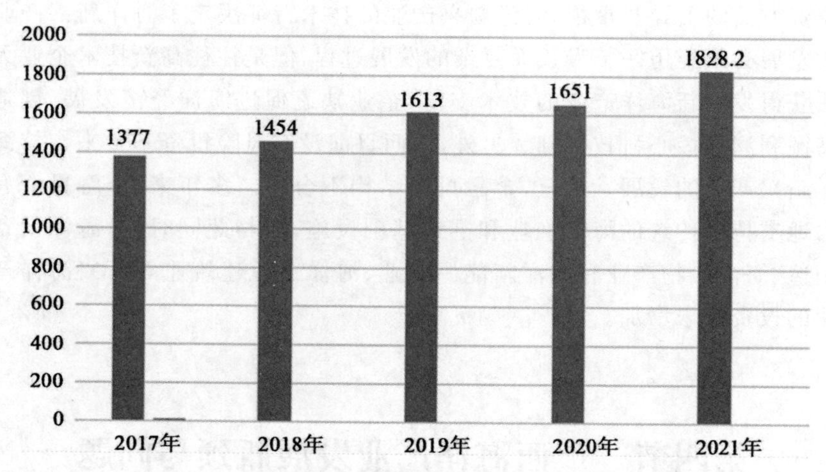

图 6-10　2017—2021 年广西海洋生产总值情况图(单位:亿元)

数据来源:《广西海洋经济统计公报》

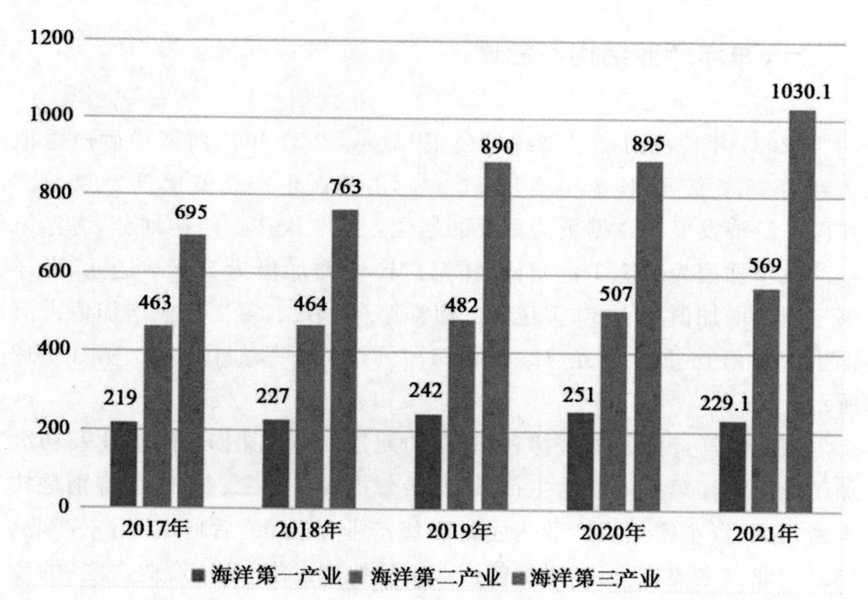

图 6-11　2017——2021 年广西三次产业增加值情况(单位:亿元)

数据来源:《广西海洋经济统计公报》

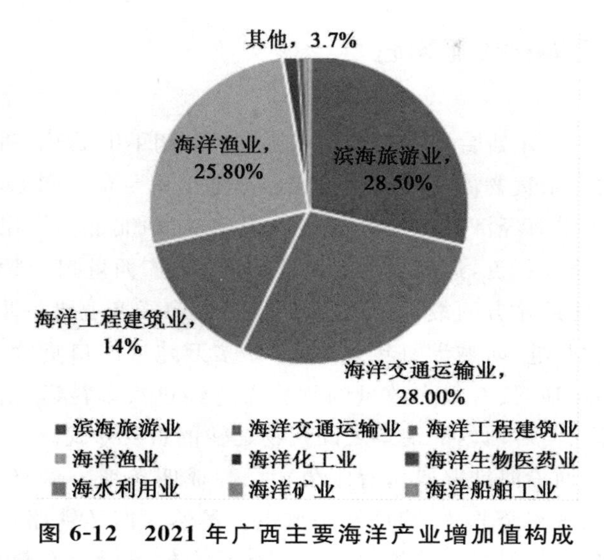

图 6-12　2021 年广西主要海洋产业增加值构成

数据来源:《广西海洋经济统计公报》

目前,广西海洋传统产业占比较高,包括海洋化工业、海洋采矿业、海水淡化产业在内的第二产业增长较为缓慢,海洋生物医药业、海洋装备制造业等第三产业发展明显不足,这可以说明广西海洋产业结构优化水平低,海洋产业发展动能不足,进而导致广西海洋渔业等海洋资源相对而言供给不足。自大力发展海洋经济以来,由于广西主要通过扩大渔业生产的规模来提高海洋经济生产总值,致使近海渔业资源严重衰退,并很大程度上威胁近海渔业资源存量,无疑将制约广西海洋产业的高质量发展。

此外,北海、钦州、防城港因为区域分工体系不明确,海洋产业空间布局相似,重点扶持的海洋产业同质化、无序竞争以及港口资源过剩等问题也比较明显。由于上述种种原因,目前广西海洋产业尚且处于低端发展阶段,产业结构水平亟待提升,海洋经济总量对国民经济增长的推动作用相对有限。因此,推动传统海洋产业结构优化,实现海洋经济健康可持续发展,对广西海洋产业转型具有重要意义。

二、港口基础设施落后

随着中国与东盟合作深度逐渐增强，一些从四川、云南、贵州等西南地区运来的大宗货物需要经过广西北部湾港出口至东盟国家。与上海、山东、广东等沿海经济发达地区的港口相比，广西北部湾港出口和运输大宗货物的路程更近，运输成本也更低。然而，广西港口长远发展的障碍因素在铁路运输方面最为突出，制约了广西海洋产业进一步转型。广西北海港、钦州港、防城港每年处理3000多万吨进出口货物，大部分需要经过铁路运输，仅有很少数量的货物需要经过汽车转运，公路和铁路已成为北部湾与广西内陆港口之间货物运输的重要形式。

如今，广西沿海铁路股份有限公司已建成四条地方铁路线，主要从南宁至钦州、钦州至北海、黎塘和防城港。虽然这四条铁路运输路线均与港口直接连通，但是这些铁路是由广西沿海铁路股份有限公司修建，属于地方性铁路，而连接黎湛铁路是属于国家所有。故在运输货物时，要主要考虑以国有铁路为优先营利干线，由此会经常导致货物大量积压，致使西南地区多数出口货物不得不“舍近求远”，选择沪粤港口进行出口。从广西港口长远发展来说，地域周边的运输环境是促进北部湾港口吞吐量增加的直接因素，良好的港口基础设施和运输条件会促进港口物流实现物流运输的有效畅通。目前，广西北部湾港进出口的铁路运输设施不健全，规模有待提升，港口的专用通道很少，对西南地区货源没有吸引力。加之，港口与铁路之间，公路与港口之间未形成有效衔接，导致港口工作效率低下，由此产生一系列问题，制约了海洋关联产业发展的综合效益。

另外，就公路发展而言，目前只有一条钦防高速能够把广西的南宁、北海、钦州和防城港四个城市相连。在经过北部湾港口整合后，港口建设在构建物流体系方面发展迅速，但是其需要进一步完善的物流基础设施还有很多。在港口建设方面，比起上海、广州、天津等国际枢纽港、建设中国—东盟桥头堡的建设标准还有一定差距，港口建设的诸多设施需要继续完善。

三、海洋科研创新能力低

(一)海洋科研能力较弱

具备先进的海洋科学技术，是实现海洋产业结构由“低附加值产业结构”向“以技术密集型、资本密集型高级产业结构”演进，推动海洋产业结构优化的重要条件。与其他沿海省市相比，广西在海洋科技创新能力方面并不具备竞争优势，海洋科研机构少，缺乏科研创新活力。以2018年为例为说明，2018年广西拥有10所海洋科研机构，15项发明专利，在沿海省市中处于中下游水平，不仅在原始创新方面薄弱，在成果转化上的能力也亟待提升；同时从海洋科研成果包括科技著作来看，广西著作数量较少，长期处于劣势，是海洋科研水平低下的又一体现，如图6-13、图6-14所示。

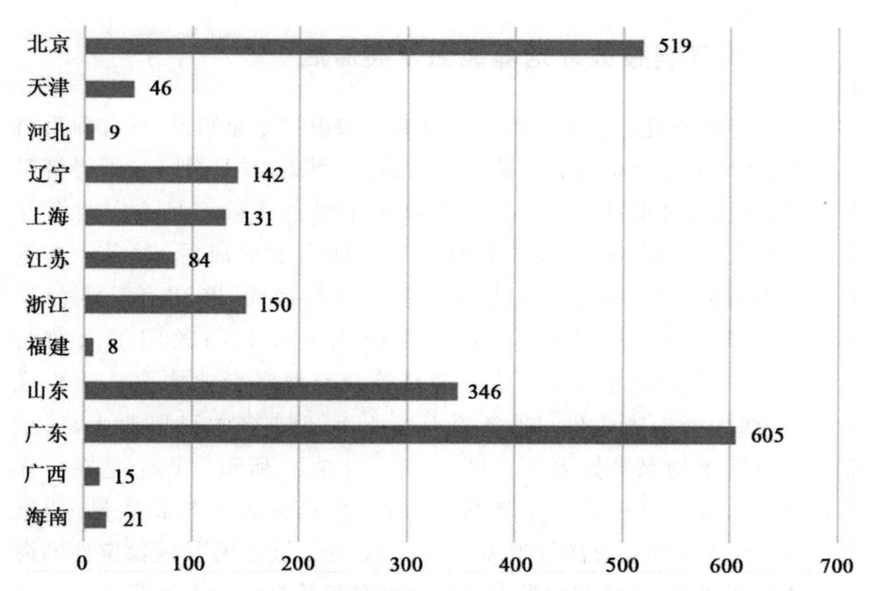

图6-13　2018年广西与其他沿海省市海洋科研发明专利数量(单位:件)

数据来源:《中国海洋统计年鉴》

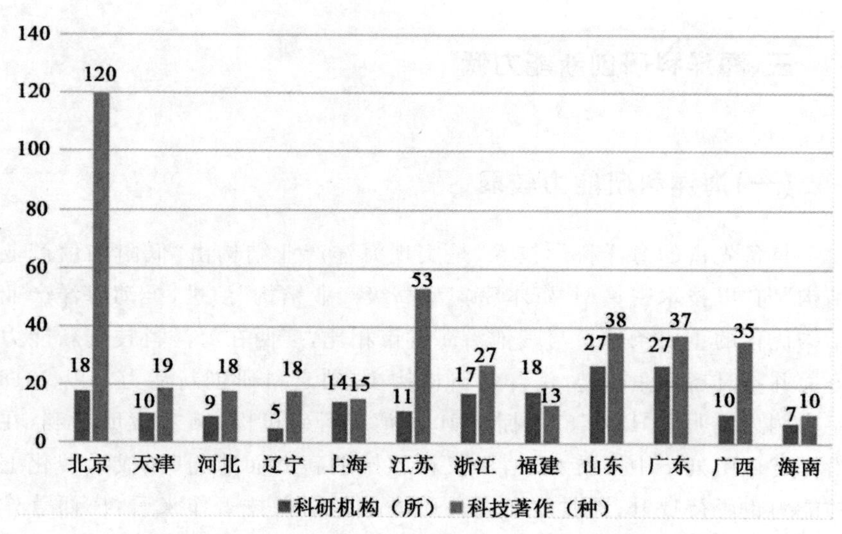

图 6-14 2018 年广西与其他沿海省市海洋科研情况对比

数据来源：《中国海洋统计年鉴》

(二)海洋科技人才培养能力发展滞后

海洋资源开发需要大量具备涉海基础知识和专业知识、具有前沿科技能力、努力创造贡献的人才队伍。然而，广西离中国内地较远、经济基础薄弱，区域人才吸引力差，海洋专业人才储备严重不足。广西海洋科教发展先天不足，海洋人才教育与培养能力发展滞后，对海洋高端人才培养有限。以 2018 年的数据为例来进行说明，2018 年广西海洋科技活动从业人员仅有 670 名，占全国比重 2.1%；教职工人数为 21413 人，占全国比重 5%。从普通高等教育海洋专业主要学历构成来看，广西无博士毕业生，13 名硕士毕业生，246 名本科毕业生，比重远低于全国平均水平如表 6-2、图 6-15～图 6-17 所示。无论是在海洋科技活动从业人员还是在学历构成方面，广西的人才教育数量、质量与广东、上海、山东、浙江等地差距较大，缺乏一支具有长远稳定性的海洋科技创新团队，科研和教学力量不能满足培养高层次人才需要。

表 6-2　2018 年广西与其他沿海省市海洋科技人才培养情况一览表

	北京	天津	河北	辽宁	上海	江苏	浙江	福建	山东	广东	广西	海南
科技活动从业人员（人）	6458	1781	1355	1832	2557	1707	2251	1310	4828	6147	670	759
教职工数（人）	28699	16925	34556	23897	8936	75210	33693	28702	68102	59170	21413	7568

数据来源:《中国海洋统计年鉴》

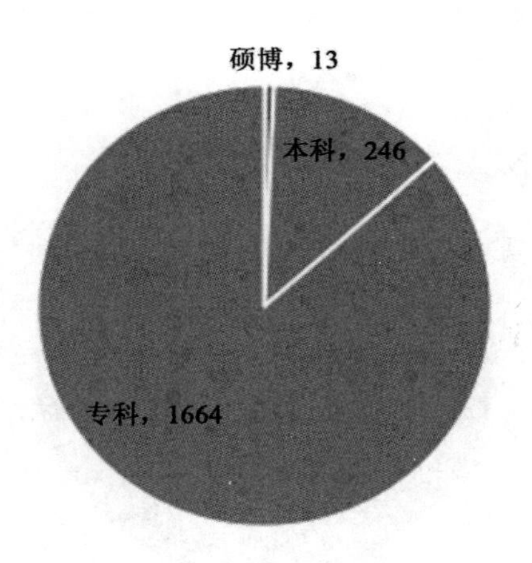

图 6-15　2018 年广西普通高等教育海洋专业主要学历构成图

数据来源:《中国海洋统计年鉴》

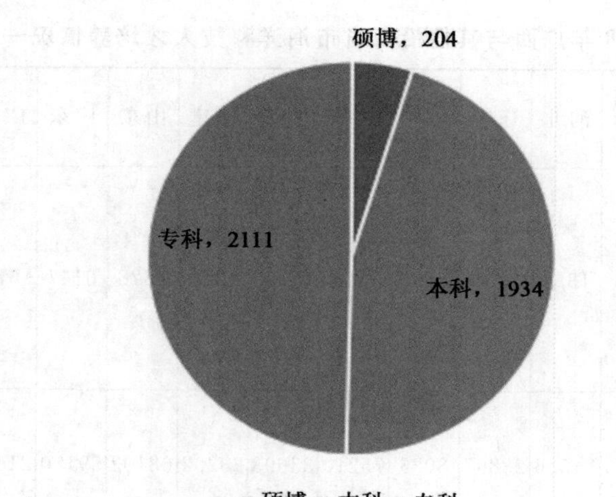

图 6-16　2018 年广东普通高等教育海洋专业主要学历构成图

数据来源:《中国海洋统计年鉴》

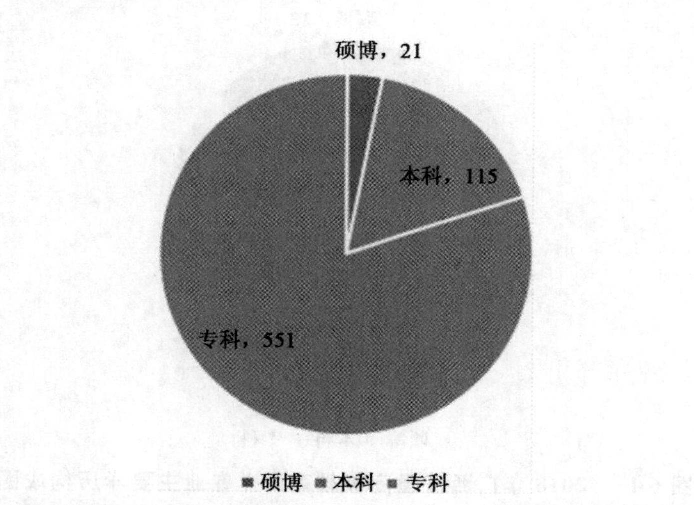

图 6-17　2018 年海南普通高等教育海洋专业主要学历构成图

数据来源:《中国海洋统计年鉴》

(三)海洋科研投入经费偏少

现代海洋经济是以高新技术、高附加值产品发展为基础的经济发展模式,很大程度上融合了现代科学技术,是典型的知识、技术、资本密集型产业。基于广西当前海洋产业发展趋势,发展高附加值的临港石化产业集群、港口物流、海洋生物医药等产业,需要依靠高新技术;大多传统海洋产业要从根本上改善层次低和产品附加值低的状况,也需要大量的技术创新成果作为支撑。而广西海洋科研机构经费少,与沿海省份研发投入差距大。以2018年的数据为例来进行说明,2018年,广西海洋科研课题投入经费仅为1.2亿元,是沿海省市中投入经费最低的区域;海洋科技课题项目为216项,在沿海省市排名同样居于末位,如表6-3所示。

表6-3 2018年广西与其他沿海地区的海洋科技课题与投入经费情况

	北京	天津	河北	辽宁	上海	江苏	浙江	福建	山东	广东	广西	海南
课题数(项)	4488	299	221	351	752	2074	611	706	2693	3451	216	303
课题投入经费(亿元)	24.9	3.3	3.1	8.0	9.4	7.3	4.2	2.7	13.5	21.6	1.2	1.9

数据来源:《中国海洋统计年鉴》

四、海洋产业同质化

在海洋经济发展过程中,产业结构的产品同质化严重会致使不公平竞争,妨碍地区共同间的具体分工,干扰总体经济的健康可持续发展和广西区域产业分工管理体系的规划。

(一)临港产业同质化竞争

广西海洋产业发展过程中,鉴于急需补充对海洋经济的联动配合,存在明显突出的海洋产业同质化现象。同质化现象在临港传统产业的建设规划中最为严重,很多城市同时在石油化工、船舶制造等相关产业上发力，致使产业园区重复建设，广西海洋产业同质化最为突出的问题就是港口建设过剩风险隐现，造成资源利用效率低下，大大增加了成本。大项目需要大运力，这一点在广西对于码头建设的规划上体现得十分明显。近年来北部湾港口大规模的建设，导致港口运力明显超过运量。运力过剩加剧了防城港、钦州港与北海港之间的竞争，势必会对广西海洋产业结构的优化产生冲击。究其根本原因，一是大多临港产业的发展质量不高，粗放式发展，主要靠资源的高投入、能源高消耗来拉动；二是科技创新的贡献不足，以企业为主体的创新体制还没有完全建立起来，有效的科技成果供给不足，产品的科技含量低，附加值低。

（二）滨海旅游业同质化竞争

北海、钦州、防城港作为广西著名的三大滨海旅游城市，其天然旅游资源保留较为完整，成为众多游客的旅行胜地。但由于三市地理位置邻近、区位条件类似，具有相似的滨海旅游资源，且近年来没有形成科学开发、统一规划，导致面临海岸带资源开发过度，旅游产品同质化的突出问题。2015 年至 2021 年，三市接待国内游客人次急速增加。2015 年三市接待国内游客人数分别为 2143.69 万、1077.07 万、1361.86 万，2021 年达到 5124 万、4634.88 万、3789.39 万。另一方面，不论是北海的涠洲岛、钦州的三娘湾还是防城港的金滩，其滨海旅游景点建设几乎都是同质的，基本都是简单的海景观光开发模式。在这种高强度的旅游项目开发进程下，加之旅游规划管理不足，导致旅游项目同质化严重，不仅给滨海资源带来严重的破坏，其创造的经济效益也是有限的。

五、海洋生态环境污染

（一）近岸海域污染日趋严重

随着广西海洋经济的不断发展，人口不断增长、生产经营持续扩大，导致广西海洋生态环境遭到严重破坏，对广西海洋经济发展的制约作用日益突出。广西的城镇化建设持续向沿海城市的方向推进，大量的工厂、居民都迁往沿海城市，海洋污染程度不断加剧，赤潮灾害持续发生，海湾、港口、河口和沿海城镇附近的污染尤其严重。以 2020 年的数据为例进行说明，2020 年广西入海河流监测断面监测指标中，超Ⅲ类标准的因子有溶解氧、化学需氧量、氨氮和总磷，超标率均为 9.1%，钦江（高速公路西桥）监测断面水质超标。另一方面，随着广西水产养殖业规模不断扩大，水产养殖业工业化进程进一步加快，其增长的规模与速度已经超过了这些海域的生态系统承载力，海洋环境功能急速衰退，海水污染和频繁的赤潮灾害对北部湾海域的海洋生态环境产生了严重的不利影响，影响了广西海洋产业的长久持续发展。2020 年广西近岸海域水质级别为“良好”，其中钦州市海水水质为“差”，优良点位比例为 58.8%，如表 6-4 所示。

表 6-4　2020 年广西全部点位水质类别表

区域	第一类（%）	第二类（%）	第三类（%）	第四类（%）	水质状况级别
广西	73.3	15	1.7	10	良好
北海市	91.3	8.7	0	0	优
钦州市	41.2	17.6	5.9	35.3	差
防城港市	80.0	20	0	0	优

数据来源：《广西海洋环境质量公报》

（二）海洋生态系统遭到破坏

广西的渔业生产在很大程度上依赖于周围的海洋自然资源，而近年来广西在海洋开发过程中，由于海洋生态系统的恶化和海洋资源的过度捕捞，导致渔业资源急剧减少，海洋生态系统受到严重破坏，生态循环系统自我调节能力快速下降。根据 2020 年《广西海洋环境质量报告》显示，从生物品种看，第三类和劣三类的样品为红树蚬和牡蛎，其中大番坡红树蚬锌符合第三类标准，金鼓江牡蛎、良港村牡蛎、龙门港牡蛎铜、锌符合第三类标准。红沙牡蛎的铜含量比较高，超出第三类标准。红树蚬和牡蛎易出现超标的主要原因是：红树蚬和牡蛎均为滤食性食物，对重金属特别是铜、锌有富集作用，易造成生物体内铜、锌含量升高，如图 6-18 所示。

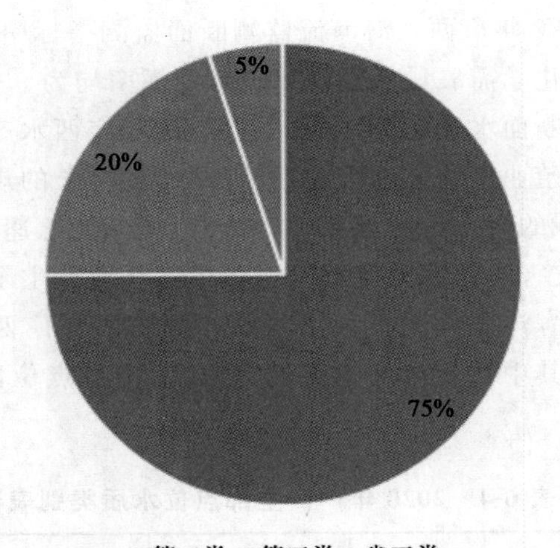

图 6-18　2020 年海洋生物质量类别比例图

数据来源：《广西海洋环境质量公报》

(三)海平面上升

温室效应使得全球海平面上升，地势平缓的平原和洼地地区受到威胁，引发各国关注。首先，它将会导致大多地势平缓的洼地和平原被淹没。而沿海城镇是人口密集的地区，洼地和平原被淹没会引起生产生活用地锐减，海洋产业的发展与土地资源减少的矛盾与日俱增。其次，海平面上升造成的洪灾对人口众多、生产设施密集的广西沿海地区构成重大威胁。此外，海水倒灌有可能引发污染性水源汇入陆地用水，造成生活用水污染，也对农业用地构成严重威胁，影响广西海洋产业的正常生产和海洋经济的可持续发展。

第五节　广西海洋产业转型发展的必要性

21 世纪是海的世纪。为了维持国民经济的快速增长，沿海省份必须充分发展海洋经济，加快海洋经济发展方式的转变。中国总人口约占世界总人口的四分之一，但人均可利用的资源非常少，最大限度地利用海洋资源，发挥海洋产业优势，对解决资源和能源不足的问题有极大帮助。

一、海洋产业转型发展对广西区域经济发展的推动作用

自21世纪以来，中国在海洋资源、能源开发方面取得快速发展，海洋经济呈现出高速发展的趋势。中国以大幅度强化的综合实力，优化海洋产业结构，巩固海洋基础，加深了海洋经济发展的国际化。广西在沿海地区合理的经济布局和产业结构调整中发挥了重要作用，促进了国民经济的持续快速发展。广西海洋战略的发展是打破资经济发展瓶颈，实现可持续发展的重要保证。

广西海域环境中含有丰富的生物资源，其中部分可以食用，部分可以用于药物。海洋生态环境蕴含巨大的生产力和丰富的基因资源，基因资源是人类生存和发展的最重要的战略资源之一。广西可以利用这个优势，培育出具有高质量、高产量、高抗逆性的新育种品种，解决生物学中的“质”和“量”的问题，开发具有独立知识产权的新生物学海洋遗传工程药剂，解决海洋药源问题。

海洋中有巨量的矿物资源，从石油和天然气的预测来看，全球矿床的34%都在海底。根据统计，世界上未开发的石油储量大约1350亿吨，海洋天然气约为140亿吨，具有商用价值的太平洋多金属根粒有700亿吨左右。此外，大型风力发电机的建设不仅能解决偏远地区的电力供应问题，优化能源供给结构，还能形成沿海地区的美丽景观。与此同时，发电机的制造，也可以弥补广西制造业发展后劲不足的短板，为广西走向先进制造业提供重要动力。

二、广西海洋产业转型发展概况

(一)广西海洋产业发展总体情况

从发展规模来看，2008—2021年广西海洋生产总值由398.40亿元增长至1828.2亿元，增长率高达358.89%，说明广西充分发挥沿海区位优势，利用国家建设海洋强国政策机遇，大力发展海洋经济取得了实

效，海洋产业综合实力得到快速提升。值得关注的是，与其他沿海城市相比，广西海洋生产总值占全国生产总值比重严重偏低，海洋经济发展优势尚未得到充分利用。

从产业结构来看，2008—2021年广西海洋第二产业、第三产业占比逐年提升，海洋产业发展主要靠海洋第二、三产业拉动，产业结构由“二三一”向“三二一”转变升级，为海洋产业转型提供良好的基础条件。

（二）广西传统海洋产业发展情况

长期以来，广西传统海洋产业规模庞大，在众多产业发展中始终占据主导地位。引发这种产业现象的原因，一方面是由于广西海洋渔业资源丰富，海洋捕捞业发达，另一方面是由于广西海洋科研能力薄弱，海洋科研机构、涉海科研从业人员、专业技术人员等数量较少，科研力量比较分散，传统海洋产业得不到优化升级，导致海洋产业发展长期停留在以初级资源开发为主的阶段，具体情况如下：

一是海洋渔业发展，呈现出临港产业经营管理不善、严重的生态退化和渔业科教情况滞后的突出特征，海洋产业转型成为当务之急。随着广西当地社会经济发展进程的加快，各类工业污染和城市生活污染集中分布于广西近岸海域，再加上海洋捕捞能力的提升，生物资源急剧减少，给当地海洋生态系统带来巨大压力。伴随海洋生产活动规模的扩大，广西沿岸港口管理情况却不容乐观，存在多头管理现象，特别是渔港所有权界定不明晰，临港岸边的商店、住宿、工厂的安全管理，混乱且复杂化。

二是海洋交通运输业，总体发展势头良好，呈现出船舶运力迅速提升、水路生产保持连续增长的良好态势。作为中国西部地区唯一的出海口，广西是连接中国—东盟和陆海贸易新通道的重要节点。在区位优势和一系列国家重大战略的双重因素作用下，广西海运业得到空前发展，迎来重要历史机遇。全区水运行业管理体系逐渐完善，港口营商环境持续优化，西部陆海新通道深入建设，接连开通北部湾港—重庆、北部湾港—香港新班轮运输线路，也实现了广西至非洲、南美海洋航线零的突破，截至2022年6月30日，新增“太阳村—北部湾港”“崇左—北部湾港”“百色—北部湾港”“印度—钦州—都拉营”等8条线路，西部陆海新通道服务范围拓展至十四个省、五十四个市、一百零五个站点，仅2022年上半年西部陆海新通道广西区内班列开行量达一千三百五十一列，同比增长 241%。

三是滨海旅游业发展，具有旅游资源质量高但缺乏综合支撑和整体规划的明显特点。广西北部湾拥有丰富多样的自然景观，生物类景观包括动植物景观、海洋景观、海石景观等，人文景观包括像建筑景观、民俗文化景观等，吸引众多游客前来观赏，带动区域滨海旅游发展。尽管广西地理位置优越，但区域经济发展水平比较落后，对海洋旅游缺乏带动支撑作用，对于具有当地海洋文化和民族文化特色的旅游项目缺少整体规划，大多旅游景点与其他滨海城市景观类似，没有形成鲜明的广西北部湾海洋特色，景点知名度普遍较低。

(三)广西新兴海洋产业发展情况

2021 年 7 月，《广西海洋经济发展“十四五”规划》正式出台，明确了“十四五”时期广西海洋经济发展的指导思想、任务目标和行动计划，规划涉及范围较广，不仅包括北海、钦州、防城港三大沿海城市，也将延伸至南宁、玉林内陆地区。“十三五”期间，依托向海经济发展政策，广西大力发展海洋经济，海洋产业结构趋向合理化，新兴海洋产业规模迅速扩大，为“十四五”时期区内海洋经济高质量发展奠定了坚实的基础。

值得注意的是，近年来广西新兴海洋产业增速有所降低，结构性问题不容忽视。很大程度上是因为全区海洋产业尚未形成科研优势，长期处于低端化发展时期，且对海洋产业的投资多呈小且分散状态，缺少有效的投资方向指引。与传统海洋产业不同，新兴海洋产业以高新技术为核心，是一个涵盖众多海洋技术的综合类领域。广西高新技术企业面临诸多“租赁”困境，从事的大多是简单加工、装配工作，几乎没有科学技术含量，无法在国内沿海城市中形成强大的产业竞争力。

三、广西海洋产业转型发展的必要性

首先就宏观经济环境而言，广西海洋产业转型发展具有良好的宏观经济环境。当前，中国的政治环境相对稳定，经济发展条件相对完善，社会环境健康有序发展，在技术环境方面，国家大力支持海洋经济发展，鼓励海洋科研活动，这些都为国内海洋支柱产业发展提供了良好的基础条件，也为广西海洋产业转型提供了良好的发展环境。

其次，结合广西海洋产业发展情况，广西发展海洋经济的优势主要体现在优越的地理位置、相对完善的港口交通基础设施、丰富的海洋资源、良好的时代背景和国家战略支持。虽然广西海洋产业结构正在不断调整和优化，但是第二产业占比仍然很高，且以高新技术为代表的第三产业增长速度缓慢，“三二一”的海洋产业高级化特征尚未显现，还需要进一步地优化升级。

最后，需要指出，海洋产业的转型升级必须坚持陆海统筹，优化广西海陆空间结构和布局，实现海洋与陆地的全方位协调。陆海统一谋划要求突破传统的“重陆轻海”惯性思维，合理配置海陆资源，促进国土资源的高效开发，对广西国土空间治理体系现代化建设具有重大战略意义。

四、广西海洋产业转型发展面临的问题

结合以上广西海洋产业发展实际情况，对广西海洋产业转型可能存在的问题进行如下总结。

第一，从海洋产业结构来看，广西在海洋工程建筑业、滨海旅游业和海水利用方面具有很大的竞争优势，远远高于中国同行业的平均增长速度，有良好的产业结构基础和较强的竞争力优势。政府可以继续发展这些产业，保持竞争地位，尤其是可以着重发展海洋采矿业、海洋生物医药和临港产业。而对于那些发展空间和核心竞争力相对较小的海洋船舶工业，需要聚焦于提高海洋资源开发利用的资源配置效率。另外，海洋渔业和海洋交通运输业虽然占主导地位，但产业结构层次较低，在国内海洋产业竞争中缺少核心竞争力，不利于区域海洋产业向更高层级优化。

第二，从海洋科研状况来看，解决科研能力薄弱问题是提高海洋产业发展水平工作的重中之重。“科技立则民族立、科技强则国家强”，海洋关键技术能力的提升对广西海洋产业的转型起到十分重要的作用。在疫情导致全球经济低迷的大环境下，需要重视科技的引领作用，重点培养一批涉海专业人才队伍，加强海洋科技关键技术攻关，并完善科技创新成果转化机制，促进大批科研成果转化落地。

第三，从港口基础设施情况来看，广西海洋产业长远发展的障碍因素在铁路运输方面最为突出。基础设施是产业转型升级的重要依托，而

港口基础设施情况也是海洋产业转型的关键环节。目前广西铁路运输设施不健全,公路与港口衔接也不充分,导致常年面临“广西货不走广西港”的困窘境地,抑制临港产业、海洋关联产业发展。

第四,从海洋生态环境来看,海洋生态保育修复和海岛监管执法不足是广西海洋产业转型面临的又一问题。海洋资源的永续利用是实现人类社会经济可持续发展的必要条件。联合国早在 2001 年就启动了“千年生态系统评估”,开展生物多样性和生态系统服务价值总量研究。“绿水青山就是金山银山”,必须要改变以往“资源无价”的错误理念,科学评估海洋生态系统价值,评估生态保护成效,为海洋产业转型提供支撑。

综上所述,广西海洋产业总体保持增长趋势,从一定程度上拉动了广西区域经济增长,对区域全面发展作出重要贡献。针对广西海洋产业发展失衡问题,需要加大海洋产业结构调整力度,进行海洋产业空间布局安排,不仅注重加快海洋化工业、海洋渔业、海洋交通运输业三大优势产业的发展,进一步扩大在同一行业竞争中的地位和优势;而且注重解决海洋生物医药、滨海旅游业竞争力不足的问题,提高现有资源利用率,促进战略性海洋新兴产业和先进海洋机械制造业高速发展,推进传统海洋产业加速转型。

第七章 国内外典型案例分析

21世纪是由海洋主导的世纪，海洋不仅是潜力巨大的资源宝库，也是支撑未来发展的巨大空间。各国政府都加大了对海洋及其开发利用的重视，海洋经济得到了迅速发展。

据统计，近年来世界海洋生产总值以年均11%的速度增长。中国海洋资源丰富，是一个拥有18000千米海岸线的海洋大国，海岸线长度位居世界第四。然而在海洋资源的利用和开发方面，中国落后于许多发达国家太多，仍处于海洋开发利用的初等阶段。长久以来，中国各级政府出台了许多政策措施，加大对海洋开发利用重要性的认识，中国海洋经济得到了飞速发展。海洋经济成为中国经济增长的重要引擎。但是，许多亟须解决的问题仍然存在在中国海洋经济的发展中，如统筹规划缺乏、海洋产业的科技水平偏低、环境污染严重、海洋产业结构不够合理、相关法律法规不够完善等。

广西是位于中国沿海的西南唯一的沿海省份，海岸线曲折绵长，达到1629千米。广西背靠大西南，坐拥北部湾，面向东南亚，具备与陆海丝绸之路衔接的绝佳条件，拥有发展海洋经济独特的区位优势、生态优势、资源优势和文化优势，且面临中国—东盟自由贸易区建设发展日益深化、北部湾经济区全面开放开发、RCEP正式生效、平陆运河规划建设、西部陆海新通道深入拓展等大机遇，但广西海洋经济发展也面临如产业结构不合理、海洋领域人才比较缺乏、同质化发展等瓶颈问题。在此背景下，本书结合国内海洋经济转型取得重大成就的省份和国外海洋经济发达国家的实践经验，分析了各国或地区实践对海洋经济发展的有益启示，对促进中国海洋经济的发展、广西海洋产业转型和向海经济的进步具有重要意义。

第一节 国内海洋经济与海洋产业转型发展典型案例

海洋产业在全球经济发展中的作用越来越明显。进入21世纪以来，在海洋国土面积不断扩大、海洋资源竞争日益激烈的背景下，中国对海洋的关注程度前所未有。党的十八大提出了“坚定不移地保护生态环境，建设海洋强国，大力发展海洋经济，全面提高海洋资源的开发能力，坚决维护中国海洋权益”的中国海洋战略。中国沿海省份和自治区提出了建设海洋经济强省、强市、强区的规划。近年来，中国海洋产业逐步进入良好的发展态势。

一、整体趋势和方向

(一)国内海洋经济整体发展趋势

中国一直以来都高度重视海洋经济的发展，并且为海洋经济可持续、高质量的发展创造了许多有利条件。

2003年，颁布了《全国海洋经济发展规划纲要》，对21世纪中国海洋经济的主要发展路径指明了方向。

2005年，财政部、海洋局和发改委联合发布了《海水利用专项规划》，对处于2006—2015年阶段中国海水利用的规则进行系统性规划。

2007年，全国人民代表大会制定海洋产业发展战略。

2008年，国务院颁布《国家海洋事业发展规划纲要》，包含“海洋经济将健康发展并为国民经济和社会发展作出更大贡献”内容。

2008年，科技部和海洋局联合颁布了《国家科技兴海规划纲要(2008—2015)》，这是中国第一个通过科技成果应用和产业化促进海洋经济良性发展的计划。2010年，第十七届全国人民代表大会通过的“十二五”规划明确提出了关于“海洋经济如何发展”的百字方针，提出了对海洋产业发展和海洋资源利用的具体要求。

2011年，国务院先后批准落实《山东半岛蓝色经济区发展规划》《浙江海洋经济发展示范区规划》《广东海洋经济综合试验区发展规划》，这无疑标志着中国迈入了海洋经济快速发展阶段。

2015年，国务院印发《全国海洋主体功能区规划》，推进形成海洋主体功能区布局的基本依据，是海洋空间开发的基础性和约束性规划。

2016年，国家海洋局与科技部联合印发《全国科技兴海规划（2016—2020年）》，到2020年，形成有利于创新驱动发展的科技兴海长效机制。

2017年，国家发展改革委、国家海洋局联合印发《全国海洋经济发展"十三五"规划》，明确到2020，我国海洋经济空间不断拓展，综合实力和质量效益进一步提高。

2018年，自然资源部、中国工商银行发布《关于促进海洋经济高质量发展的实施意见》。

2018年，国家发展改革委、自然资源部近日联合印发《关于建设海洋经济发展示范区的通知》，支持10个设立在市和4个设立在园区的海洋经济发展示范区建设。

2019年，农业农村部修订《国家级海洋牧场示范区建设规划（2017—2025年）》。

2021年，国家发展改革委、自然资源部印发《海水淡化利用发展行动计划（2021—2025年）》。

2021年，国务院发布批复，原则同意《"十四五"海洋经济发展规划》。

2022年，态环境部、发展改革委、自然资源部、交通运输部、农业农村部、中国海警局联合印发《"十四五"海洋生态环境保护规划》（以下简称《规划》），对"十四五"期间海洋生态环境保护工作作出了统筹谋划和具体部署。

2022年，农业农村部制定印发《"十四五"全国渔业发展规划》（以下简称《规划》），系统总结"十三五"渔业发展成就，研判面临的挑战和机遇，对"十四五"全国渔业发展作出总体安排。

（二）国内海洋经济未来发展方向

十九大报告明确提出要实施可持续发展战略，统筹海洋和国土的协调开发，使海洋强国建设的步伐加快。海洋是当前国际竞争中的新高地，关于海洋治理模式的革新更是越发重要，这也为中国海洋经济的发展路径提供了新思路。中国将继续引领海洋经济发展的新常态，全力开拓蓝色海洋空间，以供给侧结构性改革为主要任务，促进海洋开发效率的提升，更加注重海上安全和海洋权益的保障，以及海洋生态环境的保护和修复。

国务院发展研究中心李佐军表示，中国海洋经济的发展将意味着以渔业为主的第一产业将变轻，海洋产业的比重将增加。接下来是进一步完善海洋服务业，特别是海洋旅游业，这是一个逐步升级的过程。李佐军提出了海洋经济转型的10个方向。

1. 海洋产业高级化

这意味着要以渔业为主，将海洋产业提升到更重要的地位。要着重改善海洋服务相关产业，尤其是海洋旅游业。

2. 海洋产业高端化

高端意味着高附加值，随着消费结构的大升级，海洋产业高成本阶段已经到来，必须利用高端化来吸收这些高成本。

3. 海洋产业特色化

要依托各地区海洋资源的独特优势，发展具有特色的海洋产业，形成独特的竞争力。只有特色才能造就优势；只有优势才能造就竞争力；只有竞争力才能造就发展。

4. 海洋产业集群化

产业集群是产业发展的核心。集群可以使营销成本降低、经济范围化、提高网络效益和聚集效益。

5. 产业经济品牌化

发展品牌企业并且通过品牌提升竞争力，通过品牌提升附加价值。应从最初的加工制造向两端的研发、设计、品牌延伸，其中最重要的是品牌，因为品牌意味着制高点。

6. 推动绿色低碳海洋产业发展

按照节约资源、保护环境的要求发展产业，或者提高资源能源消耗和环境污染控制标准，推动海洋产业转型升级。

7. 海洋经济、产业生态、上下游产业发展必须一体化

整合意味着分工和协作，这可以实现跨界、非跨界企业之间的互联互通。

8. 海洋产业国际化

海洋是国际性的，海洋是全球化的门户、边界和平台。因此，在经济全球化时代，有必要积极参与产业链的全球分工与合作，分享全球分工与合作带来的收益。

9. 海洋产业信息化

在“互联网+”时代，包括海洋行业在内的所有行业要想实现大发展、大进步、大变革，都必须实现信息化，没有其他办法。

10. 海洋产业智能化

现在人工智能正处于大发展阶段，机器人产业也迎来了巨大的发展前景，海洋产业也不例外。

二、以山东省为例

(一)发展背景

山东半岛素有“南粤北鲁”的美誉，其三面环海的地理位置成就了它海洋资源宝库的地位。山东省作为中国东部的经济大省，地处中国南北交界地带，生态环境良好，海洋科技领先，在国民经济发展格局中发挥着

十分重要的作用。改革开放以来，山东人写下了许多辉煌的篇章，其中就包括海洋经济的发展。在改革开放的新时期，山东省在国家高度重视、学术界大力支持的基础上，利用其优越的要素禀赋和地理优势掀起了蓝色热潮，并取得了举世瞩目的成就。2021 年，山东省海洋生产总值实现 1.49 万亿元，海洋经济总量稳居全国第二。其中，海洋渔业、海洋盐业、海洋生物医药业等 6 个海洋产业增加值位居全国第一，现代海洋产业成为新动能增长中坚力量。

根据山东省海洋经济发展的重要时间节点和山东省对于海洋经济地位的认知，海洋经济发展过程主要可分为五个阶段：第一阶段，改革开放初期（1978—1990），山东省在改革开放思想的指导下，结合本省实际情况积极发展海洋经济；第二阶段，"海上山东"战略筹划时期（1991—1997），山东省将海洋经济作为全省经济发展的发动机，提出"海上山东"的创新战略构想；第三阶段是"海上山东"全面建设阶段（1998—2010），山东省统筹国家发展战略和自身情况，全面发展海洋经济并将其纳入国家发展战略之中；第四阶段，蓝色海洋经济区开发与建设阶段（2011—2018），山东省不仅要承担着国家战略试点的艰巨任务，还要突破海洋经济高质量发展的瓶颈；第五阶段，海洋经济高质量发展阶段（2019 年至今），在这一阶段，山东省全面加快海洋实现高质量发展，尽快推进海洋产业结构优化升级步伐，科技创新能力不断增强，市场活跃程度不断地提升，基础不断夯实。随着海洋经济的发展，发展质量和实际效益不断持续提升。在全世界范围内大蓝潮的背景下，山东省的海洋经济转型之路被认为是推进陆海一体化、构建现代产业体系的关键之举，探索了一条科学发展、高质量可持续发展的关键路径。

（二）存在的问题

1. 产业结构不合理，重工业比重高

类似于山东省整体的经济结构，山东半岛沿海地区的高端产业、萌芽产业和附加值较高的产业相对来说较少，而一些传统的产业、低端线产业、资源消耗型产业和第一产业相对来说比较多。这些低水准的产业结构会引起更多资源和能源的浪费，使环境污染问题更为严重，这在一定程度上也是造成该地区海洋经济发展效益、质量和竞争力都不高的主

要原因。

2. 科技创新能力不强，尖端人才缺乏

山东半岛沿海城市科技提供人才支撑能力有限、创新驱动能力低下的问题突出。总的来讲，专业人才数量庞大，但追求创新高级人才尤其是尖端人才严重供应不足，海洋生物学、海洋地质学和海洋化学的人才比重很低。而且山东半岛的沿海城市缺乏应用技术管理人才和开发人才，科技成果转化率相对较低，高端科技人才和团队匮乏。

3. 交通系统需要改进，统筹规划亟待实施

目前，山东省沿海地区的交通系统展现出起步早，标准低的特点，虽然网络密度大，但传输能力差且发展十分不平衡。综合交通系统规划的缺失和基础交通设施支撑能力的不足严重制约了各城市的协调发展。如何科学合理地安排交通网络，使人流和物流实现双畅通，是亟待解决的问题。

4. 海洋环境形势严峻，生态文明建设任务艰巨

海洋生态环境是制约海洋经济社会发展的重要因素，生态环境对于海洋经济发展的主要影响体现在以下两个方面：一是海洋生态环境的恶化对于海洋渔业的发展构成了严重的威胁；二是沿海的旅游资源被海洋生态环境的恶化严重影响，旅游业的经济价值也被严重降低了。2019年的《中国海洋发展报告》明确指出："我国海洋保护区的保护对象基本达到了稳定状态且海洋生态系统的健康状况基本趋于平衡，处于亚健康或不健康状态的典型海洋生态系统仍需重点监测，功能区的海洋环境条件基本达到了规定要求。即便是取得了以上成就，山东半岛的海洋生态环境仍然严峻。"如何实现开发与保护之间的平衡将是山东省海洋经济发展面临的重大挑战。

5. 协调发展无实质性突破，区域间需要加强互联互通

位于山东半岛的沿海城市应成为经济实体和区域城市有机联系的纽带，科学且可持续利用海洋资源，培育扶持海洋特色优势产业，有利于

达成沿海经济与腹地互促共进、发挥各自优势。过去几年，几个城市相互竞争多，合作伙伴少，内部竞争大于互相弥补，特别是在多领域合作相关方面。鉴于各地区欠缺快速有效的分工协作，产业结构很明显趋于一致，会缺乏地方特色发展，主要原因是全省区域性战略层面统筹协调的步骤不够全面，缺乏利益协调机制。

(三)采取的措施

在中国实施改革开放40年以来，山东省的海洋经济基本实现了转型，在国家政策的支持下初步完成了经济意义上的范围扩张与体量扩张。伴随着海洋经济转型的过程，山东省积累了许多宝贵的历史经验。

1. 发展综合性远洋渔业和综合性海洋牧场

对远洋渔船进行升级改造补贴，促进渔船现代化建设。在国内，重点建设沙沃岛国家海洋渔业基地。在海外，加快综合性海外渔业基地在加纳、乌拉圭等国家的建设，实现远洋渔业作业空间的拓展。聚集一批“资源修复＋生态养殖”海洋生态牧场综合体，建设10个国家海洋牧场示范区和17个省级海洋牧场。开展绿色渔业行动，在示范区北部和东部水域投放生态人工鱼礁。南部水域建成了荣成寻山、荣成虎山等现代水产种业园区。加强良种引种、栽培和繁殖，建成10个国家级和省级原始良种场。

2. 推动传统渔业转型升级

实现发展示范区与发展新老驱动相结合，创新“单位面积产出效率”机制，鼓励资源向高效企业集中。重点关注12个项目，以新的海洋驱动力取代旧的海洋驱动力，包括南极磷虾等高端生物开发产业园。挖掘传统海洋文化内涵，打造胶东民俗风情游、海草之家等一大批优质海洋文化产品，举办梦幻沙滩灯节等节庆活动，形成“古村落＋美食＋非物质文化遗产”的海洋文化旅游线路。加强渔业与电商的对接，与阿里巴巴、京东鲜活等平台达成合作。

3. 加强对海洋生物医药产业的重视

以建设海洋发酵酶制剂为创新点，以打造海藻生物活性酶肥生产线为重点任务。围绕海藻、海带等海洋区域优势产品，全力推进微藻活性物质提取项目的建设，采用“领军人才＋产业项目＋涉海企业”的模式，引进高层次人才队伍，加快以海藻生物质为基础的优质饲料添加剂等创新成果的转化。鼓励建成威海(荣成)专业海洋生物科技产业园、海洋高新技术产业园和海洋生物资源大数据服务平台，推进 40 多项关键技术的引进与 140 余家企业入驻威海。

4. 注重顶层设计，全面落实顶层部署

在山东省海洋经济发展的问题上，海洋经济的规划作为山东省海洋经济发展的重要指南，具有引领性的作用。从“海上山东”构想刚刚提出到山东半岛蓝色经济区全力建设阶段，山东省始终将服务社会发展作为落脚点，坚持“规划优先”，实际性工作的开展都将以规划作为引导，致力于海洋资源向经济效益的转化，改革开放初期，山东省为制定关于海岛发展的专门规定，召开了一系列工作会议，统筹规划了人才培养和资金分配等问题，大大促进了山东省海洋经济的发展。有关部门随即制定了具体规划部署，地方政府也发布了相应的区域规划。山东半岛蓝色经济区被纳入 2011 年国家战略后，制定了一系列配套文件，例如标志性的文件《山东半岛蓝色经济区发展规划及实施意见》。这些规划也已成为山东省海洋经济发展的宝贵经验。

5. 坚持“科教兴海”方针，以科技促发展

海洋环境、海洋高新技术、海洋资源等因素共同决定了海洋产业的发展前景。早在“海上山东”战略构想提出初期，“如何做，怎样做”都是亟待解决的主要问题。“海上山东”明确提出建设必须以科技为先导，基于海洋科研、海洋科技和海洋人才优势寻找一条科技兴海之路，使创新科技力量成为山东海洋经济的重要发动机。并始终坚持以培育沿海经济发展新产业、新业态为重点，加强海洋科技创新企业引进工作，加大对海洋相关项目和海洋高新技术企业的投资力度。

6. 优化海洋产业结构，重点突破核心内容

从“海上山东”构想刚提出阶段到全力建设蓝色经济区阶段，海洋产业布局合理化始终是山东省遵循的原则，也是山东发展海洋经济最宝贵

的经验之一。“海上山东”初步规划的整体任务关键是以市场需求为导向,深入推进供给侧结构性改革,充分利用高端科技进步优化海洋产业结构布局,构筑健康、优良、可持续的海洋产业体系,实现资源综合开发和产业结构调整。坚持以可持续发展战略思想为指导,以“四大”工程为重点抓手,以全面提高海洋经济质量为出发点构建新发展思路,把高质量蓝色产业集群作为主要目标。在山东半岛蓝色经济区全面建设阶段,首次发布海洋产业发展全解,依据山东省蓝色海洋产业未来的发展趋势,进一步优化海洋产业结构。

7. 充分发挥理论界的作用,加强理论创新和应用

山东省海洋区域经济发展研究获得了大量实践成果,已然成为山东开展蓝色海洋经济建设的关键理论指导。在山东省海洋经济发展的具体过程中,学术领域在作出山东省海洋经济战略构想、拟定山东半岛蓝色经济区工程规划等相关方面发挥出来了极其关键的作用,具有颇高的理论价值。山东省社会科学院海洋经济研究所是“海上山东”的主创。1987 年,山东省社会科学院海洋经济研究所蒋铁民主张“陆海协调发展,建设开发以陆为基础、以海为阶梯的新山东”的宏伟计划,并主张“陆海并举,一手抓陆,一手抓海”。山东半岛蓝色经济区建设期间,募集大量启动资金积极开展重要研究工作,特别注重理论创新突破和应用创新突破,建设海洋强省、海洋生态文明,科教兴国战略被确认为重点研究的内容对象。逐步构建的一批高价值、高水平的理论将不失时机应用到山东省海洋经济发展的实践经验中。

(四)取得的成果

1. 海洋经济的战略地位逐步提升

改革开放以来,山东对海洋经济的认识和实践不断深化。从“海上山东”构想刚刚提出的阶段到蓝色经济区全面建设阶段,海洋经济在省市级维度上的战略价值进一步提升。早在 1984 年,山东就结合全省自身情况作出了“海陆协调发展”的战略方针。1991 年,首次所提“陆上一鲁,海上一鲁”的战略构想。1998 年 9 月,召开了“海上山东”建设工作会议,启动了“海上山东”建设。2007 年,省海洋经济工作会议召开,提

出了“加快发展沿海地区，明确定位建设功能、突出山东半岛蓝色经济区的产业优势”。山东半岛蓝色经济区的建设也开始出现在人们的视野中。山东半岛蓝色经济区在2011年就成为以海洋经济为区域经济发展战略主题的全国首例，以“国际竞争力较强的现代海洋产业集聚区建设，海洋科技全球领先、海洋生态文明示范区成为全国榜样”为目标。2015年，山东省被确定为“一带一路”规划海上战略支点。从某种角度看来，这对于新发展时期山东省海洋经济的发展路径，当前定位战略由低到高，战略格局由小到大，进展性明显，本身都是对海洋经济的探索推进和发展促进区域协调发展。重大创新和突破已经成为区域经济发展和蓝海战略必不可少的组成。2021年，山东海洋经济总量1.49万亿元，约占全国的1/6，占所在的地区经济总量的18%以上；海洋渔业、海洋盐业、海洋生物医药、海洋电力和海洋运输等产业规模居全国首位。

2. 海洋经济已成为全省经济的重要组成部分

改革开放以来的新发展时期，山东施行一系列去发展海洋经济的战略重大措施，使全省海洋经济高质量、高速度发展。从实施“海上山东”建设战略的效果来看，海洋产业发展迅速，海洋渔业、海洋机械与运输、水产养殖、海洋化工、海洋医药和沿海旅游业实现了蓬勃发展，海洋三大产业形成了统筹发展的模式，海洋经济在20世纪末就已成为全省经济重要增长点。山东半岛蓝色经济区建设前六年中，2016年该区区域GDP达到31386.5亿元，占全省GDP的46.8%，比基期2010年增长67.6%，年均增长9.0%。固定资产投资2.51179万亿元，年均增长13.8%，是2010年的2.2倍。公共财政预算收入2.8465万亿元，年均增长15.7%，是2010年的24倍。进出口总额11494.1亿元，年均增长2.6%，是2010年的1.2倍。2021年，山东省海洋生产总值实现1.49万亿元，海洋经济总量稳居全国第二。以上数据足以表明，山东海洋经济在改革开放以来，作为全省经济发展的重要引擎发挥了至关重要的作用，已然成为全省经济的重要组成部分。

3. 科技支撑作用增强，海洋科技创新步伐加快

海洋科技是海洋经济起飞的翅膀。山东几乎成就了中国海洋史上的所有“第一”。山东在新时期始终坚持以“科教兴国”为主要战略，在国

内首次提出了提升全省海洋科技创新能力的战略，坚持以体制机制创新带动技术储备和传统产业升级，将支撑海洋经济发展的动力落在培育新兴产业上。山东拥有全国近半数的海洋科技人才和三分之一的海洋领域院士，省级以上海洋科研教学相关机构55个，省级以上海洋科技平台236个。目前，山东拥有全国唯一的现阶段国家试点实验室——青岛海洋科学与技术国家实验室。逐步形成了人才优化、基础设施完善、海洋科学研究和技术开发的完整梯队体系。2019年国家海洋创新指数报告显示，海洋科技与经济日益融合，海洋科技创新有效带动了海洋产业发展。在2021年国家科学技术奖评选中，山东牵头参加完成国家科学技术奖37项。

4. 海洋经济结构不断优化，现代海洋经济体系逐步建立

产业结构优化是反映海洋经济发展的重要指标。从刚提出“海上山东”概念到山东半岛蓝色经济区全面建设阶段，山东省通过国家和省级政策，优化了当时的海洋产业结构布局。在建设“海上山东”初期，就提出了大力发展新型海洋产业、以传统渔业为突破口、加快传统产业加工现代化等一系列政策。随着“海上山东”建设的深入开展，山东省的海洋产业初具规模。随着整个国民经济结构的改革，产业结构已经从传统产业向传统产业与新兴产业的结合转变，2000年产业结构也调整为“一、三、二”。进入21世纪，实现海洋经济高质量发展、进一步调整海洋产业结构和进入海洋经济强省，成为山东海洋经济的最新任务。而全力打造山东半岛蓝海经济区，正是完成这一任务的重要途径。山东半岛蓝色经济区发展规划明确提出先发展第二产业，加快发展第一产业，大力发展第三产业，协调发展三大发展产业。经过多年努力，山东半岛蓝色经济区的海洋大产业发展规模位居全国第一。2016年至今，山东省“三二一”海运产业结构模式不断优化，现代海运产业体系基本建立。山东将优化提升海洋渔业、船舶工业、海洋化工、海洋矿业等传统海洋优势产业，培育壮大海洋高端装备制造、生物医药、新能源、新能源等海洋新兴产业。进一步推进发展海洋文化旅游、涉海产业等。金融、贸易等现代海洋服务业促进海洋产业与数字经济融合发展。2021年，山东新增港口吞吐量4000万吨，沿海港口完成货物吞吐量17.8亿吨和3447万标准箱，同比分别增长5.5%和8%。此外，开通海铁联运班列76列，完成

256万标准箱，同比增速22.1%。

5. 海洋开发与保护并重，海洋经济可持续发展能力日益增强

随着改革开放的深入和进一步对海洋的开发利用，山东省逐渐将工作重点转向海洋经济发展的方式，重视开发与保护的关系处理，以蓝色海洋和海洋资源可持续发展为重点。在产业发展方面山东省也率先提出要遵循环保和可持续发展的原则探索循环经济，持续促进海洋经济绿色发展。山东省在以可持续发展为主要原则的基础上将海洋生态泛海红线制度推广到全省，该制度不但完善了省、市、县海洋环境监测网络，还将海洋生态建设力度最大化。山东将坚持开发与保护并重、污染防治与生态修复，持续改善海洋生态环境质量，保持海洋自然再生能力，集约节约借助海洋资源，促进海洋生态协调发展。海洋生态和海洋产业，打造出了碧水清滩，碧绿的海岸，美丽的海湾，美丽的海岛。

三、以广东省为例

(一)发展背景

广东省自然条件优越，毗邻东海、黄海，海域辽阔，滩涂广且岛礁众多，海岸线长且海湾细，海洋生物和矿产资源丰富，海洋资源优势得天独厚。大陆海岸线长4114.3千米(含人工海岸线)，居全国首位，有1963个岛屿，居中国第三位。

广东是经济大省，2021年广东省GDP总量12.44万亿元，按2021年平均汇率折算，广东省2021年GDP约为1.93万亿美元，超过韩国(1.79万亿美元)和俄罗斯(1.77万亿美元)，跻身全球前十大经济体之列。广东是全国首个经济总量(GDP)突破10万亿元大关的省份，连续32年位居全国第一。

广东是海洋大省，拥有全国最长的海岸线。《广东海洋经济发展报告(2022)》数据显示，2021年全省海洋生产总值近2万亿元(19941亿元)，占全国海洋生产总值的22.1%；广东海洋经济总量连续27年居全国首位。广东省环境保护良好，在全国率先提出推进海湾改造修复和生态岛礁建设。全省沿海79.3%的海域达到一、二级海水水质标准，海岸

绿化率 89.9%，建立保护区 182 个。近年来，广东不断完善港口、机场、高速公路、高铁等交通基础设施，建设优质海堤、渔港、通信系统能源和沿海公路，提高抵御海啸等自然灾害的能力，保障了海洋经济的发展。珠三角区域的港口也以高效、安全的特点初步发展成为亚太地区最受欢迎的物流枢纽。

(二)存在的问题

1. 海洋综合管理能力不强

在全方位建设海洋强省重大任务要求下，广东仍缺乏高水平统筹协调的海洋治理整体，海洋管理职能相对分散，在制定海洋发展重大战略部署、海洋发展基本要素、优化资源配置等相关方面，欠缺统一有效的专业综合标准化体系，无法满足实现全方位建设海洋强省的实际具体需求。而国内其他不同的省份，在新一轮机构全面改革中，为加强省委省政府海洋工作的全方位领导，搭建海洋高质量发展的战略阵地，山东省结合自身地域条件成立了海洋开发委员会，有利于达成党对海洋建设的全方位领导。除此之外，还新设立了海洋和渔业管理办公室，用于担任省政府的直属机构。山东省科技厅和自然资源厅分别设立了海洋专项项目，但还未初步形成推动重大科技突破瓶颈的合力。

2. 海洋科技支撑能力不强

一是海洋科技开发研制资金不足。2016 年，广东省海洋高校和科研机构研制开发投入 29.2 亿元，仅占全省研发生产资金的 1.43%。海洋研究单位经费预算合计金额居全国第四，占国家研发生产资金的 11.7%。二是广东省海洋领域创新平台少，欠缺重要和有实力和地位的平台。海洋研发国家级别重点实验室只有 1 个，新型海洋研究独立研发机构仅占 1.6%，海洋研究高端技术企业仅占 1.1%左右，64 型等大型海洋科学装备地球物理学专业综合研究船和南海海底科学观测网仍未正式投入运营。三是地方海洋科技创新专业人才培养体系的建立尚未形成。广东省 153 所高校中，只有 2 所海洋学院，3 所学院设有海洋学院，12 所学院设有海洋相关专业。2016 年，全省海洋院校只有 12 个博士学位授权点和 16 个硕士学位授权点，博士学位授权点和硕士学位授权点分别只有30和179人。

3. 海洋生态环境质量有待提高

广东省工业污水排放超标、城市生活污水排放超标、沿海地区生活废水排放超标。其中，污染源排放最严重的是城市生活污水入海排放，超出标准43.2%～62.8%。入海河水水体轻度污染，氨氮浓度、总磷、需氧量含量超标，工业污水和主要有机污染物直接入海排位列全国第三位。尽管广东近年来加大了环境保护和污染治理力度，但从源头上治理污染仍存在许多薄弱环节。监测结果显示，2007年广东省河口管辖海域，港口等近海海域水质未见改善，受陆源污染影响，大部分河口及沿岸水域和海湾水质较差，一些地区和部门缺乏对海洋功能区进行划分，一些业主只追求国内收入，不考虑自身行为的负外部性，造成了海洋生态环境恶化。2006年上半年，湛江市对虾养殖发病率约为62.5%，全省每年因疾病造成的水产养殖产值损失超过15%。

4. 外部形势的逐渐恶化带来了巨大的影响

以服务对外贸易为主的海洋第三产业是广东省海洋经济发展的关键构成部分，占海洋经济的60%以上。美国很长一段时间以来一直都是广东省的第二大贸易伙伴。近几年来，中美贸易摩擦屡屡发生。美国方面多次对中国出口产品加征出口关税，限制中国高端技术公司的产品的进一步发展，对广东高新科技产业产品出口造成了不利影响。新型冠状病毒的突然爆发，对海洋旅游服务业造成巨大冲击，也造成海上运输的物流成本上涨，从而致使广东省海洋服务贸易出现减退，对广东省海洋产业的发展产生很大的不利影响。

5. 海事法规和政策需要改进

广东省虽然在地方海洋法律法规和制度建设上取得了一些显著成果，但在海洋经济的发展上仍表现出难以适应，主要体现在：一是大多数海洋法律法规都由行政部门制定，缺乏全面性和统一性；二是《联合国海洋法公约》和国家海洋法相关法律并不健全；三是一些法规和措施的法律水平太低，权威性不强，在实施过程中难免受到影响。

6. 海事管理体制僵化

广东省是最早开展海洋综合管理的省份之一，并取得了一定的成效。然而政策多元化和条块分割的问题仍然困扰着广东省海洋经济的可持续发展。海洋管理涉及多个部门，如海洋渔业局、科学技术局、生态环境局、海事局和运输局等，广东省综合协调机构运作不理想，造成海洋政策执行困难，海洋政策在某种程度上只能是“纸上谈兵”。

7. 海洋科技政策效果不明显

广东海洋科技发展趋势经长期观察可以明显发现，海洋关键核心技术和海洋高新技术的研究明显滞后，而海洋产业的布局和海洋科技研究的滞后又造成了海洋技术应用的滞后，在海洋科技创新战略方面大多局限于传统海洋产业并且严重缺乏前瞻性认识。海洋新兴产业和海洋高新技术研究滞后于发达地区，海洋科技创新缺乏相关政策支持和有效地战略指导，导致本省的海洋科技创新水平相对于山东等省存在较大差距，对广东省海洋的可持续发展造成了不利影响。

8. 公众参与政策制定和执行的程度不高

海洋政策作为一种公共政策是公众在海洋领域的政策表达。海洋政策的目标应该是满足公众利益、满足大多数人和保护少数人、满足公众或社会的共同需求。但是广东目前在制定海洋政策过程中的情况却是相反的，在政策制定之前、制定期间和制定过程中，大多数意见和建议都是向行政部门和相关行业部门征求的，直接面向公众的有效沟通和协商机制并没有建立，公众积极参与的深度不够。

(三)采取的措施

1. 形成五大海洋产业发展格局

在海洋工程装备方面，广东省正着力打造高端智能海洋工程装备产业，重点实施重大项目，通过突破关键技术来提升研发能力，积极建立智能海洋创新科技中心。在海洋生物学方面，广东省的研究团队攻克了砗礫人工繁殖、育苗种子生产技术和绿海龟人工繁殖技术，海洋生物医药产品和海洋功能性食品通过“海洋生物天然产物库”的建立得到大力地发展。在海上风电方面，坚持优先发展海洋能源，提高相关核心企业海上风电项目开发的参与度，逐步形成规模化的发展格局。在天然气水合物方面，广东省在南海天然气水合物开采成功后，将与中石油签署协议，全面推进天然气水合物国家战略观勘探试验点建设。在海洋公共服务方面，广州、深圳、珠海、汕头、湛江五大沿海城市将被列为重点发展对象。

2. 持续改善科技创新环境

广东省一直以海水综合利用业、海洋能源产业、海洋高端装备制造业等高新技术产业为重点发展对象，以海洋龙头企业为主体带动海洋科技创新体系的完善，通过海洋科技创新战略联盟的形成实现关键技术的突破。通过创新科技环境的改善实现海洋科技创新成果转化机制的完善，提升了海洋科技产品的国际竞争力。全面推进海洋经济创新区域重点示范，重点发展高效安全健康农业和海洋生物医药产品。

海洋科技创新步伐加速。截至2020年底，全省已建成省市级以上海洋领域平台150多个。海洋创新取得的成果显著，海洋领域专利授权许可1700余项。“十三五”期间，广东海洋科研创新能力平均指数年平均提升2.0%，2020年该指数值为110.5，比上年进一步提升1.4个百分点。海洋科技研发投入快速增长，技术和人才迅速聚集。截至2020年底，共计海洋高端技术公司400多家。“十三五”期间，重点持续监测海洋科研单位的专利申请量提升50%以上。

广东湛江海洋经济发展示范区截至2020年底，涉海员工比例达到35.7%，转化研发成果91项，授予涉海专利176项，科学技术对海洋经济的贡献率为65%。

在珠三角海洋经济优化发展区中，一大批科技兴海基地已经建成并实际投入使用。2019年，作为国内首个无人船研发测试基地，珠海香山海洋科技港正式建成；南方海洋科学与工程广东省实验室（珠海）投入使用，亦形成了一批具有自主知识产权的海洋科技创新成果。随着科技合作的深入推进，珠三角海洋经济优化发展区海洋科技研发优势不断加深，成为南方海洋科技教育中心和科技创新基地。

在粤东海洋经济重点发展区中，汕头大学“绿色海洋产业技术学科群”不仅科研成果高产，而且为地方经济发展提供了创新技术支撑。近年来，粤东海洋经济重点发展区详细规划涉海科学基础设施建设、近海远海海域资源科学开发等内容，以提升粤东地区整体海洋科技水平，从而进行海洋前沿科技技术开发、海洋产品深层次加工。

在粤西海洋经济重点发展区中，广东海洋大学作为全国涉海特色高等院校之一，拥有广东海洋大学海洋经济与管理研究中心、广东沿海经济带发展研究院等研究机构，提供重要智力支撑。粤西海洋经济重点发展区加快实施创新驱动发展战略，南方海洋科学与工程广东省实验室（湛江）首批 9 项科研项目启动，湛江海洋科技产业创新中心加快建设。

3. 逐步优化海洋产业结构

广东省将其沿海要素禀赋优势充分发挥并进行合理分配分工，将珠江三角洲作为主体充分发挥其主导作用，并协调粤东与粤西的关系，加强区域间的城市分工和海洋合作，打造海洋经济协调发展的区域新格局，大幅提升珠三角海洋经济区的国际竞争力和发展水平。粤东充分发挥沿海区位优势和海洋资源优势，大力推进工业化，重点发展沿海资源型特色产业。粤西充分利用其漫长的海岸线和丰富的海洋资源，积极发展沿海旅游业，重点发展港口重化工业、特色产业和配套产业，优先发展临港产业。近年来，广东湛江海洋经济开发示范区先后引进京信东海电厂、中科炼化一体化等 60 多个项目，总投资约达到了 1960 亿元。广东省将滨海旅游业、海洋服务业和海洋运输业等产业作为重点发展对象，将石化和钢铁等成熟产业作为重点依托对象。同时广东省充分利用其在海洋生物制药中的明显优势，打造了以中药为主体，以血液制品作为特色发展对象的新发展格局。

4. 加快发展循环经济

一是大力发展海洋生物资源的保护和培育，将外来物种入侵、自然环境变化和人类行为对海洋体系造成的负面影响降到最低，打造绿色海洋产业环境。二是对海洋捕捞行为进行干预，通过对远洋捕捞行为进行严格控制，对于过度捕捞行为建立惩罚措施，使海洋生物资源的可再生达到可控范围内，为海洋生物资源的再生创造有利条件。三是加快海洋科技进步，促进海洋经济发展可持续性地提高，解决海洋经济发展与海洋环境保护的矛盾，实现广东海洋经济快速有效发展。中国科技炼油一体化项目总投资 36.88 亿元，建设废水、废气、VOCS、固体废物、噪声、环境风险防控、地下水污染防治等 40 余项设施和措施。采用绿色技术和生产设备，最大限度地减少各种污染物的产生。建立了 1300 米卫生防护区、三级水防治设施、地下水污染监测井等环境应急防控体系。宝钢湛江钢铁公司通过海水淡化、废水回用和雨水收集，使二次资源综合利用率达到 99.93%，并专门严格采用大气污染物排放限值，自备电厂提前执行超清洁污染物排放标准。

(四)取得的成果

1. 海洋经济稳固发展

《广东海洋经济发展报告(2022)》正式发布。报告显示，2021 年，广东省海洋总产值 19941 亿元，年增长 12.6%，占全省 GDP 的 16.0%，占全国海洋产值的 22.1%。广东省海洋经济总量连续 27 年位居全国第一。广东已成为中国海洋经济发展的主体城市核心。结合香港航运市场和澳门沿海旅游产业的极大优势，大湾区已成为中国海洋经济高质量发展的关键动力来源。广东海运产业结构的调整有所优化。海洋第三产业结构组成所占的比例为 2.5：27.5：70.0，海洋第一产业所占比例同比降低 0.2 个百分点，海洋第二产业所占比例同比升高 1.4 个百分点，第三产业所占比例同比降低。海运业比前一年降低 1.2 个百分点，对海洋经济发展的贡献继续增加。海洋主要产业增加值 5723 亿元，同比增速 13.3%；海洋科研、教育、管理和服务行业增加值 8922 亿元，同比增速 10.2%；海洋相关产业增加值 5296 亿元，同比增速 16.1%。现代海洋服务业对海洋经济发展的做出的贡献愈来愈大，海洋经济已成为广东省经济发展的关键增长极。

2. 产业集群迅速形成

“十四五”期间，广东将着重精心培育一批海洋领军企业，规划海上风电、海洋油气化工、工程等 5 个千亿元以上的航运产业集群设备、海洋旅游度假和当代海洋渔业。在广州新南沙区，中船龙穴造船基地已成为优质海洋装备制造产业的核心和以造船业为支撑的优质海洋装备制造基地，涵盖制造、维修、保养、租赁、集装箱和物流等上中下游产业链体系。随着时间的推移，15个知名区域性港口物流总部相继成立，逐步形成了南沙全球海运服务产业集群，大陆企业服务、大型船舶登记等房地产板块初步形成集聚。深山特别合作区依托港澳战略性新兴产业的快速渗透和外溢，进一步推进布局乡村休闲旅游、综合商贸、文化创意产业、海洋金融会计、海洋生物医药等。关于沿海地区的工业，2019年11月，新广东综合生产基地项目在湛江揭牌，总投资100亿美元。目前，广东已建成全国最小的沿海有色金属产业带。

3. 形成综合性海洋产业体系

滨海旅游业和海洋油气产业、海洋运输业等产业的快速发展使广东海洋产业发展呈现新格局，目前，已形成以海洋运输、海洋渔业、沿海电力、海洋旅游为主体，以海洋生物医药业、海洋船舶制造业等为创新点的新发展体系。在海洋经济大发展的时代背景下，广东省各新兴产业间、新兴产业和传统产业间形成了良性的互联互通，产业间的合作程度明显加深，默契程度明显增加，经济效益明显提高。

4. 海洋产业结构多样化，各产业发展平稳较快

自开始发展海洋经济以来，海洋产业实现了前所未有的发展。与陆地产业一样，海洋产业集群的发展也经历了初始阶段、中期阶段和高级阶段。目前，广东省海洋经济也随着海洋经济的"服务化"而进入快速发展阶段，初具规模的海洋产业发展高级阶段也基本形成。与此同时，包装、储运等后续产业随着技术和资金的积累逐渐呈现加速发展的趋势，海洋运输和海洋信息等海洋第三产业已成为广东海洋经济发展的未来支柱性产业。广东海洋产业发展重点虽逐步向海洋船舶、矿业等海洋第二产业转移，但以海洋渔业为代表的传统海洋产业仍处于主要地位。

5. 海陆经济一体化趋势明显

广东通过结合科技、人才、市场等优势，逐步实现了海洋经济与陆地经济的联动发展，使海陆经济呈现一体化趋势，促进了沿海地区的现代化和区域就业，随着人口向沿海地区的聚集和海陆经济的协调发展，大

力促进了沿海基础设施的建设和生产力布局的协调性,生态环境的保护与管理也将协调性作为重点目标,沿海地区显然已成为广东省新的生产和生活空间。

第二节　国外海洋经济与海洋产业转型发展典型案例

随着世界土地资源日益受到限制,海洋经济的发展与升级越来越受到人们的关注。在经济全球化的今天,海洋作为各国的经济纽带和交通大动脉,在现代国际社会和各国的政治经济中发挥着不可替代的作用。海洋经济转型升级也成为大多数沿海国家优先发展的重要模块。目前,全世界100多个沿海国家已经制定并实施了海洋综合管理计划。纵观世界海洋经济发展现状,澳大利亚、美国、英国、韩国、日本等国家无疑处于世界前列。

一、整体趋势和方向

进入新世纪以来,海洋经济的发展越来越受到世界各国的重视。发达国家把海洋开发作为国家战略,形成了许多新的海洋观,如海洋经济观、海洋政治观、海洋科技观等,发展模式正在从传统的单一发展向现代的综合发展转变。

国外海洋经济发展趋势概括如下:

(一)海洋经济发展依靠科技进步向高精度、深层次拓展

20世纪80年代以来,美、法、英等传统海洋经济大国以及日、韩等亚太国家分别提出了海洋高新技术优先发展的战略决策,制定了海洋科技发展规划。澳大利亚为刺激和引导海洋科技发展,保护海洋生态环境,制定了《澳大利亚海洋科技发展计划》,旨在通过制定一系列海洋科技发展政策,提高海洋国际竞争力,保持海洋科技领先地位。韩国通过提出“蓝色革命”构想,大力支持以高新海洋产业促进海洋资源的可持续

发展,使其海洋权利达到最大化。

(二)人口和经济向沿海集中

当前,海洋经济的发展逐步显现了沿海地区人口和产业集聚的趋势。目前,世界三分之二的大中城市集中在沿海地区,五分之三的人口迁往沿海城市,预计20年内将有更多人口居住在沿海地区,大约为世界人口的四分之三。美国东北部大西洋沿岸城市群,面积13.8万平方千米,占美国面积的1.5%;人口6500万,占美国总人口的20%;制造业产值占全美的70%,城市化水平达到90%以上,是世界最大的金融中心。日本东海道城市群面积约10万平方千米,占日本总面积的31.7%,人口近7000万,占全国总人口的61%。它是日本政治、经济、文化和交通的中心,占日本国民收入的三分之二。

(三)海洋生态循环经济模式已成为各国海洋发展的理想模式

联合国秘书长古特雷斯在2005年对于海洋企业社会责任和海洋法的报告中,用大量文章描述了当前经济发展模式的主要特点和不足的海洋国家,并敦促一些国家鼓励研究和开发,以在基础知识之上为海洋建设实施可持续发展的基本原则。美国是最早开展海洋循环经济理论和方法研究的国家之一,早在2000年8月,美国就通过了《海洋法(2000)》。日本政府一方面加大对海洋循环经济发展的投入,大力推进基于物质形态变化、化石燃料枯竭和信息共享的海洋空间利用,鼓励利用无污染自然资源;另一方面,在原有的基础上更进一步提高教育经费,构建极其丰富、完善和完善的海洋监测系统,进一步加大海洋生态保护,发展海洋,发展循环经济。

(四)追求海洋的可持续发展已成为世界各国的自愿行动

人类对海洋可持续发展的认识不断加深,对海洋的认识不再是一刀切的资源开发利用,而是如何协调可持续发展与资源的联系开发利用。加拿大政府还制定了“21世纪海洋战略”,最大限度地转变海洋经济价值,保障海洋资源的可持续发展。美国国家海洋政策规定,“应制定海洋政策以确保海洋的可持续利用并确保后代的利益不受侵犯”,将可持续性原则列为使用海洋资源的指导原则。日本也始终以“保护和恢复海洋环境”为首要原则。可见，保障海洋生物多样性的保护和海洋生态环境和修复，已成为多个国家谋求海洋可持续发展、扩大海洋规模的社会新趋势。

（五）建立海洋综合管理体系已成为沿海国家发展目标

21 世纪，海洋管理的范围将从近海延伸到海洋，从国家管理延伸到全球合作。管理内容从各种开发利用活动扩大到保护自然生态系统，尤其注意加大培训和宣传教育的运用。1950 年后，美国成立了海洋资源部委员会、国家海洋资源开发与工程委员会、国家海洋和大气管理局，负责海洋资源、环境和科学研究的管理，并在全国范围内提供服务。2004 年，日本发表了第一份海事白皮书，提出了对海洋的全面管理。英国和其他国家最近也在进行海洋综合管理系统的改革。全世界约有 100 个沿海国家对海洋资源的利用和海洋产业开发进行规划，许多国家也在其海洋政策或国家战略中明确了海洋资源开发管理的原则和目标。

二、以美国为例

（一）发展背景

美国海岸线绵长，海域面积约 1400 万平方千米，海洋资源丰富。美国东、西、北部分别濒临大西洋、太平洋和北冰洋，拥有世界上最大的海洋专属经济区，面积约为 1135 万平方千米，海洋资源十分丰富。

美国既是大陆强国，又是海洋强国，其沿海地区面积仅占全国总面积的 10%，却拥有全国 40%的人口。海洋经济是美国经济重要且具有弹性的组成部分，主要集中在依赖海洋和五大湖的六大海洋产业。2020 年，美国海洋经济贡献了约为 3610 亿美元的国内生产总值。美国作为一个海洋经济大国，着力发展海洋工程装备制造业、海洋生物业、海洋矿产业、船舶建造、滨海旅游和休闲服务业、海上交通运输业等 6 大海洋产业，海洋及相关产业已成为国民经济支柱之一。海洋产业对美国经济的贡献是农业的 2.5 倍，95%的海外贸易是通过海上运输的。海洋经济对美国的发展十分重要，分别占美国总就业的 75%和 GDP 的 51%。

美国政府一贯高度重视海洋战略和政策的制定，美国国会在 1966

年一致通过了《海洋资源与工程发展法案》，该法案中主要包含提议建立海洋资源委员会，对美国的海洋资源开发利用进行全面的审查和评估。美国国会在2000年通过了《海洋法令》，法令中明确提到关于海洋政策的新原则：在对海洋资源合理利用的同时也要保护人类与动物的生命安全；保护海洋环境，防止海洋污染，提高人类对海洋环境的认识；增加技术投资，促进能源发展，确保美国在国际事务中的领导地位。

为加强对海洋经济的统计和研究，美国国家海洋和大气管理局（NOAA）于2000年启动了国家海洋经济项目NOEP（National Ocean Economics Program），开展美国海洋和海岸带经济研究。

（二）存在的问题

1. 海洋观念停留在浅层面

美国在建国后很长一段时间没有认识到海洋对美国未来发展的重要作用，但在战争中已经存在以“发展海军保卫国土”的想法。美国最初对海洋的使用是基于“沿海防御”的概念和来自海洋的外部敌人对美国的威胁。美国在独立后就意识到了增强国力以加强国土防御是当前面临的主要任务。因此，在很长一段时间，美国一直把防止海上入侵和国土防御作为主体任务，并未将海上贸易作为进出口贸易的主要增长点。

2. 缺乏海洋管理经验

1991年，美国国家研究委员会、美国国家科学院、美国国家工程院成立了专家组，历时多年，耗资13000万美元对海洋环境进行全面监测，然而由于可利用的环境决策信息有限，使花费了大量心血的监测数据库只是一个“数据库”，投入产出比严重失衡，使美国海洋环境缺乏全面协调的管理。海洋监测部门不具备环境保护管理职能，具有管理职能的部门不负责监测。因此，他们认为经济利益大于来自部门利益的环境利益，这就造成了美国海洋相关法规远远落后于海洋环境的发展。

3. 人口与土地资源严重失衡

随着人口的增长和经济的发展，交通资源和水土流失等问题凸显，环境污染和自然资源短缺给沿海地区带来了沉重的负担。因此，决策者和海洋管理者面临着平衡经济增长和海洋生态的重要任务，随着沿海人口在有限空间内继续增长，这项任务将越来越具有挑战性。2008 年，美国沿海地区人口增加到 700 万，2015 年增加到 1200 万。美国的沿海生态系统正由于人口密度的急速增加而面临土地退化。与此同时，美国海洋资源管理也因海平面上升、过度捕捞等灾害的影响面临更多的困难和挑战。

(三)采取的措施

1. 重新规划海洋发展顶层谋划

罗斯福总统高度重视马汉的海权理论，在任时期美国最重要的任务就是发展海军，壮大海军。威尔逊总统提出了比罗斯福总统更强有力的海军发展计划。杜鲁门总统高度重视海洋资源的开发利用，将美国海洋战略的重心由壮大海军事业调整为开发海洋资源。约翰逊总统主张对海洋资源和海洋环境进行合法保护与管理。里根总统高度重视海洋经济的发展，在此期间美国海洋政策从保护海洋环境转变为发展海洋经济。克林顿总统倡导保护海洋生物多样性及海洋生态系统，确保海洋开发的可持续性。2004 年 7 月，美国出台了《21 世纪海洋蓝图》，对海洋资源、海洋教育和文化、海洋生态管理等方面做出具体改进，它是完善美国海洋战略的里程碑式文件。2004 年 12 月，为贯彻实施海洋蓝图，布什政府提交了《美国海洋行动计划》。奥巴马政府进一步强化了美国海洋管理制度。2010 年 7 月，奥巴马总统发布《海洋、海岸带和五大湖国家管理政策》。美国政府于 2013 年 4 月公布了《国家海洋政策执行计划》，并提出一系列具体措施，包括促进海洋经济发展、保障海洋安全、提高海洋和海岸带恢复力、支持地方参与、强化科学和信息支撑等 5 个方面。特朗普总统倡导重振美国“军事雄风”，确保美国牢牢占据在国际安全方面的主导地位，升级军事战略在外交政策中的作用。2017 年 10 月，美国发布了《保卫前沿:美国极地海洋行动面临的挑战与解决方案》。

美国海洋综合实力突出，其海洋战略调整具有显著的国际影响力，不仅对世界各国的海洋政策调整有着重要影响，而且对国际海洋秩序、国际政治、经济、区域发展以及部分地区的和平稳定都会产生一定影响。

当前美国海洋战略东移的重大调整，将对世界和亚太国际关系产生深远影响。

美国是最先将海洋经济发展策略上升到国家政策中的国家，其海洋经济的飞速发展也与其对待海洋经济发展的前瞻性策略有着很大关系。法、澳等十几个沿海国家也紧随其后开始考虑将海洋经济策略上升到国家范围内的海洋政策。

2. 重视海洋科技能力建设

20 世纪 90 年代，美国凭借其丰富的要素禀赋优势和科学的海洋资源管理方法，一直处于世界沿海国家海洋科技的前列。据统计，美国政府每年约投入 270 亿美元用于海洋科学研发。美国政府始终提倡“科技兴洋”，并且因地制宜地根据不同沿海地区发展重点海洋项目，至今共建立约 700 个海洋研究机构，美国政府每年在这些海洋研究机构的投入高达三百亿美元。与此同时，美国还量体裁衣的根据不同地区海洋要素禀赋的差异建立各具特色的工业园区，积极响应国家的海洋战略，基于高新海洋技术研究大批标准化、技术化流程，使政企合作得到了有效地实施，使政府战略得到广泛应用。

进入 21 世纪后，美国加快了海洋科技发展战略规划的步伐，成立了美国海洋政策委员会，围绕美国未来海洋科学和技术发展路线制定发布了多项战略规划与计划。其中，《绘制美国未来十年海洋科学路线图：海洋研究优先计划及实施战略》(2007—2017)和《美国海洋科学与技术：十年愿景》(2018—2028)是引领美国海洋科技事业发展的两个“十年”计划，它们为美国在新的历史时期的海洋科技发展确定了方向。

3. 完善法律法规，提高海事执法能力

美国从 1776 年建国到二战前都没有制定具体的海洋破坏政策。1953 年，艾森豪威尔总统签署了《岩表土地所有权法》和《外部专属经济区土地所有权法》。1960 年，美国联邦政府通过了《海洋资源与建设工程开发相关法案》。所有与美国海洋相关的问题以及如何解决具体问题都由总统审查。1972 年，美国颁布了《海洋破坏、研究内容和保护区法案》。

在《联合国海洋法公约》和全世界自然保护委员会等全球非政府组织的推动下，响应国际社会和国内保护海洋的号召，众议院提出了一项

提议，即在1998年制定海洋法并制定海洋政策该委员会审查了现有的海洋保护区系统。美国国会于2022年6月13日通过了《海上运输改革法案》。经过多年的发展，美国创建了完善的法律法规体系。美国政府还根据各地区海洋要素禀赋的差异和沿海地区的特色，将海洋经济发展的政策差别化，因地制宜地促进海洋经济全面发展。在国家的安全层面上，建立优势互补、共赢、协调发展的美国海军和海上执法机构仍然是美国海洋发展的重要保障。

4. 着眼海洋环境保护，实现海洋经济可持续发展

美国在里根、克林顿时期，就非常注重海洋环境保护，注重保护海洋生物多样性及海洋生态系统，确保海洋开发的可持续性。2000年，美国政府通过了《海洋法》并提出了以实现海洋资源可持续发展为核心的海洋发展新原则。在该法核心原则的引导下，美国政府将焦点落在沿海环境管理和污染的防治上，并通过国家海洋区域化保护的形式实现了国家重点海域的蓝色发展，尽一切努力确保海洋生态系统保持健康、生产性和可恢复性，以促进海洋经济的持续健康发展。

5. 以强大健全的金融体系支持海洋经济发展

在国外海洋经济发展的成功经验的启发和指导下，美国逐步形成了参加的海洋金融支持体系，政府、企业、金融机构和民间资本。早在1850年前后，美国政府就主动设立了由财政部、美联储和联合国存款保险公司共同投资的海洋投资基金，旨在为海洋的稳步发展予以全方位的支持。美国是最早开展海洋循环经济研究的国家之一。制定《海洋法》，成立海洋政策委员会，为海洋产业和海洋金融发展予以支持。《海洋法》提出，实施国家海洋新政的关键是财政安全，财政拨款占海洋经济发展的主体。政府每年在该领域投入约500亿美元。《海洋法》建议建立一个海洋信托基金，由联邦政府收取的海洋特许权使用费和未来联邦水域商业活动的费用予以资金。美国政府还成立了渔业委员会来补贴海洋渔业，借助低息贷款和特殊农业补贴支持新鱼类加工技术的发展。

美国完善了国际经贸和海洋投资法律保障，维护了本国企业海洋投资及经营合法权益，形成了民间资本承担海洋经济的商业性运作，国有企业承担海洋经济的战略性运作的合作模式。

三、以其他发达国家为例

(一)澳大利亚

澳大利亚地处南半球,海岸线绵长,海洋经济总体发展态势良好,是世界上第一个采取海洋经济政策指导海洋发展的国家。它是一个真正的海洋超级大国,拥有世界上最大的海洋管辖权和高度发达的石油、天然气等海洋产业,澳大利亚所拥有的海洋经济区是陆地面积的两倍。

澳大利亚在海洋经济转型、海洋产业升级、海洋资源开发和管理等方面进行了许多有益的尝试,澳大利亚在海洋产业中投入了大量的财力和物力用来促进海洋经济的高质量发展。最具代表性的措施包括:一是澳大利亚 1997 年发布了强调海洋经济发展重要性的海洋产业发展战略。二是对海洋产业的发展实施综合性管理,将焦点落在各部门间的协作分工。将原来单一的海洋产业管理模式和缺乏透明度的决策转变为综合全面的管理模式。三是高度重视沿海环境的保护和海洋产业的可持续发展,澳大利亚政府提出,任何海洋资源的开发都一定要以可持续发展为前提,根据不同地域的资源禀赋和情况进行海洋资源利用。澳大利亚政府还提出要建立健全海洋环境监测体系,对环境恶化明显的地区进行重点监测。渔政部门同时还规定要严禁过度捕捞,完善捕捞政策,提倡科学合理的捕捞规矩和科学的捕捞工具,大幅弱化捕捞对海洋的伤害。

澳大利亚在海洋经济发展中也极为强调政府在其中的作用。首先,澳大利亚政府制订了基于资源整合的海洋经济发展策略。规划中为促进海洋可持续发展而强调科学的利益分配,在更大的程度上维护了海洋的可持续发展和生物多样性,在促进各产业协调发展的同时有效保证了可持续性原则。其次,澳大利亚政府为防止海洋环境质量恶化和生态失衡,投入大量资金用于建立海洋生态保护区和完善海洋环境监测体系,通过政府的呼吁和各部门积极的响应,使海洋生态环境的保护达到了效益最大化。再次,渔业管理部门通过对环境保护理念和海洋资源可持续性发展重要性的充分宣传,使全社会的环境保护意识大幅提高。通过可持续捕捞政策的落实和科学捕捞工具的推广,使捕捞对海洋可持续发展造成的伤害达到了最小化。

澳大利亚发布了两部国家级海洋科技计划，来引领海洋科技事业的发展。1999年，澳大利亚科学与技术部大力推动，海洋科学界专家通力配合，制订出台了第一部海洋科技计划——《澳大利亚海洋科学与技术计划》；2015年推出了第二部海洋科技计划——《国家海洋科学计划2015—2025：驱动澳大利亚蓝色经济发展》，以支持蓝色经济发展为核心目标，以海洋科学发展为支撑，充分利用海洋资源，实现海洋可持续发展。

（二）韩国

韩国曾被称为亚洲四小龙之一，面向山东省。韩国三面环海，其半岛海岸线绵延约1.7万千米（包括群岛海岸线）。韩国海洋经济的发展始于1960年，1980年左右进入高速发展阶段。当前韩国已经形成了以船舶业、渔业、港口工程等为主的海洋经济体系，并且也凭借其高发展的经济而成为亚洲最发达的国家之一。国土交通海事部在1996年为确保海洋部尽可能融入政府更名为海洋部。

韩国历来高度重视海洋产业的现代化，尤其是高附加值的海洋生物产业。目前，韩国正在建立连接各大港口的网络服务器，试图通过搭建信息系统和物流平台来提高海洋生物产业的附加值。到2030年，韩国釜山港将成为世界第三大航运枢纽。韩国将借力海洋生物产业附加值大幅增高的机遇大力发展基于互联网的信息系统和物流平台，全面提升海洋经济水平。此外，韩国政府还制定了一系列关于海洋垃圾、海洋废水的处理措施，确保对海洋环境进行有效管理，有助于开展国家海洋经济和环境保护工作。

韩国海水养殖业高度发达的原因是由于其增加了深海捕捞能力。韩国在建立了拥有近800艘船只的大型深海捕鱼船队的同时，又非常重视海产品的深加工，占海产品总量的一半以上。韩国政府也十分重视港口和港口工业园区的开发建设，二十世纪以来大约建立了1500个大小不一的港口。

韩国制定了“西部开发计划”，计划投资223.13亿韩元建设西海岸沿海经济区，涵盖产业基地建设、通信、电站建设等126个开发项目。韩国借助制定优惠的投资政策，创造良好的投资环境来吸引外部投资。例如，在经济区实行自由化的外汇制度，尽可能消除外商投资的滋扰因素，为外商创造更加宽松的金融环境和便利的投资服务。

（三）日本

日本作为一个四面环海、土地资源极其贫乏的岛国，一直高度重视海洋资源的可持续发展和海洋经济的转型。早在 1960 年，日本就提出“海权”战略，并将海洋资源可持续发展战略上升到国家战略地位。日本于 2007 年 4 月通过了《海洋基本法》，强调合理发展海运业，完善海运业相关法律法规。其次，在海洋资源开发利用方面，日本高度重视海洋经济与国民经济部门的互动与发展。日本政府基于腹地的产业发展情况，建立了沿海与腹地良性互动的港口产业集聚区，形成了“依托大城市港口、聚焦海运业、开发腹地”的三赢局面。最后，日本政府高度重视鼓励民间投资海运业。例如，在日本关西工业园区，通过吸引民间资本投资海洋经济，成立了中央、地方政府和民间资本共同出资的股份制公司。不仅财政资源使用效率大幅提高，政府财政负担也有所减轻，为民间资本找到了实现盈余的良好投资渠道。日本 2018 年 5 月发布《海洋基本计划》，提出将重点领域从海洋资源开发转向安保、领海及离岛防卫，确保日本在海洋安全形势日益严峻背景下的海洋权益保护。

日本成功的海洋经济发展首先得益于政府的监管作用、行业优先的规划和相对全方位的海洋政策。为实现海洋产业可持续发展，日本政府相继出台《立足于长远发展的海洋开发基本构想及推进方案》《第九次港口建设七年计划》等政策性文件，积极引导银行、银团给予对应企业信贷支持。2000 年通过的《循环型社会形成推进基本法》中提出，政府应加大海洋资源发展的经费投入，保证金融对海洋产业的支持；2007 年 4 月《日本海洋基本法》明确了金融支持；2018 年 5 月通过了作为 2018—2022 年海洋政策指导方针的《第三期海洋基本计划》。

（四）加拿大

加拿大位于北美洲北部，海岸线约长 24 万千米，是世界上海岸线最长的国家，坐拥丰富的海洋资源。加拿大四周被太平洋、大西洋和北冰洋所环绕，拥有世界上最长的海岸线，海洋资源十分富饶。在世界海洋经济转型和海洋发展过程中，加拿大的海洋经济发展历史悠久，有着十分完善、科学的海洋经济发展体系。

目前，加拿大将成熟的TAC全球小规模捕捞体系用于渔业管理体系统中，在传统和新兴海洋产业中合理高效地发挥作用，取得了十分优秀的成绩。针对渔民过度捕捞海洋生物的问题，联邦政府通过IVQ-TAC联合系统对渔民过度捕捞的问题进行治理，制定保护海洋生物多样性的科学对策，以增加加拿大潜在的海洋渔业资源并实现海洋物种的优化。此外，加拿大政府还将渔业补贴制度纳入海洋经济发展策略，旨在保护海洋生态环境，实现海洋产业的可持续发展，弱化过度捕捞对海洋造成的伤害。

（五）英国

英国被大西洋、北海和英吉利海峡环绕，海岸线长达11450千米，海洋资源十分富饶。作为世界海洋经济发展进程中最具代表性的国家之一，英国早在1700年就开始发展航运业，并在世界海上运输和航运业的发展中处于领先地位。由于世界土地资源日益稀缺，海洋产业可持续发展和海洋经济转型成为各国关注的焦点，海洋经济的发展已成为大多数沿海国家经济发展的主要动力。19世纪60年代，英国把目光从发展海上经济转向海上油气的生产，迅速形成了新的海洋经济增长点。在石油短缺的时代，这一举动使英国成为独一无二的海洋领导者。

此外，英国政府通过税收优惠政策对油气设备处置成本提供保障，大大鼓励了海上油气产业的发展，通过允许大公司向成熟的小企业转让技术，促进了很多企业整合资源的进程，使更多的企业具备油气投资的资格。与此同时，英国政府高度重视经济增长与环境保护的重要性，相关公司要以保护环境为原则来协调海洋资源可持续发展和公司经济增长的关系。在英国海洋环境保护取得优异成绩的大背景下，英国政府也在积极参与新能源的研发，并将新能源战略与环境保护放在同等重要的位置，实现二者统筹发展、稳中有进的新局面。英国2018年3月发布了《预见未来海洋》，全面阐述了英国海洋战略现状和未来需求，展现了其试图通过海洋科技创新重返全球海洋领导地位的雄心。

英国政府高度重视海洋能源创新，先后资助了涵盖政府技术项目在内的多个项目。英国政府还向为航运业予以融资等服务的金融机构予以税收减免。在英国海洋能源产业的发展中，风险投资在海洋能源技术的创新阶段发挥着至关重要的作用，非常具有价值。该风险投资主要与政府资金相结合，共同投资海洋能源领域。完善的法律体系也离不开英国发达的航运业，存在特殊的管辖权，海事仲裁协会负责处理全球多个新兴海事行业的金融纠纷。

第三节　国内外典型案例对广西海洋产业转型发展的启示和借鉴

一、制定和完善海洋环境发展规划，健全相关政策

一是加速完善海洋经济发展规划和政策体系，不断增强对海洋经济发展的引领作用，科学调整实施海洋产业结构。二是制定海产品养殖、海洋产业发展、污水处理、海洋蓝色新能源开发等具体政策，完善自治区层面的海洋经济发展政治支撑框架，统筹规划投资、融资政策、财政支持政策和资本环境政策，为海洋经济发展营造良好的政治支持环境。三是基于国家层面的海洋经济发展政策，广西以财政补贴促进基础设施建设、支持新能源开发和养殖业。提供低息政府贷款和直接财政投资，实现民间资本和企业资本共存、政府财政机构、金融机构良性互动的新型投融资格局。四是完善海洋产业发展的金融服务。支持大型海洋企业上市融资，并加大海洋科技人才的培养。完善海上事故保险机制和自然灾害险种，实现投保方、保险公司和政府三方担险的保障模式。五是制定和完善海洋资源可持续法、海洋环境标准法、渔业法、海洋区域使用法等相关法律法规，确保海洋经济安全、健康、科学地发展。

二、调整海洋产业结构，扶持海洋新兴产业

海洋经济的整体质量和实力取决于海洋产业结构的合理性。在一些发达国家中，海上运输、旅游业等新兴产业在海洋产业中占有较大份

额。渔业在中国海洋经济中一直占据着很大的比重，渔业、海洋运输业和海洋旅游业从长期发展潜力来看劲头十分有限。一些传统海洋产业，如海洋能源、海洋生物制药、水资源利用等战略性新兴海洋产业具有较大潜力，但后者在中国海洋经济中占比极低。这说明中国海洋经济发展水平较低，海洋二、三产业发展相对滞后，海洋产业结构不合理，需要转型升级。因此，必须加快广西海洋产业结构调整，大力扶持海洋战略性新兴产业。未来，应着力提升海洋装备制造和船舶制造行业的自主创新能力，依托广西科技资源优势，加强与专业院校、科研院所的合作与互动。同时必须利用海洋高新技术，实现传统产业现代化，推动传统产业升级转型。

三、建立统一全面的海洋管理体系，提高行政效率

中国现行的海洋分权管理体制具备分行业、分行业的特点。由于各区域的分工混乱、重复投资和无效竞争等问题突出，造成了资源的浪费。例如，天津、大连、青岛等地区都试图将自己定位为北方国际航运枢纽，大力建造集装箱码头，竞争十分激烈。政府部门应当承担起海洋资源的协调配合的责任，建立负责海洋资源开发、海洋产业可持续发展、具体规划等战略实施的综合性中央海洋决策中心，并在各地设立协调中央工作的分支机构。海洋的管理是一项复杂巨大的工程，各国都面临着合作不合力的困扰，建立一个统一的、权威的海洋部由此显得十分重要，有利于整合海洋资源，有机结合海洋相关工作，实现各地域海洋的均衡发展。

四、发展向海经济，增强海陆联动

海、陆经济体是一个紧密联系、相辅相成的有机整体，推进陆海经济结合，大力发展向海经济是实现陆海经济协调发展的重要途径。第一，刺激陆地和海洋产业之间的良性互动。发展沿海生产、陆上加工的互动发展，并通过行业协会向海洋产业扩散人才、技术和资金，发展“海洋＋”，大力发展向海经济，形成海陆产业互动发展的新形势。第二，海洋和土地管理的全面化。建立以协调海陆行政矛盾为主要职能的综合管理机构，提高行政部门管理效率。第三，充分发挥沿海港口运输优势，构

建海陆集散体系。重点建设内河运输系统，着眼于发展高水平内河运输和基于互联网的运输系统，全面提高内河航道运输能力。支持和指导海铁联运协调机制，发展高端集装箱海铁联运，促进海铁联运参加方相互间的沟通协调。

五、加强海洋科技创新，培养海洋科技人才

当今时代的国际竞争在很大程度上是科技的竞争。比如说，美国发展强大和先进的海洋科学技术，为美国航运业的发展及其在世界上的领先地位予以了巨大的技术支撑和保障。因此，没有强大的海洋科学技术的支持，中国就无法建设成为海洋强国。“十一五”以来，中国围绕国家重大战略和海洋高新技术建设，加强了海洋关键领域科学技术的自主创新和发展，在海洋技术研究中投入大量的资金，使中国海洋技术得到全面发展。国家自然科学基金委、国家海洋局、科技部和教育部在 2011 年联合发布了《海洋科技发展“十二五”规划纲要》。该规划纲要对中国 2011 至 2015 年度海洋科学技术发展进行了具体而全面的规划，促进了海洋科技成果的产业转化，对中国海洋经济的发展进行了引导。

广西要想成为海洋强区，就要积极参与国际性海洋合作项目，通过合作及时把握海洋科技最前沿的发展趋势，尽快缩短广西与国内海洋经济发达地区、世界海洋经济发达国家的差距。发达地区的海洋经济之所以繁荣，除了巨额资金的支持和前瞻性的政策引导外，一个重要原因就是发达地区注重科技的研发和技术的创新。美国和日本海洋经济发展的成功经验表明，科技创新和高新技术的研发是提升海洋经济国际竞争力的关键。

海洋科技人才是海洋科技提高的关键因素。广西应全力培养海洋人才：一是构建自治区政府主导的，相关企业、金融机构共同参与的多元化金融保障体系。发挥公共资金对海洋科研特别是基础性和大型研究项目投资的重要作用，通过完善相关投资激励措施，吸引各方资本对海洋科技的金融支持。二是基于相关科技人才的引进、培养和使用三个关键性环节缓解广西科技人才短缺的痛点。通过引进海外高端人才，制定完善的人才引进政策来消除人才缺失的短板。与此同时，依托广西本土丰富的科技资源着力培养本土人才，通过公平替代制度的完善，培养一

批具有高新技术能力或高级管理能力的海洋人才。三是以自主创新为立足点，坚持原始创新与集成创新的初心，将目光落在自主创新的应用上，培养海洋科人才。四是遵循产学研相结合的总体要求，要注重学生的理论与实践相结合，提高学生的创新能力，借鉴发达国家成功实现海洋经济转型的经验，鼓励北部湾大学等高校建设成为区内外著名的海洋综合性大学，立足于人才发展战略为海洋发展领域的人才培养提供基地。

六、加强海洋环境和资源保护，实现海洋经济可持续发展

海洋经济已成为大多沿海国家提升国民经济所关注的重要部分。中国当前的经济发展特征体现为高度依赖海洋的开放型经济，并且这种经济格局还将在很长一段时间内持续深化。然而，纵观中国海洋经济的发展历程，不难发现中国海洋经济发展走的是带来沉重治理成本的先污染后治理之路，此种发展方式不仅使海洋环境遭到破坏，还造成了海洋资源的过度开采，严重违背科学发展观的理念。

广西要想科学、绿色的发展海洋经济就必须避免走“先污染、后治理”的弯路，务必将曾经的粗放型经济增长模式转变为循环经济发展模式。循环经济发展模式不仅能突破企业发展的瓶颈，还能构建基于可持续发展观念的海陆循环体系。因此，循环经济是实现海洋经济可持续发展的必由之路，有助于保护海洋环境，解决水资源污染难题。在基于循环经济推动海洋经济发展时，首先要建立统一、严格、可靠的海洋环境监测体系，采取严格的标准和审批制度，划分海洋功能区，严格控制污染物排入海洋，明确处罚制度以提高企业保护海洋环境的意识和责任；其次是完善自然灾害防灾减灾体系以及海上灾害预警机制，建立健全海洋环境区域性责任制度，政府呼吁相关企业和金融机构对海防工程建设的投资，加强海岸滩涂保护和抗水大坝建设。最后，应加强相关人员监督执法效率，提高执法人员素质。

第八章　向海经济下广西海洋产业转型推进策略

近年来，广西坚持以海洋为整体，科学规划，合理布局，在制定相关产业规划和产业行动中向海洋靠拢。提出发展提升传统产业，打造绿色临港产业集群，培育新兴产业的海洋辐射和驱动腹地和产业发展的关键方向。努力培育向海“产业树”，创造出海“产业林”，促进了工业、城市和海洋的一体化发展，初步建立了具有广西特色的现代临海产业体系。

自治区北部湾的数据显示，2021 年北部湾经济区电子信息、新金属材料、绿色化工、林浆纸、粮油食品、装备制造、能源、生物医药、健康等八大产业集群实现收入超 9000 亿元。北部湾口岸共有集装箱航线 64 条，其中外贸航线 37 条，内贸航线 27 条，货物吞吐量达 3.58 亿吨，增加 6200 万吨，居全国口岸之首。完成了 601 万标准集装箱，货物吞吐量升至沿海港口第 9 位，集装箱吞吐量升至第 8 位。海铁联运列车数量和可达性达到最高，6117 趟海铁联运列车建成，比上年增加 1510 趟。新增 6 个省、22 个市、40 个站点，现有 13 个省（自治区、直辖市）、47 个市、92 个站点，服务范围首次扩大到中国中部和南部地区。钦州铁路集装箱中心站装卸量创历史新高——钦州铁路集装箱中心站装卸量超过 31.7 万标准箱，比上年同期新增 3.4 万标箱。钦州港东航道扩建工程完成，北部湾港首次成功停靠具备 20 万吨级集装箱船舶通航能力的 15 万吨级集装箱船和 30 万吨级油轮。首次开通“钦州港—孟加拉吉大港—印度钦奈港”航线，实现北部湾港至南亚航线零突破，北部湾港货物吞吐量首次进入全国前 10 名。南宁国际铁路口岸是开通“南宁—西安（新筑）—努尔苏丹”中欧班列的第一个口岸。

第一节　全面借力国家大力发展向海经济与海洋强国战略的综合性举措

2017年4月和2021年4月，习近平总书记两次考察广西，提出了"打造好向海经济"和"大力发展向海经济"的重要指导精神，为广西经济实现转型升级和高质量发展指明了战略发展方向，开启了广西发展向海经济的新篇章。广西壮族自治区党委、政府高度重视习近平总书记的重要指示，出台了多个政策文件，包括《关于加快发展向海经济推动海洋强区建设的意见》和《广西加快发展向海经济推动海洋强区建设三年行动计划(2020—2022)》，不断推进海洋强国战略，积极探索海洋发展的新需求和新空间，培育和壮大现代海洋产业体系，加快构建海洋经济发展新格局。

面对世界前所未有的变化，中国正在加快构建国内外双循环、相互促进的发展新格局，迎来广西海洋经济发展的重大战略机遇期。2022年1月1日，《区域全面经济伙伴关系(RCEP)》正式生效，中国—东盟自由贸易区升级换代步伐加快，西部新陆海通道成为国家战略，平陆运河规划实施，促进了广西北部湾经济区、北部湾城市群、中国(广西)自由贸易试验区、面向东盟的金融开放门户等一批国家对外开放平台的建设。广西还实施了"强首府"和"北钦防一体化"战略，加快发展了中国基础设施建设，加大与周边省份和东盟国家开展临海合作的力度，构建了现代产业体系，实现"大通道＋大平台＋大产业"的一体化发展，带来了重大的市场机遇和优越的发展环境。

一、大力发展向海经济战略

(一)总体要求

1. 指导思想

广西以新时期中国特色社会主义习近平思想为指导，深入贯彻党的第十九次全国代表大会和党的第十九届二次、第三、第四、第五、第六次全体会议的指导思想，贯彻落实习近平总书记关于广西工作的重要指示，坚持新的发展观，坚持向海洋发展的战略方向和加强地图；以西部陆海通道为动力，以平陆运河规划实施为契机，努力构建“南向、北联动、东融合、西融合”的全方位开放发展新格局；积极推进北钦防一体化，实施强首府战略，建设高标准自由贸易试验区，发展北部湾国际门户港，加快北部湾城市群一体化，全面连接粤港澳大湾地区；促进东盟金融开放门户、中国—东盟信息港、国家重点发展开放试验区等重大开放合作平台的建设，强化全区引领作用和西南、中南辐射作用，构建具有广西特色的现代临海产业体系，努力把广西建设成为中国发展“海洋型经济”的主力军和试点示范区，把广西建设成为具有重要区域影响力的强大海域。

2. 基本原则

广西坚决贯彻落实陆海统筹战略部署，坚持陆海规划、江海联动、山海协调；协调陆地、海岸线和海洋的空间布局和资源开发，推进内陆向海洋的发展，加快形成海陆基础设施互联互通、资源共享的海陆一体化协调发展新格局，联合开展生态环境保护和防治工作。

广西在发展向海经济，推进海洋产业转型升级时，优先考虑生态和绿色发展，坚定不移地走绿色发展道路，发展与保护并重，严格遵守生态红线，加强海洋生态环境保护和改善，构建绿色、低碳、循环的海洋经济发展新模式。坚持港口产业集聚、差异化发展方向，依托港口和产业园区打造强大、互补、延伸的链条，打造具有区域特色的港口产业集群，促进产业、港口、城市一体化发展。继续实施创新驱动发展战略，通过创新引领发展，深化科研体制改革，加强科研基础设施和创新平台建设，提高关键技术研发和科技成果应用能力，增强自主创新的核心能力，以科技创新引领海洋经济高质量发展。致力于内外互联互通和双向开放，加强与东盟国家和“一带一路”国家和地区的交流与合作，建立健全开放、合作、互利的合作体系和机制，搭建海洋经济合作平台，构建区域产业和供应链，提高对海经济开放与合作水平。

3. 发展定位

广西的发展定位是：向海经济北部湾先行区、区域特色现代化湾区、向海通道产业集聚区、东盟地区主要合作区、海洋生态文明示范区。

(1)向海经济北部湾先行区

广西将整体实施陆海联动、陆海共建规划,推动江海联动、陆海协同发展的新格局,通过陆路新模式推动向海经济发展。以陆海新通道为牵引,整合陆海资源,优化产业结构,构建面向海洋的现代经济产业体系,形成海洋经济集聚区。建设美丽的北部湾蓝色海湾,实现海洋和谐绿色发展,建设海洋生态文明示范区。深化与东盟国家的海上交流与合作,积极探索建立互利共赢的蓝色伙伴关系,助力建设未来共享的中国—东盟海洋共同体。

(2)区域特色现代化湾区

广西将完成湾区经济错位发展、特色发展、互联互通的建设,以北海市铁山湾—廉州湾、钦州—钦州湾、防城港市—防城湾为主要空间载体,着力打造产业密集、科技密集、交通集聚、海湾现代化的城市群,成为继渤海湾地区、杭州湾地区、广东大海湾地区之后中国第四大海湾地区。

(3)向海通道产业集聚区

广西将以西部陆海新通道为牵引,培育枢纽经济;加强沿海与内陆产业对接,引导生产要素沿通道重点集聚,建设电子信息、化工、先进装备制造、生物医药、再生资源、贸易物流等现代海港产业集群,形成“物流+贸易+产业”的新商业模式,打造优质的海陆经济通道。

(4)东盟地区主要合作区

广西将全面拓展与东盟国家合作的广度和深度,推动建立 RCEP 先行示范区,促进与东盟国家基础设施互联互通,完善中国—东盟跨境物流体系,建设中国高标准(广西)自由贸易区,做真正深入的中国—东盟博览会、中国—东盟信息港、中马“两国双园”开放平台,致力于促进中国—东盟自由贸易区的升级。

(5)海洋生态文明示范区

广西将全面践行绿水青山就是金山银山的理念,坚持生态环境保护和海洋资源开发,着眼于海陆污染协同修复与生态保护、生态海洋综合管理体系的创新,提高海洋生态环境治理能力,促进海洋经济循环、节约、低碳发展,构建海洋和谐、生态良好的广西海洋生态文明模式。

4. 发展目标

到 2025 年,广西将实现沿海经济跨越式发展,空间布局更加合理,基础设施网络基本完善,产业体系初步形成,经济实力显著增强,初步建成具有较强区域竞争力、特色鲜明、全面开放的示范区。

到2035年,现代海洋产业体系更加完善,海洋空间布局更加合理,临海经济发展环境更加优越,全面完成基础设施的建设,打造优良的生态环境、先进的海洋文化和强大海洋治理能力。

(二)向海发展布局优化

1. 一核引领

核心区。依托"强首府"和"北钦防一体化"战略,将南宁、北海、钦州、防城港建设成为海上经济核心区,形成以产业、科技、人才、信息、交通、金融等优势引领全区海洋经济高质量发展的格局。

南宁将发挥"海上通道"的核心作用,加强内河港口的支撑功能,建设成联通"一带一路"的重要门户城市和枢纽城市。北海将依托海洋经济发展示范区打造海洋经济高质量发展和海洋资源保护利用创新实验平台,强化海洋功能和特色,建设成为现代海洋城市。钦州市将依托中国(广西)自由贸易试验区钦州港区建成中国西部陆海新通道枢纽城市、中国与东盟高质量"一带一路"合作示范城市、面向海洋的经济集聚区。防城港充分发挥边海优势,深化边海联动,建设国际医疗开放试验区,建设面向东盟的国际枢纽城市。

2. 两区联动

(1)开发区。建设湾区、贵港、崇左等三市为海上经济扩展区。依托与核心区相邻的区位优势,加强核心区基础设施间的互联互通和产业间的联动发展,促进产业链延伸、集群发展和一体化发展,有序向海洋拓展产业空间。以龙潭工业园区为重点,海湾地区城市将加快港、产、城整合,打造"两湾"产业融合的试验区,成为新金属材料和新能源材料的重点产业基地。贵港将着力完善珠江—西江经济带,促进江海产业联动,打造珠江—西江经济带核心港口城市和战略性新兴产业城市。崇左重点推进边海产业联动和山海合作,建设面向东盟合作的南疆现代化城市。

(2)辐射区。在柳州、桂林、梧州、百色、贺州、河池、来宾等七个城市建设面向海洋的经济辐射区，承接延伸区产业向内陆腹地的扩张，带动面向海洋腹地的特色产业发展成优势突出、特色鲜明、功能互补的全球产业新格局。

柳州在引导和扶持重点产业、发展大物流出海、“走出去”制造业等方面做出了表率，打造了中国西部新的陆海通道枢纽节点和制造业优质发展示范区。桂林加快湘桂经济通道建设，主动发展长江入海经济带，搭建桂粤湘黔产业合作交流平台。梧州充分发挥连接东西的区位优势，发挥中转港的枢纽作用，梧州依托桂东承接产业转移示范区建设，将梧州建设成为珠江西江经济带区域中心城市和广西“东融”枢纽门户城市。贺州积极推进广西东海岸铁路货运列车常态化，扩大与沿海地区的联合开发，在广西建设“东融”试点示范区。百色将加快边境地区的开放和发展，百色将努力建设成为广西、云南、贵州三省交界的区域中心城市和新时期边境地区开放和发展的示范城市。河池将推进山海产业合作，建设国家生态大健康产业深度融合试验区。来宾将成为珠江西江经济带高质量发展的重要支点，打造广西内陆承接东部产业转移的新高地。

3. 四带支撑

(1)沿海经济带。培育海洋经济全产业链发展，形成以北海、钦州、防城港、湾区工业园区为依托的现代滨海经济带。重点打造化工、新材料、电子信息、装备制造、能源、医药、林浆纸等临海(港)产业集群；提升和发展海洋渔业；扩大和加强沿海旅游业；培育高端海洋装备制造、海洋医药生物制品、海洋新能源等战略性海洋新兴产业；大力发展海洋金融、海洋信息服务、港口、航运、物流、贸易等现代海洋服务业。

(2)西部陆海新通道经济带。广西作为西部地区陆海新通道的引领，加强产业互动，在“一带一路”沿线各省、自治区、直辖市开展生产能力国际合作，促进运输环节和产业的一体化发展；建设重要的交通枢纽，培育西部陆海新通道经济带，以现代商务、国际贸易、跨境电商、临港产业为重点，整合渠道产业发展。深化与中西部地区的产业合作，加强与成渝经济圈的联动，支持沿线省、自治区、直辖市在广西沿海、沿江、沿边建设产业园区，形成一批规模经济强、辐射作用强的特色产业集群。配合湘桂经济通道，推动长江经济带沿线省份在北部湾经济区建设经济园区和出口加工基地。

(3)边海联动经济带。协调百色、崇左、防城港等城市沿海、沿边发展,依托重点开发开放试验区建设边海一体化经济带。提升西部陆海新通道和北部湾国际门户港的物流枢纽作用,发挥广西在大宗商品集输、流通和转运方面的优势,完善边海国际物流体系,推进边海国际贸易政策一体化,建设一批进出口加工基地、国际产能合作基地、贸易和贸易服务基地,支持壮大边境和海洋特色产业。立足广西丰富的少数民族文化特点,促进边境地区和沿海地区旅游业共同发展。完善重点开发开放试验区、边境经济合作区和跨境经济合作区功能,加强边境贸易产品加工和港口物流业,发展农林产品加工装配,加快边境贸易转型升级。

(4)桂东向海经济带。梧州、贺州、湾区等桂东地区全面对接粤港澳大湾区,加快广西"东融"的步伐,大力发展沿江临港产业,完善粤桂特别试验区、广西东部第一合作示范区(贺州)、"两湾"龙头产业集聚发展试验区(广西湾区)等产业园区平台的承接能力。在电子信息、汽车、机械制造、可再生能源、家电轻工业、现代纺织、高端家具等项目中,实现与新一代信息技术、新材料、新能源和智能汽车等产业间的互联互通,智能发展战略性新兴产业,吸引大湾企业的投资将成为广西产业链布局的重要环节,加大参与区域产业链、供应链和价值链建设的深度,加快建设连接东盟和大湾地区的桥梁和枢纽。

(三)全面发展海洋产业

1. 海洋渔业

积极推进"蓝色粮仓""海洋牧场"项目建设,加快国家级海洋牧场示范区建设,支持建设一批标准化池塘、产业化循环养殖、深海防风网箱生态养殖产业示范基地和水产养殖工业船舶。积极推进南珠产业发展,建设南珠产业标准化示范基地。推进现代渔港经济区建设,建设具有区域特色的海产品深加工示范基地、冷链物流中心和辐射周边省份及东盟国家的水产品交易市场,培育海水产品加工龙头企业和区域品牌。积极探索海洋渔业和海上风力发电综合发展的新模式并鼓励发展休闲和远洋渔业。

2. 海洋运输业

拓展航运网络体系，稳步完善北部湾港口至天津、日照、上海、广州等重要港口的航线，开通与重庆、贵州、四川、云南、甘肃等省市的定期货运列车，促进与海南自贸港集装箱航线合作。依托腹地客源市场，加快发展东盟航空公司，大力拓展至非洲、南美、中东、北美、南亚的远洋航线。加强海陆运输资源整合，加强北部湾港口与欧洲、南宁、柳州铁路港口以及南宁、北海、桂林、柳州机场的联合开发。

3. 海洋旅游业

加快建设北部湾国际滨海度假区和北海邮轮母港，推进一批高档、优质滨海度假设施和度假酒店的建设，积极推进北海银滩、涠洲岛、防城港江山半岛、钦州三娘湾成为国家级旅游度假区。加快沿海腹地旅游带建设，发展北部湾度假旅游、中越边境跨境海关旅游、海上丝绸之路邮轮旅游等特色旅游线路。培育一批适合居住、工作、旅游的沿海城镇（岛），推动休闲度假酒店和“渔家乐”的转型升级和品牌连锁经营。大力发展沿海和海上体育产业，鼓励举办国内外高水平赛事，打造一批泛北部湾海岸线体育旅游精品线路和户外休闲体育品牌。

4. 高端船舶设备制造业

推进大型造船和海洋工程装备制造基地建设。加快海洋深远资源开发，推进海洋牧场多功能平台建设，引进海洋深远养殖、冷链运输加工等渔业装备示范应用产业链，开发养殖船、大型智能深水网箱等海洋新型装备。优先发展深海油气矿产资源开发和平台大宗装备制造，加快建设具有区域、国际竞争力的北部湾海洋工程装备制造基地和南海综合资源开发支撑基地。

5. 海洋生物医药工业

优化海洋生物产业空间布局，促进海洋微生物、海洋螺旋藻、抗癌药用有效成分、鲎试剂、药用南珠等海洋生物资源的孵化基地建设。建设海洋生物医药产业研发平台，在东盟市场建设现代医疗设备与电子设备交易平台，在北部湾建设海洋生物医疗产业集群，加快防城港国际医疗开放试验区建设。推进内陆与沿海生物医药企业合作，开展海洋生物医药新产品及其产业化示范研究，扶持一批具有自主知识产权的海洋生物医药、生物制品龙头企业。

6. 海洋能源与环境保护产业

支持海洋油气矿产开发，探索建设海洋深海油气矿产资源加工基地。大力发展清洁能源，支持北部湾海上风电大规模集约发展，以海上风电产业集群和海上风电产业园区为核心，带动风电设备制造全产业链和海上风电服务产业集群发展，培育"海上风电＋"一体化发展新商业模式，推进远洋风电技术创新，开展远洋风电低成本示范项目建设。探索和推广潮汐发电站、潮汐能和波浪能示范区、海上风电能源岛的建设，安全高效发展核电并推进海上电站和节能设施建设，重点建设面向东盟的北部湾新能源汽车产业基地。加强海洋碳汇栖息地建设，开展海洋碳汇综合利用发展模式研究和技术研发，探索和促进海洋碳汇贸易，深化国际蓝碳合作，大力发展绿色循环海洋生态经济，合理布局海洋环保产业。

7. 海水综合利用产业

大力发展海水综合利用产业，结合沿海临港工业区建设和沿海电力等重点行业的建设发展与扩建项目，积极推进和扩大海水回用为工业冷却水的节能模式。根据海岛和滨海旅游区开发建设需要，推动海岛海水淡化项目的实施。延伸海水化学资源综合利用产业链，提高资源利用效率和产品附加值。

8. 现代海洋服务业

积极培育和引进海洋金融服务市场主体，发展海洋金融贷款、保险、租赁等产品和服务。建立面向东盟的国际物流基地，积极开展保税、国际中转、国际采购配送等物流服务。积极提升航运服务业水平，构建现代航运服务体系，打造航运服务产业集群。加快"智慧海洋"工程和广西海洋大数据中心建设，建设面向东盟、辐射西南的数字经济集群。

（四）促进向海通道的连通性

1. 开辟陆地和海上通道

加快西部陆海新通道建设，通过疏通西线、扩大中线、完善东线来消除道路瓶颈，以铁路为骨干、高等级公路为补充大幅度提高干线运输能力，加快推进贵—南高速铁路、南昆铁路和百色至威舍段增建二线等重大项目的建设，加快 G75 兰海高速公路重庆至南宁段、G72 泉南高速公路广西段、G80 广昆高速百色至南宁段等扩容建设。确保与粤港澳大湾区的畅通衔接，重点建设宁深高铁、柳广铁路、黔桂复线改造、南京至珠海高速公路等一批重大项目。

加快跨境陆路通道建设，推进凭祥、东兴、龙邦口岸铁路建设，完成南宁—崇左—凭祥铁路建设，有序推进文山—防城港铁路建设。加快建设南宁国际机场综合交通枢纽、中新南宁国际物流园、南宁国际铁路港、柳州铁路港等枢纽项目。大力发展海铁联运，稳步扩大川、桂、渝、桂四线列车数量，促进甘、桂、陕、桂三线直达列车平稳运行。逐步覆盖西部各省并向中部地区延伸，实现海铁联运与中欧、长江、西江货运的对接。

2. 连接江海通道

加快重点航道和通航设施建设，在西部地区开工建设新的陆海通道（平陆通道），连接西江航运干线和北部湾港口，形成连接长江和海洋的新通道。建设南宁至贵港 3000 吨级航道、来宾至桂平 2000 吨级航道、柳州红花—石龙三江口二级航道、桂江航道以及右江航道整治工程。

3. 机场通道畅通无阻

推进机场和海上通道建设，全面提升东盟国家和“一带一路”国家的枢纽功能和运输能力。加快南宁空港经济示范区建设，积极开辟面向东南亚和中国主要城市的所有货运航线，建设面向东盟的门户枢纽和国际航空货运枢纽。加快建设以航空物流、航空维修制造、航空高科技、航空商业、国际贸易为支撑的航空产业体系。

4. 建设北部湾国际门户港

打造世界一流港口，优化港区资源整合和功能布局，提升码头、航道的设施能力和智能化水平，把北部湾建成国际门户港和国际枢纽港。继续推进国际航运、物流枢纽升级等重大项目，加快集装箱专业码头、大型散货码头、深水航道、江海联运码头建设。加强北部湾港口与南宁国际铁路港、柳州铁路港等陆上港口以及南宁、贵港等西江内陆港口的联动发展。建设湾区等重要物流节点，推进南宁国际航空物流枢纽、机场保税物流中心，针对东盟国家（地区）国际航线网络的建设，加强海港、陆港、机场物流枢纽协调发展，构建跨省跨境供应链。加强北部湾港口、泊位、航道等基础设施建设。

(五)构建海陆一体化生态保护新格局

1. 加强海陆污染综合防治

(1)加强海洋产业绿色发展监管

坚持海陆平衡、以海定地，科学划定并严格执行陆地生态保护红线、两洋生态保护红线和两洋生态保护红线，构筑蓝色绿色生态屏障。落实资源和生态治理政策措施，实行严格的生态准入制度。协调国土空间规划与土地利用控制要求，科学引导区域产业布局，建立多层次资源高效循环利用体系，降低经济发展中的能源消耗和污染排放。促进产业向海洋集聚和绿色发展，支持建立与海洋相关的绿色技术创新体系和绿色产业链，推动现有临海工业园区的绿色生态改造。

(2)加强流域污染防治

完善水污染联合防治机制，落实江河、湖泊和海湾污染防治制度，继续实施重点流域生态环境保护工程，加大臭水治理力度，防治工业污染，处理生活污水和船舶的水污染。开展重点流域水生态安全调查评估，加强饮用水源保护。推进城市污水网络全覆盖，加强地下水监管。整治优化沿海排污口布局，实施北部湾入海河流综合治理工程，加强西江、南流、九州、钦江等重点流域环境治理。

(3)加强海洋污染防治

重点关注海湾综合整治，建立工业园区污染物动态监测体系，完善工业园区污染物处理设施建设，逐步实施工业废水分类处理，以及在沿海工业园区污水处理处建设符合标准的深海排放管道。加强船舶和港口污染治理，建立绿色船舶体系，完善海洋污染防治机制。实施水产养殖污染控制体系，建立重点水产养殖功能区水产养殖能力和环境监测评价机制，探索水产养殖尾水排放标准，建立水产养殖尾水净化处理机制和废弃物处置机制，引导水产养殖尾水集中净化处理达到排放或回收标准。

2. 促进陆地和海洋的协调修复

(1)加强河道水系、江河湖泊和湿地保护

建设以邕江、左江、右江、南流江、郁江、大风江、钦江、茅岭江等为主体的入海河流绿色生态廊道，促进水系生态廊道互联互通，加强防城江、北仑河、钦江等重要河流源头的水土流失保护，促进退化湿地的恢复并加强生态清洁小流域建设和生态系统保护与恢复，改善农业和农村流域河岸植被对污染的拦截。建立健全江河湖泊休养生息长效机制，科学划定江河湖泊禁渔区和限渔区，在重点水域实施禁渔期制度，通过增殖释放促进水生生物资源种群恢复。

(2)加快保护、恢复和补偿海洋生态系统

加强生态修复顶层设计，科学制定广西海洋生态修复规划。落实海洋生态预警监测等生态保护政策措施，加大海洋资源保护和恢复投入，加快受损海岸线、海湾、河口、岛屿、红树林、莎草床、珊瑚礁等典型海洋生态系统的恢复。坚持“损害海洋环境者付费、保护海洋环境者受益”的原则，制定海洋生态损害赔偿制度、海洋生态保护赔偿标准和赔偿使用监督制度。协调海洋生态补偿费用的管理，完善市场化、多元化的海洋生态补偿机制。

(3)探索建立生态经济市场的途径

探索排污权、能源使用权、水权、碳排放权市场化交易方式。深入开展生态环境保护监督和公益诉讼。培育蓝碳技术服务、蓝碳交易等新型蓝色经济，实施广西海洋碳汇标准化监测，建立广西海洋碳汇数据库。积极参与全国碳排放交易市场建设，加快蓝色碳经济体系市场化发展，探索海洋生态经济核算试点示范项目开展方式。

3. 加强海洋防灾减灾能力

(1)提高海洋灾害预防数据服务能力

依托广西海洋预报站,加快建立覆盖全区近海海洋生态的预警监测网络,建设服务于北部湾的优质海洋观测网络和预报中心。加强沿海地区的精细观测和预报能力,实现沿海重点城市、海滩、港口、航线、水产养殖区等重点保障目标和受风暴影响的典型海岸线的海洋观测点精细覆盖。及时实现数据共享和预警信息共享,拓展海洋预报产品发布渠道,通过智能海洋平台实现海事相关部门信息共享和市民预警通报。

(2)加强海洋灾害应急体系建设

推动海洋气象保障服务发展,提高台风、近海强对流、海雾、强风等灾害的预报和近预警能力。自治区应修订海洋污染应急预案,推进各级海洋污染防治应急能力建设,定期开展赤潮、风暴潮、海上溢油、核事故等灾害应急演练。加强海上应急救援保障体系建设,加快救援保障基地、救援船舶和救援装备建设。加强自治区、市、县海洋观测预报、防灾减灾队伍和应急装备库建设。加快协调能力建设,完善跨部门、跨区域协调应急管理机制,协调区域自然灾害应急救援中心和应急指挥平台建设,确保统一调度、统一行动、统一指挥以及对各类应急响应团队的支持。

(六)加快全方位对外开放

1. 加快国际海洋开放合作

利用海外资源和市场,扩大与东盟国家和“一带一路”沿线国家、地区的经贸交流与合作,鼓励有实力的企业建立海外原材料供应保障基地,加强国际供应链合作。以东兴、凭祥、百色为中国—东盟双开放前沿,加快边境贸易创新发展,推进沿边进出口加工基地、国际产能合作基地、贸易服务基地建设,发展面向东盟的加工贸易集群。加快实施区域综合经济合作伙伴关系,探索“双港双园”发展模式。支持和鼓励有实力的企业离岸开发,与国际企业合作建设具有海洋特色的离岸产业园。支持沿海设区城市申请国家级进口贸易和创新示范区,重点提升海外合作园区的质量和升级。探索建立中国—东盟海洋产业联盟,每年定期举办中国—东盟蓝色经济论坛，拓展和提升中国—东盟矿业论坛内容。

2. 加快区域间海洋开放合作

进一步协同长江经济带创新链、产业链、生态链等合作，注重地方产业链、供应链的协同发展，加强产业互动和互联互通，鼓励企业集聚发展，做大做强一批省际合作园区。为加强与粤港澳大湾区的互联互通，继续开展“湾企进广西”等专项行动，承接大湾区产业转移。提升粤桂特别试验区、桂东第一合作示范区（贺州）、广西内陆承接东部产业转移新高地（来宾）、“两湾”产业融合发展先行试验区（广西湾区）和深百产业园建设质量。加强与海南自由贸易港的联动，积极推进西部新陆海通道与海南自贸港战略对接，加快开放平台共享，深化海洋渔业、港口航运、医药业、旅游业等领域的合作。

3. 加快发展面向海洋的合作平台

在中国和马来西亚之间建立升级版的“两国两园”，加强广西—文莱经济通道合作机制，加快标志性项目建设。完善农业开放合作试验区等平台，继续推进上汽、通用、五菱、印尼汽车产业合作区、德国（柳州）工业园、中国—东盟矿业产业园建设，推进防城港国际医疗开放试验区建设。加快发展中国—印尼经贸合作区，实施中国—文莱渔业合作示范区、菲律宾亚联钢铁厂等国家合作项目。

二、全面推进海洋强国战略

在第十九次全国代表大会上的报告中，习近平总书记呼吁“统筹陆海开发，加快海上力量建设”。21世纪是海洋的世纪，中国管辖海域300万平方千米，大陆海岸线长达18000千米。因此，科学发展海洋经济，强化海洋资源和环境保护意识事关国家安全和长远发展。广西必须全方位考虑中国特色社会主义发展，加快建设海洋强国，统筹陆海开发，既要兼顾国内外利益，又要坚持“和平、发展、合作、共赢”的发展道路。

(一)奠定海上强国坚实基础

1. 尽快完善内部管理体制和外部协调机制建设

在国家海事委员会的基础上,建立稳定、畅通、强大的军民关系。明确国务院有关部委之间的合作方式,加强全国和地方人大海洋立法建设。在亚太经合组织、东盟和金砖国家成果的基础上,建立健全海洋开发区域合作联盟,形成完善的外部协调机制。

2. 增加海洋强国发展专项资金,支持海洋强国发展政策

增加国家"海洋强国建设"专项资金,明确资金来源、渠道和用途。制定支持海洋强国发展的政策,巩固国家海洋经济的中心地位,促进和保障海洋强国持续健康发展。

3. 建设海洋人才梯队,确保中国海洋强国战略的有力实施

加强海洋人才梯队建设,做好海洋人才储备,确保海洋专业大学生充分就业,建设海洋人才基础队伍;根据海上强国的需要培训管理、技术和施工人员,建立高端人才库,加强教育培训,培养海洋高级人才;通过发挥导师制的作用,激发人才的凝聚和带动作用,持续推进海洋经济发展,提高海洋经济效益。

4. 优化海洋产业结构,提升海洋经济的整体质量

渔业在广西海洋经济中一直占据着很大的比重,渔业、海洋运输业和海洋旅游业等传统产业从长期发展潜力来看劲头十分有限,而海洋能源、海洋生物制药、水资源利用等战略性新兴海洋产业具有较大潜力,但后者在广西海洋经济中占比极低。这说明广西海洋经济发展水平较低,海洋二、三产业发展相对滞后,海洋产业结构不合理,亟须转型升级。因此,必须加快广西海洋产业结构调整,大力扶持海洋战略性新兴产业。未来,应着力提升海洋装备制造和船舶制造行业的自主创新能力,依托广西科技资源优势,加强与专业院校、科研院所的合作与互动,大力发展具有国际竞争力的船舶产业集群;利用海洋高新技术,实现传统海洋产

业现代化，推动传统海洋产业升级转型。

（二）聚焦海洋资源开发与海洋产业发展

进入21世纪以来，世界各国逐渐把提高海洋资源开发效率作为发展重点。习近平总书记强调，要提高海洋资源开发能力，促进海洋经济向优质高效经济转变。[①] 多年来，中国从提高海洋资源开发能力、加快海洋产业结构优化、促进海洋产业发展和加强陆海联动、加强沿海港口建设五个方面把促进海洋经济发展作为海权战略的共同主线，立足海洋发展视野来提升海洋战略价值认识，加强海洋区域开发建设，努力使海洋经济成为中国经济新的增长点，切实实施“依托海洋富国”战略。

未来，海洋产业发展潜力巨大，新的竞争优势明显，市场需求广阔。广西在重视海洋资源开发的基础上，也要进一步优化海洋产业布局，不断壮大新兴海洋产业。对此，一方面要加快沿海港口建设，依靠港口建设、管理和发展，进一步提高中国对外开放水平，实现海陆交通畅通，加快发展大型物流和港口产业，不断提高港口经济对国民经济和社会发展的贡献。另一方面，要增强海洋科技创新能力，为海洋经济发展方式转变提供动力。海洋科技起着主导作用和重要地位，一是通过加强科技成果转化，把海洋科技创新发展与海洋产业转型升级相结合，加大海洋科技研发投入，大力提升海洋科技发展水平，促进科技成果直接转化为生产力，实现海洋科技与实体产业协调发展。二是增强海洋科技创新能力，可以实现海洋科技创新的进步和发展，打破传统海洋科技创新的无序状态，构建适合中国国情的海洋科技创新体系和机制，推动海洋科技创新进一步发展。

（三）构建系统性海洋战略布局

习近平总书记强调，建设海洋强国是中国特色社会主义事业的重要组成部分，总书记在关于建设海洋强国的问题上回答了国家发展与海洋发展的辩证关系。一方面解释了一个国家如何利用海洋有效地增强自身的国力；另一方面，回答了一个国家应该采用科学和可持续发展的概

① 习近平：《切实把新发展理念落到实处 不断增强经济社会发展创新力》，《人民日报》2018年6月15日。

念来利用海洋。充分阐述了中国发展速度与海洋发展速度之间的内在关系，用严密的逻辑指出了中国海洋管理的具体方向。他以独特的思维，指明了海洋领域的经济、政治、文化、社会和生态发展与建设，以科学的战略指导中国打造海洋强国的顶层设计，是中国建设海洋强国的重要理论基础。

建设海洋强国是以海洋经济为中心，以海洋政治、文化、外交、生态为支撑的有机整体，各方面要协同发展，推动海洋强国建设进程健康发展。因此，广西应加强顶层海洋战略规划的设计和实施，组织协调涉及海洋经济、海洋生态、海洋安全和海洋文化的理论和实践部署。一是通过转变海洋开发模式，加强陆海联合治理，推进绿色发展，完善生态建设体系，把海洋生态建设纳入海洋开发总体规划，发展与保护并重，污染防治与生态恢复并重。二是突破一批海洋关键技术和重大项目，增强广西建设海洋强国的能力，拓展广西海洋开发利用的空间。三是在海洋动力建设过程中，制定专项发展规划。国家先后制定了海洋经济发展五年规划和渔业、造船、海洋工程、港口、星海科技等专项规划，山东、天津、浙江，广东、福建海洋试点工作深入开展，总体上，在广西，“国家＋地方”和“综合＋专项”的涉海规划政策体系已初步建立。

（四）建设相互依存的海洋共同体

以习近平同志为核心的党的第十八次全国代表大会，基于中国的基本国情，遵循全球海洋建设和发展的趋势，积极参与全球海洋治理，积极推动解决全球海洋治理问题，构建全球海洋治理机制。2019 年 4 月，习近平总书记在青岛人民解放军海军成立第七十周年的讲话中首次提出“共同建设海洋共同体”的构想。[①] 海洋作为人类命运共同体在海洋领域的新发展领域，是人类命运共同体理念的丰富和发展，是人类命运共同体理念在海洋领域的具体实践。该倡议鼓励世界各国以海上丝绸之路为载体，加强海洋资源保护、海洋经济发展、海洋安全等方面的对话交流，深化务实合作，共同走互惠互利的海洋建设之路。

全球海洋治理作为全球治理的一个重要领域，已成为国际社会面临的一个重要问题。然而，当前全球海洋治理仍处于起步阶段，要实现“善

---

① 龚鸣：《携手构建海洋命运共同体》，《人民日报》2021 年 6 月 10 日。

治”的目标还有很长的路要走。广西必须重视海洋共存,即共同生存、共同资源、共同责任,寻求维护中国海洋权益与维护人类海洋整体利益的共同点,努力建设一个公平、公正、可持续的海洋竞争秩序。海洋不仅是当今全球交流中的自然纽带,也是全球经济交流新合作平台,各国需要共同维护全球海洋和平,共同保护海洋生态文明,妥善化解分歧,共同繁荣发展,促进海洋福祉。

未来,中国将更加积极地履行国际责任和义务,认真落实未来海洋共同体的理念,在全球海洋治理领域和全球治理的诸多领域提供更多的公共服务,推动建设一个有着共同未来的海洋共同体。我们势必要增强国家海权信心,理清海权之路,发展海权理论,建立海权制度,培育海权文化,开拓海权分配渠道,营造良好的舆论环境,激发民族热情,树立海权形象。“海洋兴则国强民富,海洋衰则国弱民穷。”随着中国经济的快速发展和对外开放的不断扩大,国家的战略利益和战略空间不断向海洋拓展,实现中华民族伟大复兴的中国梦,中国比以往任何时候都更有信心、更有能力。

三、深入实施其他海洋相关战略

(一)培育和发展通道产业

充分发挥一带一路在经济发展中的带动作用,加强“一带一路”沿线各省、自治区、直辖市的产业互动与合作,促进通道与产业的一体化发展。

广西将积极沿通道布局特色产业,推进南宁东部工业新城建设,形成一批规模效益强、辐射带动效应强的特色产业集聚区,提升通道集聚能力。依托全国物流枢纽,加快资源要素集聚,拓展交易结算、数据、信息、商务服务、贸易、会展、科技研发、旅游服务等形式的联合产业园建设,加强贸易产业服务,吸引现代贸易、国际贸易、跨境商务等高端制造业集聚发展,建设一批枢纽经济区。强化北部湾港口航运和资源集聚功能,提高现代航运经济发展水平,强化南宁空港经济示范区的示范带动作用,形成以航空运输为基础、航空相关产业为支撑的高端产业体系。优化南宁、柳州、桂林等腹地产业结构,培育电子信息、汽车制造、先进装备制造、生物医药等高新技术主导产业，发展有色金属、清洁能源、环保等特色优势产业。规划建设平陆运河经济带、西江经济带、北部湾经济区，有效优化远洋运输与内河运输一体化的交通，促进产业联动和陆海空对接，推动广西产业向海洋扩张。支持南宁规划建设平鲁运河港口产业园，推动西部新陆海通道（平陆运河）经济带建设。

（二）做大做强临海（港）产业

广西将依托北钦防一体化战略，以港口和沿海产业园为支点，以质量和集群为目标开展专项行动，加强产业整体布局和协作，打造新型高端金属材料、化工材料，电子信息产业“三千亿级”产业集群。充分发挥北海、钦州、防城港的比较优势，加强分工、合作、错位发展，支持北海、钦州、防城港大力发展以数字经济为龙头的战略性新兴产业。北海市重点发展以智能终端和新型显示为主的电子信息、以丙烯深加工为主的精细化工、以不锈钢制品为主的新材料等产业；钦州市重点发展以乙烯、芳烃为主的石化产业、以船舶装备为主的高端装备制造等产业；防城港重点发展以中高端钢材为主的冶金，以铝、铜、镍加工为主的有色金属深加工，以核能为主的新能源，以大豆、油菜籽加工为主的粮油加工，以跨境产品深加工为基础的加工贸易。

（三）现代海事服务业

广西将推进防城港东湾物流园和中远海运钦州保税港区物流枢纽等项目的落成，推进南宁国际铁路港、玉洞运输物流中心、中新南宁国际物流园、柳州铁路港、柳州官塘多式联运基地、桂林西部物流中心、湾区铁路港等陆路口岸重点物流项目建设。支持北部湾—东盟农副产品配送中心、东兴冷链物流中心、广西北部湾国际生鲜冷链园区等物流基地建设。支持北部湾（防城港）国际航运贸易综合金融服务大数据平台建设，建立北部湾航运交易所。发展融资租赁、保税物流、航运金融等服务业，支持边境金融服务业发展。推进铝矿石、原油、钢铁、木材、粮食、生鲜食品、糖、棕榈油等深加工，延伸大宗商品产业链和价值链，促进加工贸易产业一体化。

(四)加强保障措施

1. 加强组织领导

广西全区各地区、各部门要充分认识加快发展海洋经济、推进海洋强区建设的重大意义,加强对海洋经济的领导、统筹和协调。自治区海洋工作领导小组充分发挥领导和全局作用,地方政府要建立健全海洋经济发展总体协调机制,切实推进海洋经济发展规划的实施。自治区要成立经济专家委员会,加强决策咨询的智力支持,支持行业协会、产业创新联盟等组织发挥更大作用,加强与国家相关部委的沟通,积极争取国家政策支持。

2. 创新发展机制

广西将实施海洋资源总量管理和综合保护制度,探索建立未利用海洋资源回收处置管理制度。建立海岸线有偿使用制度,区分标准收取海岛使用费。在多种用海方式开发的海域实行分级转移政策,减免海域使用费,实行分税制。

3. 加强政策扶持

广西将加大政策支持力度,整合各类专项海洋支出资金,制定和出台支持海洋经济发展的政策,加强财政激励和税收引导。鼓励投资者以市场为导向,设立离岸经济发展投资基金,支持离岸产业发展,研究制定促进广西海洋经济发展的条例。争取国家支持始发港试点退税政策和北部湾港口边境贸易政策,扩大北部湾经济区市场采购贸易模式试点范围。

4. 加强监测和评价

广西将对监测计划的执行情况进行年度监测,并推动各项工作的具体实施。建立动态计划调整机制,组织中期评估,适时调整计划目标任务。建立广西离岸经济国内生产总值统计计算指标体系,对广西离岸经济运行情况进行监测和评价。

5. 增强向海意识

广西将提高人民群众关于海洋开发的意识，将海洋经济纳入全区宣传思想教育体系和精神文明建设。建立了一批海洋科普教育示范基地，普及海洋知识，加强海洋法律法规和相关海洋政策的宣传。以一年一度的“世界海洋日和全国海洋宣传日”为载体，举办高质量的海洋周、海洋节、公海节等海洋特色文化节庆活动。定期向公众发布海洋发展报告、海洋经济指数报告和蓝皮书。持续增强现代海洋开发意识，为发展海洋经济、建设海洋强国营造良好的舆论氛围。

第二节　基于“一带一路”对接门户的推进策略

习近平总书记在访问广西期间指出，发展“一带一路”是人民共同的愿望。在这个框架内，广西需要积极推进开放和发展，为实现“两个一百年目标”而努力奋斗，实现中华民族的伟大复兴。总书记的重要指示为广西加快发展海洋经济指明了方向，为广西做好各项工作提供了根本依据。广西应着眼大局，贯彻落实习近平总书记重要讲话的指导思想，争取开放发展的新优势，努力在“一带一路”倡议中发挥更大作用。

一、以海洋开发为重点，参与“一带一路”建设

2015 年 3 月，习近平总书记在出席广西代表团审议时，呼吁广西与东盟建立国际通道，打造西南地区开放发展新战略枢纽，形成连接“一带一路”的重要门户。[①] 这是新时期总书记给广西的新任务，也是广西融入“一带一路”倡议的新任务和新要求。新时代中国共产党的“三个定位”明确提出要营造清正廉洁的政治生态、团结和谐的社会生态、山清水秀的自然生态，努力实现与全国同步建设小康社会的目标，基本建成国际通道、战略支点和重要门户。打造“三个生态”，实现“两个建设”是广

① 习近平，《牢记嘱托 凝心聚力 奋发有为》，《人民日报》2016 年 3 月 8 日。

西实施积极参与“一带一路”建设的总体规划，也是新世纪广西发展海洋经济的宏伟蓝图。围绕实现中华民族伟大复兴这一中国梦的重大战略决策，体现了党对国家未来发展格局的深刻把握，这一重大战略决策将开辟中国对外开放新篇章。

二、加快建设南向通道，实现内外互联互通

（一）聚焦西南、中南新航道建设

优先发展发展陆、海、空运输，继续推进机场、码头、高速铁路网络搭建。扩建湾区铁路区域枢纽，加快湾区至梧州、湾区至北海城际铁路和张家界—桂林—湾区—海口高速铁路建设，尽快对接“渝桂新”通道和南北新通道。加快港湾民用机场建设，在海湾地区与沿海主要城市之间开通航线，在“一带一路”倡议下建设高效便捷的连接沿海城市与重点地区的空中交通通道。

（二）提高对航道修复的重视

绣江是西江的重要支流，全航道 177 千米，其中玉林市辖区 92 千米，是十分重要的黄金水路。加大对绣江修复工程的投资力度，尽快修复内河航道和珠江—西江水路入海航道对广西的经济发展具有重要的战略意义。绣江是融入西江经济带、泛珠三角和粤港澳经济圈的重要航线，其修复对促进网络枢纽良性互动，加强区域与区域间、国家与国家间的互联互通起着极为重要的作用。

三、大力发展海陆经济，推进海洋经济高质量发展

更高质量海陆统筹、更高水平对外开放是提高海洋经济贡献度的应有之义。广西将在时间维度上关注海洋与海岸带经济的可持续发展和海洋资源的代际公平分配，在空间维度上关注海洋和相邻陆域经济布局的优化整合。

广西打破区域界线和部门划分，逐步建立和完善区域海洋经济协调

发展机制,将海洋经济发展纳入广西经济发展总体规划。在区域内所有利益相关者之间建立高层次协调组织,共同应对广西内外发展变化,以区域一体化的态度融入全球价值链分工。广西各市要统一调整资源配置,建立跨区域市场运行机制,为各海洋经济主体公平竞争营造市场环境。积极打造辐射东盟地区的北部湾经济区,努力打造先进的装备制造基地,通过有形的手推进玉柴"再创业"倡议,在军工方面应加强与国际知名企业的合作,有利于短期内大幅提升核心竞争力。支持玉柴海外生产基地和产业园建设,推动工程机械、特种设备、现代农业机械、军民融合产品等先进工业的升级,建设国家现代机械设备制造业生产基地和出口基地,将玉柴打造成世界知名品牌和大型跨国企业集团。还要对进出口的战略进行集中优化,促进新能源、医药等有竞争力产能的出口,增强在国际市场上的话语权。

四、丰富合作平台,提升海洋发展水平

应对港口实施全方位、多元化的开放政策。全面完善相关物流体系并着力建设湾区港口,完善海关基础设施建设和检验检疫相关配套设施建设,增强进口安全意识。通过建设高效便捷的大型通关平台来增强保税区的辐射强度,刺激外贸平台的发展。大力推行外贸转型政策,落实三年加工贸易倍增计划,以外贸新优势巩固中国加工贸易重要枢纽地位。推动构建国际化、专业化的中国—东盟交易平台,加快基于互联网技术的跨境电商平台建设和湾区跨境电商口岸建设,从而实现资金和货物在全球范围内双向流通。充分利用中国丰富的文化资源加快建设文化交流平台,利用侨乡优势深化与西方友好城市的合作,加强企业、社会团体和非政府组织的友好交流,鼓励海外华商回国发展。

五、整合海洋资源,贯彻落实科学发展观

"一带一路"是千载难逢的发展契机,广西一定要结合科学发展理念将其牢牢把握,始终坚持创新发展、陆海联动、产业优化、生态惠民四大战略方针,谱写广西向海经济发展的新篇章。广西全面整合海洋资源需要完善沿海地区的海洋功能区划,针对不同地区量体裁衣地制定划分计

划,避免资源配置不合理。按照具有地方特色的产业规划设定多梯度开发标准,在海洋功能区划过程中选择科学化、精细化、差异化的程序蓝本,实现广西的海岸线的合理划分,通过对海洋、文化、环境等资源的高效利用,促进广西向海经济借力"一带一路"达到常态化、长效化的发展。

六、建设海洋经济产业链,推动海洋产业集聚区形成

任何形式的经济建设与发展都和现代金融休戚相关,广西向海经济的发展也不例外,因而广西一定要牢牢把握"一带一路"这一重要推动力,以创新为重要抓手,打造全方位的经济机制和高质量的现代化海洋经济体系,推动海洋产业集聚区形成。重视具有良好经济技术、技术支持、发展潜力的链主企业,并增强企业之间的互联互通,打造高效、可持续的海洋经济链,通过促进海洋产业集群化,全面提升广西向海经济的发展水平和海洋产业结构的合理性。

与此同时要基于当前广西海洋资源配置情况,全面提升广西的海洋环境承载能力,并着眼于广西海洋相关项目和海洋高新技术的发展,支持海洋相关企业开展技术创新,推进重点企业智慧工厂建设,鼓励龙头企业在海洋产业链集聚创新、协同发展和产业孵化。

第三节 基于港口物流平台、物流枢纽的推进策略

海洋经济在支撑社会发展中发挥着越来越重要的作用,发展海洋经济已成为大部分沿海国家的重要抓手。从要素禀赋上来讲,中国在发展海洋经济上是具有巨大优势的,然而在海洋经济发展中只具有要素禀赋的优势还远远不够,需要高水平物流网络的支撑。高附加值、高信息化的物流平台将成为带动沿海地区整体产业结构升级的重要引擎,这将对中国未来发展高水平海洋经济起到重要的促进作用。

一、构建高水平物流体系，全力支撑海洋经济发展

（一）大力发展物流金融

随着世界经济的高速发展，航运逐步趋向金融化并引起世界各国的重视。目前，伦敦在航空保险、海事争议、海事仲裁等航运金融领域均处于领先地位，纽约和汉堡在航运融资和船舶融资方面处于世界领先地位，新加坡在国际航运价格衍生品交易和航运资本结算方面居世界领先地位。2021年，北部湾口岸货物吞吐量达3.58亿吨，同比增长21%，居全国主要沿海口岸之首。集装箱吞吐量达601万标准箱，同比增长19%，在我国主要沿岸口岸中排名第一。近年来，北部湾港口货物吞吐量快速增长，但航运金融发展水平相对较慢，港口和航运金融产业链结构不完善，缺乏专业的港口和航运财务机构、咨询、评估等相关服务。港航金融融资大多来自银行贷款，中小型海运关联企业由于资产不足和风险承受能力不足，难以获得银行贷款支持。海运业的特点是投资大、风险高、回报期长，但港口和海运金融配套政策体系亟待完善。

根据国家政策的指示，广西将改变以单一装卸为主的生产经营模式，发展以港口和海运金融为代表的现代海洋服务产业，增加新型服务业业务占比，推动“运输港”向“贸易港”方向优化，努力打造“一主一副一批”金融空间发展格局，其中“一副”指的是北部湾经济区区域性国际海运金融副中心，通过航运交易、航运融资、海上保险等手段大力建设国际金融航运中心，把焦点从提高货物吞吐量转向发展航运金融是当前广西航运业发展的重中之重。

一是鼓励北部湾港口集团和金融机构扩大港口航运金融业务。根据北部湾港口建设和港航企业的需求情况，建立更细化的金融实体，例如金融公司、租赁公司、资产管理公司等，发展具有北部湾地区特色的海运金融业务和产品，提供更有针对性的金融服务。

二是要着力扩大港口航运的金融开放合作力度。与邻近国家和地区合作，共同构建区域航运金融服务体系，推动优势港口联合探索航运金融合作，拓展与广州港、深圳港等发达地区港口的金融合作空间，努力建设航运业务交易结算平台、航运信息交流展示中心。

三是完善港航金融资讯与中介服务体系。加快北部湾国际航运贸易金融服务平台建设，完善电子交易结算一体化服务，提升交易、物流、信息等集成服务，建立健全信息独立完整的船箱货物流信息库，实现全程动态可视化的追踪服务。

四是加快港航金融信息和中介服务体系建设。完善北部湾国际海运贸易金融服务平台服务，加快电子交易结算综合服务发展，建立具有独立且完整信息的集装箱货物物流信息数据库，推动物流跟踪全程动态可视化。

(二)全面贯彻科教兴海战略

实现海洋经济转型，提高海洋经济发展质量，就一定要将科教兴海战略贯彻到底。科技创新是海洋经济高质量发展的“核心要素”和“基础支撑”，只有统筹构建海洋科技创新体系，全方位培育海洋科技创新能力，才能赋能区域蓝色经济发展。

当前世界上有五个海洋高新技术的重点发展领域，分别是海洋生物技术、海洋生态系统模拟技术、海洋油气资源高效勘探开发技术、海洋环境观测监测技术和海底调查和深海潜水技术。

广西应从以下四个方面全面贯彻科教兴海战略。

一是应将五大重点领域中的高端物流视为发展核心，通过信息处理和供应链管理等手段，实现明确、有效的业务流、信息流、现金流，从而在优化服务的基础上提高效率，有效促进区域内的合作与分工，形成不同区域间的良性互动。

二是以海洋科技创新为基础，高效统筹海洋空间布局和海洋产业发展，构建全要素布局、全社会动员的区域多方位协调格局。

三是以海洋科技创新为发展主线，结合人才、服务平台、科研成果、产业发展、生态保护等，形成责任明确、有效运行的海洋经生产活动管理体系，使得政策从“主干道”到“最后一千米”得到落实。

四是适应产业集群化的新发展趋势，延伸以海洋产业为主的产业链，壮大龙头企业力量，给予政策倾斜和资金扶持，通过良性竞争和合作，率先发展“领头雁”，带动整体实现跨越。

(三)完善航运配套服务体系

在发展航运企业和海洋运输业的同时,借鉴国内外经验积极探索航运配套服务体系的创新也十分重要。广西应将创新重点落在供应链管理、融资担保和信息服务上,鼓励区内电子商务交易平台引进第三方物流和售后服务。世界经济发展历史表明,一个地区的经济增长往往取决于有良好经济基础的几个点,这些零散的点通过辐射从而带动整个地域的经济发展。目前,广西的海洋物流业仍处于低端位置,在中国产业结构调整的大背景下,高水平物流平台的建设是广西亟待解决的问题,将对广西海洋经济发展和产业升级起到巨大的推动作用。

二、构建高端物流平台,促进港口经济发展

从世界物流经济发展的规律来看,物流业的发展与沿海经济的发展息息相关。物流经济的形成从来不是独立的,一定是要有区域经济发展作为后盾。因此,港口工业和区域工业只有相互依托,才能在真正意义上带动区域经济的繁荣,从而将腹地物流业彻底激活。

(一)搭建冷链物流平台

目前广西海洋渔业发展十分迅速,但冷链物流的发展却十分迟缓,落后的冷链物流已经成为物流主体发展不畅的重要因素,加快发展冷链物流在这样的环境下已成为未来的发展趋势。广西北部湾国际生鲜冷链物流园作为"物流网"三年大会网重点建设项目,将是西南地区规模最大、现代化程度最高的冷链物流园区之一,它的建成标志着广西现代物流业开辟了全新赛道,打通了中国—东盟冷链核心专业市场网络。

冷链物流是一项包含多环节且十分复杂的系统性工程,涉及国家发改委、农委、交通委、商务委、供销社等部门的横向联动和政府、物流协会、企业的纵向联动。一方面,各相关部门要加强联动,增强沟通的有效性;另一方面,冷链运输相关政策亟须完善,相关企业、协会都应发挥纽带作用,共同突破冷链运输瓶颈。首先,广西应抓住当前发展机遇,搭建企业、金融机构、政府等多方协同的融资结构,在国家指导方针和市场需求条件的支持下和海外公司进行合作。其次,若要培育壮大具有核心竞

争力的第三方冷链物流企业，广西就必须合理分配资源配置，打破行业、地域等方面的限制，基于互联网技术完善物流网络。最后，利用毗邻东南亚的区位优势，通过通道建设拓宽西北与西南地区的联系，促进冷链产业合理布局和转型升级。

（二）搭建物流金融平台

近年来，物流金融市场在中国的发展前景十分可观，国内外许多物流企业都试图抢占先机，期望能抓住这一机遇带动企业相关业务的升级与发展，例如在中国十分具有影响力的飞马国际、UPS、DHL 等跨国物流公司。许多物流公司和金融机构也将金融物流的理论成果付诸实践，开发了一系列创新型业务，创造了实现双方监管与合作的空间，打造了金融机构和物流企业双赢的局面。广西应牢牢抓住金融大发展的机遇，积极打造物流企业、金融机构合作平台，实现物流与金融的互联互通，构建以物流金融联盟为核心的发展模式，带动商品、生产、金融和信息的循环，不断提升西部陆海新通道沿线商贸企业和供应链企业的金融服务能力，推动广西与东部和中部地区以及东盟国家的经贸、金融合作，进一步增强物流金融产业竞争力。

（三）完善物流信息平台

由于当今社会的物流服务已经不再是货物运输与配送、仓储等简单的传统服务，物流行业盈利方式越来越倾向于从传统服务中获得附加价值，基于互联网和大数据的物流信息化将会是整个物流产业进程中具有里程碑意义的一步。在物流信息化进程中，物流产业升级和信息化平台的搭建也离不开基础设备的升级和物流人才的引进，鼓励企业基于政府提供的公共信息搭建信息网络，建立区域性综合物流平台并实现信息共享也将成为关键举措。广西顺应物流信息化的大趋势，建立起融合物流信息、运输、存储为一体的综合性信息网络体系，搭建高效的物流信息汇集、分析、交换平台，提高物流行业信息化水平，提升物流业服务水平和能力。平台能快速制定出高效合理的物流配送方案，确定物流配送的交通工具、最佳线路，进行实时监控，降低物流配送的成本，提高物流配送的效率，给客户提供高效便捷的服务实现整个物流链条的整合，才能真正意义上实现物流数据的共享，使全方位、多层次、高效率的物流网络平台成为现实。

(四)搭建物流供应链平台

随着物流企业整合进程的加速和多产业融合发展的新趋势,以往外包业务从简单的仓储运输逐步向机械自动化和供应链一体化靠拢,基于物流企业与金融机构合作的供应链金融也逐渐出现在大众视野中。若要实现物流产业信息化、共享化,供应链思维的形成和供应链平台的搭建至关重要,以物流融资为核心的创新型供应链业务将成为重要抓手。

在物流信息化时代,广西应对供应链中企业的物流和资金流进行锁定控制或封闭管理,如资金投放、商品购销等,偿还信贷的方式应是通过货物和资金的交易流动产生的现金流进行操作,也应体现银行和物流公司的共同监督。组建广西供应链服务集团,以其为主体服务广西大宗商品进口,打造广西大宗商品供应链管理服务平台,打造立足广西、面向东盟及 RCEP 的国际化大宗商品供应链集成服务商,维护广西支柱产业供应链产业链安全稳定,进一步发挥西部陆海新通道集聚效应,服务构建新发展格局。

三、发挥港口枢纽作用,促进陆海经济协调发展

港口经济作为现代经济发展中的一种发展模式,越来越能突出其具有的独特优势,贯彻落实临港经济的科学、可持续发展,对于临港企业扩大业务、开发资源具有重要的现实意义。一些发达国家的相关实践也证明,发展基于港口的枢纽经济一定程度上推动了区域经济的发展。

随着国家加强对海洋经济发展的重视,广西将加快建设北部湾国际枢纽海港,畅通省际和国际综合运输大通道,高水平建设中国—东盟信息港,加强能源管网建设,提升口岸开放水平。优化航运运输体系和航运服务体系,完善港口联系协调机制,增强港口辐射范围和工作效率,提高北部湾港口的国际竞争力。

广西只有基于港口经济进行海洋资源的科学开发,合理利用和保护海岛、滩涂、渔业资源的同时积极培育和发展海洋高新技术产业和海洋渔业,才能使陆海资源的统筹规划成为现实,实现陆海资源的互联互通,使沿海地区的要素禀赋优势转化为经济优势,将海洋经济打造成为广西经济发展新的增长点。

第四节　基于海洋—港口—腹地关联网络的推进策略

本部分基于广西“三重角色定位”和“北部湾城市群”的战略部署，从“海洋—港口—腹地”的角度探讨在区域经济一体化趋势下，广西如何实现多层次、全方位的经济结构，寻找区域经济发展的协调点和增长点。

广西应充分利用作为东盟邻国的独特地理优势，打造沟通中国与东盟的国际通道，实现向海经济发展的自我提升。全面推进向海经济的发展是当前促进广西经济发展的重要增长途径之一，海洋经济的发展和海洋产业的转型升级必将促进广西区域经济的发展与繁荣。

一、加强周边互联互通，促进高质量发展

一方面，构建关联网络不仅要以港口城市为引擎、以经济腹地为支撑形成区域经济一体化的新发展格局，同时又要把握好广西三重角色的重要定位，充分利用古代海上丝绸之路的区位优势并加强交通设施建设，全方位打造海上经济通道。同时，又要着重完善保税物流体系和港口管理体系，为广西海上经济贸易平台建设提供基础保障。

另一方面，若想通过发展多元化、多极化的经济增长效应打造陆海新通道，就要充分发挥海上物流的区位优势，以海洋—港口—腹地协同力量为导向，全面落实规模化、专业化、现代化港口建设规划，通过全方位、多极化的海上经济发展使向海经济成为广西重要的经济增长点。

二、推进基础设施建设，促进港口城市建设一体化

一方面，重点加强海上通道和港口基础设施建设，充分发挥港口枢纽功能，加大项目协调服务力度，重点协调推进北部湾国际门户港扩能提效、陆海新通道物流体系建设项目建设。加快推进钦州大榄坪南作业区9、10号自动化集装箱泊位、防城港赤沙作业区1、2号泊位等重大项

目，确保港航基础设施全年完成投资100亿元以上。提升集装箱吞吐量和泊位数量，通过完善广西水路建设来提高物流作业的效率，以高质量建设城市物流园区促进港口城市的一体化进程。

另一方面，借助平陆运河建设契机，牢牢把握全面振兴内河航运这一重要抓手，合理规划布局广西交通网络。根据广西自身实际情况，量体裁衣地整合内河资源，对内河航运中心建设进行统筹规划，实现内河与内海的良性联动，通过内河航运的新形式打造沿海经济。

三、按照“海洋—港口—腹地”原则进行协调和互动

产业集群要充分考虑广西面向粤港澳大湾区和东盟市场的区位特点，进而促进产业布局的转型升级，通过辐射带动经济腹地特色产业发展，围绕海陆联动进行资源的整合。利用陆海新通道沿线优势，带动经济腹地特色产业开放发展，推动广西海洋经济转型。

（一）优化经济环境，促进海上自由贸易

在国际上，以行政区划为基础，推动广西与东盟的合作或其他地区的港口经济合作，实现经济合作的可持续发展。不断优化出海经济环境，特别是港口的经营环境，使港口建设标准达到国际一流标准；在区域内，通过简化外商投资企业的设立、变更手续，创建公共便捷服务平台。开展银企合作，优化投资环境，提高经贸自由度，建立贷款审批的绿色通道。

（二）优化产业布局，推动海洋新动力

一是依托技术更新、产品创新和产业链衍生来优化传统海洋产业，培育和发展海洋战略性新兴产业和新型商业模式，推动海洋经济产业链向高端产业延伸；二是通过宏观规划，补充和协调港口城市和经济腹地的产业布局。同时，在参考广东、香港、澳门海洋产业布局的前提下，做好向海经济发展的差异定位，因地制宜地建设沿海经济产业集群。

（三）创新发展模式，寻找经济增长点

在“科技兴海”战略的指导下，通过促进海洋资源优化配置和高效利

用，推动海洋经济稳步发展。培育一批具有广西特色强大核心竞争力的品牌产业链，将高效经济优势和产业集群优势汇聚到具有大数据时代特色的产业链之中，推动"互联网+"和向海经济深度融合，以互联网技术在创新领域的应用推动海洋经济各产业的创新，实现海洋产业园区发展的全局规划。

第五节　基于创新推动海洋产业转型升级的一系列措施

一、海洋产业创新驱动顶层设计相关策略

着眼广西海洋经济发展的实际问题，充分认识海洋经济的内涵和特点，深入思考海洋经济发展的途径，积极探讨广西如何构建全方位、海陆统筹、区域互动的海洋型经济新体系。通过制定《广西向海经济发展战略规划（2021—2035）》《广西海洋经济发展"十四五"规划》《钦州市加快发展向海经济建设海洋强市的实施方案》和《北海市海洋经济可持续发展"十四五"规划》，加快钦州海洋城市经济建设发展规划，以海洋为重点，紧紧围绕"海上强国建设"，落实广西"三个定位"，重点优化空间布局，构建面向海洋的经济发展战略，制定面向海洋的支撑体系发展战略，支持和引领广西向海经济健康发展。

（1）在《国家创新驱动发展战略纲要》《国民经济和社会发展第十三个五年规划纲要》《自然资源科技创新发展规划纲要》和《"十三五"国家科技创新规划》框架上，把握深海勘探国际科学前沿，积极实施"深海"科技创新战略，建立深海矿产、生物和遗传资源勘探开发技术体系，深化海洋科学认识、深海资源与环境保护、深海高新技术与新技术开发、协调中央与地方海洋科技对接，形成海洋科技创新发展规划体系。

（2）注重海洋科技创新发展各专项规划目标的结合，消除多规划的内部矛盾，构建海洋科技新格局，优化升级传统海洋产业，培育壮大海洋战略性新兴产业。建设国家海洋科技创新发展试验区和海洋科技专项

开发综合体，提升海洋科技竞争力和产业发展水平。

(3)大力推动海洋信息、技术服务、环境保护等新兴海洋科技服务的发展，以海洋科技服务的高端化发展保障促进海洋经济的发展，努力培育高端海洋科技服务产业集群，优化海洋资源的开发利用。大力推进海洋生物医药、海洋新能源利用、海洋环境保护等海洋新兴产业的培育和发展，积极发展海洋高新技术产业，构建高端海洋制造产业集群。同时，突出海洋生态文明建设，坚持以和谐生态为海洋开发利用的基础，稳步推进海洋生态文明建设，走绿色、低碳、循环、可持续发展之路。以海洋科技为主题，持续推进国家创新示范区建设，建设国家海洋高新技术产业基地。

二、科技创新推动海洋产业发展的相关策略

中国海洋科技的快速稳定发展，必须以科学的发展规划促进中国海洋科技的合理布局和体系建设。面对广西海洋科技发展投入不足，人才队伍建设不足的问题，应勇于探索，发现新问题，总结新经验，提出新思路，推动广西海洋科技创新健康发展。海洋科技发展是一个长期、渐进的过程，必须统筹规划，确保海洋科技布局强劲有序、持续稳定发展。海洋科技发展要紧紧围绕建设海洋强国的总体目标，牢固确立“科学技术是第一生产力”的发展方向，认真制定海洋科技中长期发展规划。

(一)打造技术创新载体

支持建设一批省部级工程研究中心等海上工业研究平台，推进涉海企业创新孵化中心建设，积极引进国家级科研院所和“双一流”大学人才，在区内设立新的研发机构。加快建设自然资源部第四海洋研究所，将北海海洋产业科技园建设成为我区海洋科技创新基地。充分发挥北部湾区位优势，争取国家支持建设北部湾海洋综合试验场。

(二)培育科技创新主体

以培育沿海经济发展新产业、新业态为重点，加强广西海洋科技创新企业引进工作，促进广西海洋相关项目和海洋高新技术企业投资。支持海洋相关企业开展技术创新，推进重点企业智慧工厂建设，鼓励龙头

企业在海洋产业链协同合作、产业孵化和集聚创新。加快多元化科技企业孵化器建设，逐步构建阶梯式孵化体系，通过企业孵化器和专业科技园区培育和支持中小高新技术企业自主创新，构建远洋经济创新示范产业链。

（三）关键核心技术突破

以广西海洋经济发展对科技创新巨大需求为导向，整合优势科研力量，在海洋装备制造、新型功能材料、生物医药、海洋渔业等领域实现重大科技突破。开展新型生态铝材、新型钢材等新型功能材料关键核心技术研发。努力实现海洋生物资源综合利用技术突破，支持海洋药品、生物制品、海产品保鲜深加工技术研发。

（四）加强基础调查，摸清北部湾海洋家底

北部湾自然资源背景数据的缺乏严重制约了广西沿海经济的发展。为了发展现代化的向海经济体系，有必要了解北部湾的环境状况，积累环境数据。在北部湾自然资源调查与评价中建立自然资源评价方法，评价北部湾海洋动力、环境与资源、生物资源现状，分析资源变化趋势，提升海洋资源保障能力，科学制定国家空间规划、海岸带综合保护利用规划和经济发展规划，优化海洋空间和近海产业布局，促进北部湾海洋资源的可持续利用，增强区域海洋开发和综合管理能力，拓展蓝色经济发展空间，促进海洋事业全面进步。

三、海洋产业发展管理创新相关策略

近年来，习近平总书记提出了中国经济发展的新常态，李克强总理提出了“互联网”转型经济。传统海洋产业与全球价值链的深度融合是提高国内产品竞争力的关键环节。在社会虚拟化、企业全球化和产业聚集化的时代背景下，基于“互联网＋”的海洋产业亟须与互联网企业搭建桥梁，通过跨界知识、技术的互联互通推动海洋产业转型升级。在社会虚拟化、企业全球化、产业集聚化时代，海洋产业需要与互联网企业搭建联系，通过跨领域的互联互通，推动海洋产业结构优化。

与此同时，基于海洋产业管理相关模型提出跨界企业如何融入全球

价值链的路径和机制，进而提出在中国经济发展新常态下促进广西传统海洋产业和全球价值链深度融合的政策及建议。沿海邻国之间存在着海洋划界的纠纷问题，国内存在着海洋资源开发不适度、海洋产业结构不合理、海洋资源产权不清等问题。因此，建立科学的海洋综合管理体系尤为迫切。

(一)完善海洋资源开发和产业布局政策

在社会网络化的背景下开展对中国海洋资源潜力的研究，根据广西海洋资源具体情况和各地区的要素禀赋情况，提出广西海洋产业布局的新要求，特别是要统筹考虑新兴海洋产业和潜力产业的发展战略。基于“互联网＋”“RCEP”和“一带一路”的总体要求制定广西沿海地区发展战略，并结合国内外相关实践情况提出多元化、高效应、可持续的沿海地区发展模式。

(二)审查海洋经济发展政策适用性

结合国内外关于海洋经济发展机制的最新研究成果，提出适合广西区域海洋经济发展的战略规划安排。在新时期背景下，中国经济发展面临前所未有的挑战和风险，例如与邻国的海洋权益争端，需要从战略上研究广西经济社会发展对海洋空间利用、海洋环境安全的要求，从宏观调控的角度制定维护海洋权益和海洋安全的战略，并提出相应的指导意见。

(三)着眼海洋科学和技术的关键发展领域

据测算，人类对海洋的了解还不足二十分之一，人类距离海洋的奥秘还有很遥远的一段路要走。广西基于21世纪中国海洋资源和社会经济发展的实际需要，需要着眼于海洋科技发展的重点领域以及相关政策安排。海洋功能区划作为海洋管理的基础具有较强的法制性和科学性，是现阶段广西需要重点关注的海洋科学技术发展领域。明确海洋功能划分，科学、可持续地开发利用海洋资源，对广西海洋产业布局优化和海洋经济良性发展都能产生不错的效果。

四、海洋产业创新人才培养与人才使用相关策略

海洋经济已成为中国沿海地区经济的重要组成部分。中国共产党第十八次全国人民代表大会以来，广西把发展向海经济、促进海洋产业转型作为广西经济发展的重要战略举措。广西海洋经济总体发展规模在中国沿海地区处于中等水平，影响广西海洋经济发展的因素很多，因此从海洋科研教育发展的角度进行研究具有重要意义。培养高素质的海洋专业人才，聚焦地方海洋产业项目，寻求符合海洋生态环境保护要求的海洋产业发展，是有序、绿色的发展海洋的必要和充分条件。

(一)提高海洋教育发展水平

(1)优化海洋教育资源配置，规划建设综合性海洋大学，支持区域性大学设置海洋专业学科和系，扩大海洋专业门类，增加海洋职业技能培训基地，提高海洋高等职业教育质量。

(2)鼓励沿海城市建设以海洋科学为重点的中等职业学校，加强区域内科研院所与涉海院校学科共建，支持区外涉海院校在区域内建立涉海教学、实践和研究基地，培养高层次海洋人才。

(3)开展海洋教育国际合作与交流，支持本地区大学与东盟国家知名大学和研究机构建立联合实验室，以高质量合作打造高质量教育。

(二)打造海洋科技人才高地

(1)继续实施八桂学者计划，重点参考香港、澳门、台湾等地区重点人才引进项目，积极引进从事海洋产业升级和产业化研究的国内外高层次、高质量、高水平创新型人才。

(2)依托本地区涉海的高校和研究机构，积极培养高素质的海洋人才。开辟高端人才绿色通道，落实“人才服务绿卡”政策，搭建一站式人才服务平台。

(3)依托中国—东盟技术转移中心、中国—东盟广西人力资源开发合作基地、中马北斗应用联合实验室等创新平台，继续实施“东盟优秀青年科学家赴广西工作计划”，加强与东盟国家在海洋人力资源开发方面的双边和多边合作。

(三)解决海洋科技人才与海洋科技发展不匹配的问题

(1)加快海洋高等院校、海洋科研院所乃至海洋科技职业技术学校建设,实现海洋人才专业化、职业化联合培养,通过立体化建设加快海洋科技发展,多元化、专业化培养海洋科技人才队伍。

(2)通过"企业技工进校"与"院校教师入企"的双重方式,校企联合成立以院校专业教师为主、海洋相关产业企业技术骨干为辅的"双师型教研队伍"。只有校企双方在协同育人措施中加大人员互聘共用、横向联合技术研发,海洋科技人才与海洋科技发展不匹配的问题才能得到有效解决。

(3)要紧跟新时代智慧海洋的发展趋势,有效整合海洋教育设施资源,确保新技术、新设备的先进性,并制定个性化实训方案,使实训平台紧跟现代海洋产业的发展步伐。

(四)加强海洋产业科技化人才建设

(1)在当前海洋产业快速发展的新发展阶段,海洋人才培养应当迎合当前产业发展的科技化和创新化,定位为培养满足专业化、科技化、国际化需求的现代海洋科技人才。

(2)针对广西传统海洋产业转型升级、产业结构优化、海洋产业集聚化发展的现实需要,应实现海洋科技产业人才的精准培养,在保证海洋人才稳定发展的基础上,大力发展海洋科技产业化人才。

(3)人才培养院校应转变旧式教学思想,把海洋实践教学和理论教学放在同等重要的位置,在提高职业人才培养质量的同时发挥科研优势,使学生成为适应现代海洋产业创新发展需要的复合型人才。

第九章　向海经济下广西海洋产业转型保障措施

海洋产业转型的保障措施指的是政府为了保证产业转型工作顺利实施、提高工作效率，提前进行制度建设、区域规划以及协调分工的一系列支撑措施，总体上它涵盖了海洋产业发展的各个方面和全发展周期，不仅包括为海洋产业发展营造环境的政策性法规，也包括多项推动海洋产业发展的扶持措施。

第一节　理念更新与思想解放保障

一、向海发展与海洋产业转型理念更新

新中国成立以来，特别是经过40多年改革开放和多年海洋经济建设的洗礼，广西地区全社会海洋经济发展意识明显增强，调查、研究、开发和保护海洋逐渐深入人心。但是，对海洋与陆地的关系仍然存在一些误区，主要表现在：一是对临海经济和海洋经济界定界限模糊，把直接以海洋为作业对象的产业视为向海经济，而将主要依托海洋发展壮大的临海经济视为纯陆地经济；二是重陆轻海、就海论海的观念根深蒂固，认为海洋经济面窄、体量小，占国民经济的比重低，且时有起伏，每提高一个百分点需要付出很大的努力，对海洋经济存在的发展潜力和对整个经济的带动作用认识不足；三是把海陆分离，把海洋与陆地看作是两个相对独立的区域，两者既不可相互替代，也不能等量齐观等。

实际上，海洋经济的独特作用优势，绝不仅仅在于提供直接的经济效益，更重要的是对临海和内陆经济的支撑、拉动和互动。中国经济发达的省份基本集中于东部沿海，海洋经济占这些地区国民经济的比重并不高，但这些地区的兴旺发达与海洋有着莫大关系。同样，世界上一些发达的国家和地区，如日本，海洋经济占GDP的比重一直未超过12%，韩国和我国的台湾地区甚至不超过10%，但这些国家和地区经济的发展也在很大程度上受惠于海洋。这表明，目前广西对海洋经济战略地位的重视程度还不够，在认识上还存在偏差，迫切需要进行海洋开发和海洋产业升级理念的二次更新和思想解放。

具体地讲，在广西海洋产业发展实践中，海洋产业转型思想可以通过以下三种方式得以实现：一是以延伸海洋产业链为内容，在临海陆域发展以海洋产品为投入品或为海洋开发提供投入品的关联产业，形成以海洋产业为核心、关联产业共同发展的海洋产业集群，如在海盐产区发展盐化工业，在渔区发展水产品加工业，在油气区发展石化工业和海洋工程制造业等，从而提升海洋产业发展的整体效益和综合素质；二是围绕海水直接利用（以海水代替淡水，直接用作工业冷却水），在临海地区发展电力、冶金、石油、化学等耗水型临海工业及相关产业，并辅以发展海水淡化等海洋产业，形成临海型重化工业区；三是以港口为依托，在港口附近发展虽不以海洋产品作为要素投入，却依赖港口和海运获取投入要素或销售产品的临港工业，形成临港工业区。

二、海洋产业转型发展的目标与方向

海洋产业转型指的是，实现海洋生产要素的有效配置和合理发展。推进海洋自然环境、海洋资源以及涉海劳动力的协调发展，可以最大限度地发挥海洋产业和服务业的多样性，特别是促进海洋高新技术的推广利用，以更好地满足人民群众对各类海洋产品日益增长的多样性需求。《"十四五"海洋经济发展规划》提出，要求调整海洋产业空间布局，加快现代海洋产业体系建设，提高海洋科技自主创新能力，适应和促进海洋资源保护与开发，加快建设海洋强国。与此同时，规划要求努力优化海洋产业结构，坚持以"发展主导产业"为中心，突出"积极改造和升级传统海洋产业，着力培育新兴海洋产业，尤其是海洋经济高技术产业，并拓宽海洋资源开发领域”的重要性。

总体而言，广西海洋产业结构优化方向应着眼于海洋产业的整体利益，以技术进步为基础，促进海洋产业集群的持续扩张和价值创造，加快海洋产业发展速度。遵循海洋产业发展规律，并结合广西海洋产业发展的实际情况，不仅注重海洋产业规模的扩张，而且着重提高第二产业、第三产业占比，使得海洋新兴产业比重达到甚至超过传统产业比重，这将显著缓解沿海城市海洋产业结构矛盾。

具体来看，近年来广西海洋产业结构优化的重点是解决交通不便问题，发展航运、海洋渔业、油气产业和滨海旅游业，带动地区经济全方位发展。此外，注重发展海水直接利用、海洋医药、远海捕捞和海洋服务业等，不断扩大了海洋产业集群。其中，以海洋高新技术研发为重点，通过一系列政策措施高效推进海洋高新技术产业化，逐步发展海洋能源电力、海水淡化、海水化学元素提取等产业，拓宽海洋空间利用范围，为海洋产业转型打造新的增长点。

第二节　推进工作顶层设计与体系保障

一、海洋产业发展推进工作顶层设计

（一）立足于将海洋产业发展规划上升为国家战略

参考浙江、福建、广东等沿海省市海洋经济发展经验，均将区域地方规划上升为国家战略，为海洋产业发展提供了重要指导，也为完善海洋经济建设国家战略规划增添了重要内容。2017 年，浙江省发布《关于加快建设海洋强省国际强港的若干意见》，并多次发表声明，提出加快国际强港建设，着力打造海洋强省。2018 年，福建省发布《关于进一步加快建设海洋强省的意见》，提出“2025 年建成海洋强省”的发展目标。2019 年，为充分发挥广东省海洋产业发展优势，中共中央联合国务院先后印发实施《粤港澳大湾区发展规划纲要》《关于支持深圳建设中国特色社会

主义先行示范区的意见》,国家重视程度很高;同时,广东省政府联合国家海洋局发布《广东省海岸保护利用总体规划》,成为全国首份海岸保护利用总体规划。

20 世纪 90 年代初,广西启动了“海上广西”建设项目;进入 21 世纪后,广西发布《关于大力发展海洋经济建设海洋强省的决定》,明确“大力发展海洋经济、建设海洋强省”目标。2018 年,省委、省政府颁布实施《广西海洋强省建设行动方案》,充分利用沿海的独特地理位置,努力塑造开放型经济发展新优势。“十四五”期间,广西要高度重视海洋产业发展,尽快出台海洋产业转型相关政策,发展蓝色经济支柱产业,将其上升为国家战略,打造重要经济增长极。

(二)立足于实现较高的海洋经济效益

海洋产业变革和发展的最终目标是要获取相应的经济利益,对此,在进行海洋产业规划布局时,应选择在国民生产总值中占有更高份额的海洋主导产业,选择对区域经济发展来说投入产出较高且比较优势最好的海洋产业。广西必须进一步优化海洋产业布局,构建有广西区域特色的现代海洋产业体系。扩大海洋高端装备制造业、海洋生物医药业和海洋科研教育服务业等新兴海洋产业所占比重。以钢铁、有色金属和新材料为重点,加快绿色港口产业的现代化进程。大力推进现代渔港经济区建设,提升沿海文化旅游建设水平。

(三)立足于海洋产业发展定位

产业的均衡需要各产业间的协调发展。然而,由于稀缺的资本和自发调节的市场规则,产业均衡更倾向于是一种理论假设。特别是对发展中国家来说,往往依据自身发展特殊情况,选择率先发展部分产业,即采取某种非均衡的发展战略。由此将会引发主导产业、支柱产业以及基础产业的评估和选择问题。海洋主导产业应当具有资源、市场和技术的根本优势,符合未来海洋科学技术发展的潮流,一经开发利用可以形成未来经济发展的支柱产业或行业龙头。

广西应确定海洋渔业、滨海旅游业、海洋交通运输业和海洋工程建筑业等为海洋主导产业,同时大力发展现代海洋服务业、海洋生物医药业、海水利用业等行业,优化海洋产业布局。

(四)立足于科技进步推动海洋产业发展

海洋科技创新是推动海洋产业转型的根本支撑。从本质上来说,产业结构调优化的过程,就是利用先进的科学技术提高产业结构技术含量,即升级旧有的传统产业、培育新兴战略产业的过程。因此,为加快海洋产业的转型,广西须发挥科学技术在促进海洋产业发展和产业结构优化中的作用。其中,在培育海洋主导产业时,应当选取区域内技术含量较高、具备潜在的发展潜力,并且在海洋产业结构升级中占有主导地位的高新技术产业。

(五)立足于海洋环境可持续发展

良好的海洋生态系统是可持续发展的重要基础。海洋产业得到充分发展,不仅要维护生态系统的平衡,也不能对后代的生存与发展造成威胁。因此,广西在发展海洋产业时,一要突出保护环境的重要性,不能只为了获取短期的经济利益而损害海洋生态系统;二要积极推广生态优化养殖模式,减少海洋环境污染;三要加强海洋生态文明建设,进一步增强海洋经济可持续发展能力。

(六)立足于区域协调发展

海洋产业结构的优化有赖于各部门之间的高度相关性,同时应在广西区域经济发展中充分发挥作用,将产业格局“势能”转化为经济发展“新动能”。广西海洋产业转型必须要与生产要素布局紧密结合,为了促进区域经济的协调发展,沿海三市应统筹协调,避免同质性发展,推进北钦防一体化发展。

(七)立足于资源比较优势

海洋产业转型要求明确广西海洋产业发展优势,综合利用海洋资源,引导优势资源逐步向优势产业、优势行业、优势企业集中,提升传统海洋产业,发展战略性新兴产业,依托北部湾的资源优势和区位条件,加快建设北部湾国际门户港。发挥具有相对集中的广西海洋资源资源优势,在沿海地区的海洋产业发展中发挥主导作用,打造具有广西海洋特色的产业链、价值链。此外，在识别广西的海洋产业发展优势时，要用动态的、长远的眼光考虑，推动区域海陆经济一体化和可持续发展。

二、海洋产业发展推进工作体系保障

(一)制定完善海洋产业政策支撑体系

广西海洋产业结构的偏离与自身特殊的发展规律和产业政策有关，为了降低这种偏离程度，有必要采取相应的产业扶持政策，为海洋经济领域发展提供惠利性政策。依据海洋产业结构发展的常规规律，必须从系统利益出发，有效利用海洋产业资源支持，制定适宜海洋产业发展的具体规划和产业政策，创造良好的适合产业结构优化的软环境。另外，可通过媒体发布、信息宣传、市场预测等渠道，引领海洋产业发展战略方向，也可通过行政、法律、金融等多样化方式引导企业投资方向，重点投向基础产业、支柱产业、瓶颈产业等领域倾斜。

(二)构建市场支撑体系

广西海洋产业结构调整的目标，是建立综合权衡市场需求与经济效益的产业布局结构。因此，为了充分融入全球经济发展，有必要根据国际公认的方法制定各种对应的贸易战略和惯例，积极对接国际市场。

(三)搭建金融财政支撑体系

产业形成与发展的基础是金融投资，其在产业结构优化中起主导作用。本质上而言，广西海洋经济发展现状就是历史投资逐渐沉淀的最终结果。构建金融财政体系的核心是以政府为主导，广西应积极吸引社会资本进入，并按照风险共担的原则，促进资本进入那些具有良好发展前景的高科技海洋产业发展项目。

(四)构建产业整合支撑体系

国外相关专家的研究成果显示，多数产业不是分散的，而是具有集聚性的企业集群。产业整合的实质就是将企业和产业进行市场整合，合并层面分为企业层面、部门层面以及区域层面的分工合作，这三种层次的分工合作是产业获得长远稳定发展的必要条件。

第三节　组织协调系统与领导力执行力保障

一、宏观调控保障

达到海洋产业结构的合理化和高度化，是由多方面因素决定的。需要关注的是，海洋生态系统具有多样性和不确定性，同时海洋产业属于国民经济产业，随着发展目标的多样化，行业的立体发展势在必行，缺少专门对海洋产业统筹管理的行政机构。虽然各个行业的发展具有一定独立性，但海洋产业的发展需要融入陆域产业中。为了解决市场失灵引起的低效率问题，海洋产业的发展需要全面适应、统一规划和综合管理，政府的宏观调控政策是非常必要的。政府全面负责广西向海经济发展和海洋经济建设目标和发展指南，同时考虑到海洋权益、海洋空间利用和海洋科学技术发展，成立专门的委员会，以适应广西海洋科学技术的发展和各部门的重大规划。

二、会议协调保障

浙江、福建、广东、天津等地的党委和政府都成立了专门的海洋产业发展领导小组，这对海洋产业的转型具有指导性意义。工作小组每年代表委员会召开海洋经济主题会议，为海洋产业发展规划的发布和具体实施做专项准备。

广西应建立全面的海洋会议协调保障机制。作为最常用的管理协调工具，会议协调保障系统须注意两个方面：第一，加强业务标准化，避免低效的工作管理方式。科学安排会议的时间、内容和范围，缩减会议规模，最大限度地减少不必要的人力、物力和财务损失。例如，由于省长、部长等高级职员人数众多，联席会议可以每年举行一次或两次。第二，加强民主参与机制，鼓励公民积极参与。任命一定比例的会议代表，以确保人民群众、海洋科学研究人员和涉海公司代表多方参与，保障多方利益关系。

三、信息互换保障

由于海洋发展涉及范围的多领域性、海洋生产活动的复杂性和海洋资源开发的巨大难度，海洋相关部门一般具有较强的专业性和技术性。由于涉海主体各自具有信息优势，当各部门各自为政时，就很容易形成信息共享障碍，难以发挥组织协调系统的作用，成为制约海洋产业向更高层次发展的制度性壁垒。因此，有必要完善海洋信息资源管理体系，建立健全涉海信息共享制度，以适应相关部门、行业和公司在海洋信息管理过程中的活动，实现信息的有效交流。广西沿海政府要加强海洋信息综合管理，明确部门间的分工合作，建立多部门协同实施海洋法律的制度。提高海洋资源保护与开发利用的社会和经济效益，提高社会对海洋经济可持续发展的认知度和参与度。

四、多主体协调保障

自治区政府负责在海事局的指导下成立海洋产业协调委员会，其主要人员可以设置为：涉海上级政府代表、涉海下级部门代表、海洋行政部门主管人员、海洋科研机构、涉海企业代表、人民群众代表等。协调委员会须结合广西本地海洋产业发展实际情况，科学安排委员会具体规模；对于海洋经济规模庞大的地区，可以设置较为复杂的协调委员会。另外，委员会可根据发展目标具体需要设置不同级别、不同种类的小组委员会，例如，海洋政策规划小组委员会、涉海活动实施小组委员会和海洋科学技术研究委员会。海洋产业协调委员会的主要任务是协调不同领域内各主体的关系，包括讨论和制定海洋产业发展的区域战略计划，制定海洋产业发展实施方案；与其他区域海洋产业协调委员会进行信息交流与共享；签署海洋开发利用的意见、协议等。此外，委员会的设立必须是一个开放和适应的过程，政府或公众可以自由反映有关问题的意见。

五、临时协调机构保障

如前所述，当规格较高的海洋经济委员会在某段特殊的时间内出现一些特定问题时，就需要有临时协调机构进行处理，建立临时调整机制。确立规范化的制度，避免出现设立容易、协调困难，机构过于庞大等问题。因此，有必要设立规范化的临时协调机构，以确定工作人员的条件与职责、政策实施的期限与目的。

六、监督评估保障

协调过程中，制定对应的监督与审查制度是必要之举，以便对协调机构各个部门的职能工作、主要负责的协调事项内容与进展情况进行有效督查，并评估协调工作的效果，总结遇到的问题，分析产生的原因，保证协调工作不会流于形式。

第四节　人才科技与创新支持保障

回顾历史，走向海洋空间利用的每一步都与涉海科学技术的发展密不可分。正是因为有了涉海科学技术的日益进步，人类才能够不断扩宽海洋资源利用范围。当今世界，科技创新在经济发展中发挥着越来越重要的作用，对于海洋产业发展的作用亦是如此，更多的先进技术被用于海洋开发利用和环境保护修复等方面。

一、培养海洋科研人员

海洋产业的发展取决于人力资本的质量，为了确保海洋经济健康有序发展，必须建立以高素质人才为基础的海洋科技进步体系。扩大人才教育培训资金投入，促进海洋科技创新转化，将科研成果转化为有效生产力。以国家战略目标为基础，深入贯彻海洋科技创新驱动发展战略，加快核心技术和共性技术的联合突破，以海洋科技创新为动力，带动广西海洋产业转型。同时，紧抓“一带一路”大发展和西部陆海新通道深入建设机遇，推进与周边国家海洋科技的深度合作，主动引进高端科技创新人才，完善国际人才交流机制。鼓励境外企业和科研机构将投资视角转向境内，给予相应的优惠政策和财政补贴，尽快打造一支具有创新活力的海洋领域科研团队，促进广西海洋经济高质量发展，加快海洋强省建设步伐。

二、完善海洋产业科技创新支撑体系

产业转型就是用创新技术改造传统产业，促进新兴产业结构调整的过程，即用创新技术提高产业技术含量，改造传统产业，培育新兴产业。优化海洋产业结构，实施“科教兴海”战略势在必行，加强海洋前沿技术的开发和应用，实施海洋渔业、盐业等传统产业的技术升级，优化内部产业结构，重点发展广西海洋优势产业，例如，海洋油气、海洋医学、海洋工程、海洋工程等，尤其是海洋电子等高新技术海洋产业，增加海洋第三产业占比。建立海洋产业科技创新支撑体系，总的指导思想是了解海洋产业发展所需技术，通过引进和吸收最新的海洋科技创新成果，以涉海企业为主体，联合涉海科研机构、高等院校攻关技术难题，建立健全多方参与的海洋科技研发体系。

三、加快海洋科技成果转化

我国已经制定了《中华人民共和国促进科技成果转化法》《加强“从0到1”基础研究工作方案》，要求把握世界科技前沿发展态势，充分发挥基础研究对科技创新的引领作用，为海洋科技成果的转化提供了良好的法律基础和具体的实施方案。一方面，自治区政府须增加原始创新资金投入。对于海洋高新技术改造和引进项目，制定倾斜的投资政策，引导资金，支持骨干涉海企业的技术改造，对研发投入占销售收入5%以上的企业给予重点支持。另一方面，探索实施“包干＋负面清单”制。探索建立以绩效为导向的科研项目经费使用负面清单制度，在项目经费总预算不变、经费支出不违背“负面清单”的前提下，实行定额包干资助，经费支出不设科目比例限制，科研机构可根据项目实际需要，自主决定项目经费支出，增强原始创新活力。

此外，要完善成果转化评价、管理制度。海洋科技成果是一种无形资产，价值衡量与评估需要借助特定的手段。基于广西海洋产业发展规模考虑，海洋科技成果的价值无法通过传统的科技成果计价方式进行评估。所以需要结合广西海洋发展的实际情况，构建成果价值分析评价体系，对科技成果转化的产值进行评估，调研分析企业是否具备对接资格；组织专家成立咨询委员会，为企业提供理论指导，进一步完善海洋技术试验与转化管理体系。

第五节　相关政策支持与推进工作制度保障

一、海洋管理政策与制度保障

当前，广西没有系统性的海洋开发战略、政策和规划，缺乏宏观规划和综合管理，导致各部门之间无法协调统一。随着海洋产业发展的高度化，这种分散式的海洋管理方式已不能满足广西向海经济大发展、海洋产业转型升级的需要。对此，广西有必要进一步梳理涉海行政管理体制，成立海洋产业发展委员会或专门的涉海行政管理机构，协调统筹各区域海洋产业转型，以适应现代化海洋产业发展思路。同时，须制定全区海洋产业未来发展规划，提高各部门、各地区协调统筹效率，克服涉海产业各部门各自为政、管理不协调的缺点。

海洋产业综合管理制度包括海洋产业的总体规划、资源开发利用、海洋产业的空间布局和生态环境的保育修复等多方面内容。基于此，统一的管理政策是海洋产业转型的重要保障。为科学实施海洋产业发展规划，须采用“点轴结合”的方式，协调统筹海洋产业有序发展。

同时，加强各级管理人员之间，特别是各级部门之间的联系，鼓励非政府组织的积极参与，弥补海洋产业行政管理方面的缺陷，建立更加科学、完善的海洋产业管理体系。政府可以以海洋经济发展为中心搭建对话平台，为相对分散的管理部门提供有效的沟通渠道，提高工作效率，如海洋产业发展规划中心、多方参与的涉海投融资平台、海洋交通运输中心、海洋产业发展信息交流平台等。

二、海洋产业布局政策与制度保障

产业布局政策是政府为实现产业的空间分布和组合优化而制定的政策，是政府对产业资源空间配置进行干预所采取的一系列手段。在混合机制下，政府主要通过制定海洋产业政策来实现对海洋产业布局的干预和引导。

从广西海洋经济发展现状来看，海洋产业布局主要有两个目标：首先是提高效率，即充分发挥北海、钦州和防城港三大沿海城市区位优势，扩大海洋经济发展规模，提高海洋产业结构水平，起到对腹地城市的辐射、带动作用。其次是实现地域公平目标，即促进区域海洋经济协调发展，缩小发达地区与欠发达地区的经济差距。在以上两个目标中，第一个目标是首要目标，只有在发达的区域海洋中心的统筹协调下，才能形成合理的海洋区域分工，从而提高区域海洋产业体系的空间组织能力。后者则是一个保障目标，只有保持发达地区与欠发达地区的适当差距，才能保证欠发达区域得到有效辐射，进而实现快速发展。因此，广西海洋产业布局必须实现效率与公平目标的紧密互补。

三、海洋产业发展引资政策与制度保障

为了加强金融资本的吸收和整合能力，实现金融资本和产业资本的深度融合，需要多主体共同参与的投资政策以及可持续的金融支持体系。资本要素在世界重要海洋国家的发展中发挥着重要作用，尤其对区域海洋产业的规划、发展、整合与优化具有突出贡献。资本在海洋产业发展中的作用贯穿于海洋产业发展整个周期，包括海洋资源开发、海洋主体功能区建设、海洋权益维护、海洋环境保护和海洋生态安全等。从广西引资政策来看，持续推进“强企入桂”项目，搭建区域融资平台，吸引银行和保险机构积极参与广西北部湾经济区金融发展，为海洋产业转型提供金融保障。另外，也可以从以下五个方面完善引资政策：一是支持

金融事业发展；二是加强信贷支持；三是对中小型企业担保机构给予政策性优惠；四是拓宽引资来源；五是创造良好的金融发展环境。

四、区域海洋经济合作政策与制度保障

首先，区域内海洋经济合作需要统一发展理念，推进区域海洋经济一体化与经济全球化相结合，在建立区域海洋经济合作协调机制的基础上，以区域海洋经济发展全局为原则，制定协调一致的战略发展规划，充分利用整合区域资源，使生产要素得以无障碍流动，通过合理布局、联合投资、共商协调的方式，解决海洋经济合作的种种问题，寻求竞争与合作之间的平衡，实现互补互利，共同发展。

其次，制定协调统一的法律法规。根据国际上海洋强国发展经验，健全的海洋制度是确保海洋经济合作最直接的保障。广西各区域海洋经济发展没有协调统一的制度，绝大多数区域在海岸带管理、投融资政策、科研人才引进、涉海科学技术开发、港口信息共享等方面，缺少统一的规则来规范海洋经济合作秩序。只有解决这个问题，各区域间的海洋经济合作才能从制度上得到根本保障。因此，在区域海洋经济合作的框架内，必须由规范化的合作体制来保证。

第六节　动态跟踪与评估调控保障

一、推进海洋产业管理动态评估

加强自治区海洋经济监测评估中心建设，提高海洋经济监测与评估能力，定期发布海洋产业发展报告、海洋经济统计公报、海洋发展指数等产品，为政府决策、企业发展和社会研究提供支撑。注重提升海洋产业发展分地区、分产业的动态评估能力，研究编制海洋信息服务产品。完善海洋经济核算体系，推进自治区、市、县海洋产业核算工作，统一海洋经济统计标准与方法，尽快建立涉海基本单位名录库，明确海洋产业发

展规模、结构、布局等，为海洋经济核算提供支撑。开展海洋产业发展调查，摸清海洋产业发展家底。各级政府部门联合出台《广西海洋产业发展促进条例》《广西海域使用条例》《广西海洋环境保护条例》等，规范海洋开发和保护行为，促进海洋产业可持续发展。

二、实时监测海洋产业发展数据

为做好广西海洋产业发展监测与评估工作，全面掌握广西海洋产业发展情况，及时了解海洋产业活动单位的发展动态，建议通过海洋产业活动单位月度、季度和年度数据直报等，实现对海洋产业发展数据的实时监测、动态监管与科学评估，更好地服务海洋产业活动单位发展，为制定海洋产业发展政策提供决策支持和数据支撑。具体而言，可从建设海洋经济运行监测系统、海洋经济评估系统、海洋经济信息数据库系统和信息服务平台方面着手，形成广西海洋经济运行监测与评估系统。同时，做好区内海洋产业发展详细调查，并将其归为经常性调查。调查对象为广西从事海洋及相关产业活动的法人单位、产业活动单位、行政事业单位和个体经营户。调查区域包括南宁、北海、钦州、防城港等全区涉海城市。调查内容主要包括：调查单位的基本情况、经营状况等信息。

三、强化责任落实

广西政府应结合各部门职责内容逐项细化任务分工，建立落实工作进程的责任制，落实具体的海洋产业发展规划、时间安排表和对应的责任人，并安排进行质量工作考核，规范海洋经济发展管理方式，建立科学的质量考核方法、评价指标体系，完善职责追究工作机制。持续优化监督检查流程，进一步提升海洋调查评估成果质量，对发现的问题及时反馈、整改，对可借鉴的经验成果进行宣传推广。有效利用信息化网络技术提高行政办公效率，提供数据信息交换，减少各市政府信息壁垒，保障海洋产业转型高效运行。

参考文献

[1]李双建. 世界主要沿海国家海洋战略研究[M]. 北京:海洋出版社,2013.

[2]吴敬琏. 中国增长模式抉择[M]. 上海:上海远东出版社,2008.

[3]史晋川,王志凯. 海洋经济发展报告[M]. 杭州:浙江大学出版社,2014.

[4]王历荣. 中国和平发展的国家海洋战略研究[M]. 北京:人民出版社,2014.

[5]高兰. 中国海洋强国之梦[M]. 上海:上海人民出版社,2014.

[6]陈明义. 海洋战略研究[M]. 北京:海洋出版社,2014.

[7]中国海洋发展研究会. 中国海洋发展研究文集[M]. 北京:海洋出版社,2014.

[8]范厚明. 国外海洋强国建设经验与中国面临的问题分析[M]. 北京:中国社会科学出版社,2014.

[9]胡思远. 中国大海洋战略论[M]. 北京:北京时代华文书局,2014.

[10]叶向东,叶冬娜,陈思增. 现代海洋战略规划与实践[M]. 北京:电子工业出版社,2013.

[11]白海军. 海洋霸权[M]. 南京:江苏人民出版社,2013.

[12]龚虹波. 海洋政策与海洋管理概论[M]. 北京:海洋出版社,2015.

[13]吴姗姗,方春洪. 我国海岛旅游开发研究[M]. 北京:海洋出版社,2015.

[14]杨华. 中国海洋法治发展报告[M]. 北京:法律出版社,2015.

[15]史晋川,王志凯. 海洋经济发展报告[M]. 杭州:浙江大学出版社,2014.

[16]殷克东. 中国海洋经济发展报告[M]. 北京:社会科学文献出版社,2017.

[17]何广顺. 国外海洋政策研究报告[M]. 北京:海洋出版社,2020.

[18]经济合作与发展组织(OECD). 海洋经济 2030[M]. 北京:海洋出版社,2019.

[19]朱坚真. 海洋经济学[M]. 北京:高等教育出版社,2010.

[20]刘大海. 国家海洋创新指数报告[M]. 北京:科学出版社,2019.

[21]张耀光. 中国海洋经济地理学[M]. 南京:东南大学出版社,2015.

[22]金永明. 新时代中国海洋强国战略研究[M]. 北京:海洋出版社,2018.

[23]李景光. 世界主要国家和地区海洋战略与政策选编[M]. 北京:海洋出版社,2016.

[24]胡波. 2049:中国海上权力[M]. 北京:中国发展出版社,2015.

[25](美)库兹涅茨著. 现代经济增长[M]. 北京:北京经济学院出版社,1989.

[26](美)钱纳里(Chenery,H.),(以)塞尔昆(Syrquin,M.). 发展的形式[M]. 北京:经济科学出版社,1988.

[27]GB/T 20794—2006. 海洋及相关产业分类[S]. 2006.

[28]毕长新,史春林. 习近平总书记关于海洋经济绿色发展重要论述研究[J]. 江苏大学学报(社会科学版),2021,23(04):11-21.

[29]王雪慧,殷昭鲁. 改革开放以来中国共产党海洋经济思想的历史演进[J]. 海南热带海洋学院学报,2021,28(03):35-44.

[30]廖民生,刘洋. 新中国成立以来国家海洋战略的发展脉络与理论演变初探[J]. 太平洋学报,2019,27(12):88-97.

[31]夏飞,陈修谦,唐红祥. 向海经济发展动力机制及其完善路径[J]. 中国软科学,2019(11):139-152.

[32]王波,倪国江,韩立民. 向海经济:内涵特征、关键点与演进过程[J]. 中国海洋大学学报(社会科学版),2018(06):27-33.

[33]王波,韩立民. 中国海洋产业结构变动对海洋经济增长的影响——基于沿海 11 省市的面板门槛效应回归分析[J]. 资源科学,2017,39(06):1182-1193.

[34]刘桂春,史庆斌,王泽宇,郭可蒙,胡伟. 中国海洋经济增长驱动要素的时空差异[J]. 经济地理,2019,39(02):132-138.

[35]夏惟怡,文海漪. 广西向海经济全方位开放合作的成效、问题与对策[J]. 改革与战略,2020,36(06):116-124.

[36]唐红祥，谢廷宇. 新发展格局下向海经济开放发展的路径[J]. 国家治理，2022(03)：59-61.

[37]靳书君. 向海经济重要命题形成的实践基础[J]. 经济社会体制比较，2021(03)：37-46.

[38]盛朝迅，任继球，徐建伟. 构建完善的现代海洋产业体系的思路和对策研究[J]. 经济纵横，2021(04)：71-78.

[39]丁黎黎，张恒瑶. 我国现代海洋产业体系的内涵及重点发展领域研究[J]. 中国海洋大学学报(社会科学版)，2022(04)：14-22.

[40]周秋麟，马焓，周通. 世界海洋经济十年(2011—2021)[J]. 海洋经济，2021，11(05)：18-28.

[41]新发展阶段的向海经济：内涵、意义与高质量发展之路——基于10478份样本的调查报告[J]. 国家治理，2022(03)：44-50.

[42]王业斌，王旦. 以绿色发展理念推动向海经济高质量发展[J]. 国家治理，2022(03)：62-64.

[43]云倩，吴尔江. 广西向海经济高质量发展对策研究[J]. 经济与社会发展，2021，19(05)：1-9.

[44]周乐萍. 世界主要海洋国家海洋经济发展态势及对中国海洋经济发展的思考[J]. 中国海洋经济，2020(02)：128-150.

[45]文海漪，夏惟怡，陈修谦. 技术进步偏向视角下中国—东盟区域海洋经济产业结构特征及合作机制研究[J]. 中国软科学，2021(06)：153-164.

[46]高兰. 世界主要海洋国家四种海权模式的特征及其对中国的启示[J]. 中国海洋大学学报(社会科学版)，2021(02)：15-27.

[47]王波，倪国江，韩立民. 向海经济：内涵特征、关键点与演进过程[J]. 中国海洋大学学报(社会科学版)，2018(06)：27-33.

[48]盛朝迅. "十三五"时期我国海洋产业转型升级研究[J]. 宏观经济管理，2015(11)：25-27.

[49]纪建悦，郭慧文. 我国海洋产业结构优化升级的影响因素研究[J]. 中国海洋大学学报(社会科学版)，2020(04)：68-76.

[50]王春娟，王琦，刘大海，王玺茜. 基于自回归分布滞后(ARDL)模型的中国海洋科技创新与海洋产业结构转型升级、海洋经济发展协整分析[J]. 科技管理研究，2021，41(24)：136-142.

[51]周雅倩，李燕. 基于生态系统生产总值(GEP)核算的广西向海

经济“两山”转化通道研究[J]. 商业经济,2021(12):142-145.

[52]麻昌港,施悦. 广西北部湾向海产业发展与对外贸易实证研究[J]. 黑龙江民族丛刊,2021(06):58-62.

[53]傅远佳,张芳,沈奕. 广西自由贸易试验区向海产业集聚对策研究[J]. 商业经济,2021(09):35-38+65.

[54]杨鹏,陈智霖. 向海经济:新时代下的战略选择[J]. 广西城镇建设,2019(03):22-31.

[55]王菊. “港口·城市·腹地”视角下广西发展向海经济的SWOT探析[J]. 中国储运,2021(10):112-114.

[56]杨耕,杨东越. 广西拓展向海经济模式的新发展理念[J]. 玉林师范学院学报,2022,43(02):49-53.

[57]国务院关于“十四五”海洋经济发展规划的批复[J]. 中华人民共和国国务院公报,2022(01):37.

[58]何广顺. 我国海洋经济统计发展历程[J]. 海洋经济,2011,1(01):6-11.

[59]丁黎黎,张恒瑶. 我国现代海洋产业体系的内涵及重点发展领域研究[J]. 中国海洋大学学报(社会科学版),2022(04):14-22.

[60]刘汉斌,朱坚真. 经济高质量发展视域下中国海洋产业转型升级方向与路径研究[J/OL]. 海洋经济:1-12[2022-07-18].

[61]张红智,张静. 论我国的海洋产业结构及其优化[J]. 海洋科学进展,2005(02):243-247.

[62]张静,韩立民. 试论海洋产业结构的演进规律[J]. 中国海洋大学学报(社会科学版),2006(06):1-3.

[63]姜旭朝,毕毓洵. 中国海洋产业结构变迁浅论[J]. 山东社会科学,2009,04:78-81.

[64]容景春. 城市化进程中的广东海洋产业化发展研究[J]. 南方经济,2003,07:44-47.

[65]黄瑞芬,苗国伟,曹先珂. 我国沿海省市海洋产业结构分析及优化[J]. 海洋开发与理,2008,03:54-57.

[66]张莉. 广东建设海洋经济强省研究[J]. 太平洋学报,2009,08:83-91.

[67]黄蔚艳,罗峰. 我国海洋产业发展与结构优化对策[J]. 农业现代化研究,2011,(03):271-275.

[68]徐敬俊，韩立民．“海洋经济”基本概念解析[J]．太平洋学报，2007(11)：79-85.

[69]建设天津现代海洋产业体系的战略思路与对策[J]．天津经济，2012(07)：12-15.

[70]杨娟．现代海洋产业体系内涵及发展路径研究[J]．商业研究，2013(04)：48-51.

[71]蔡勇志．福建打造“海丝”核心区的主要问题与对策建议——基于50位厅级干部的问卷调查[J]．福建论坛(人文社会科学版)，2017(03)：187-191.

[72]宋军继．山东半岛蓝色经济区构建现代海洋产业体系的对策研究[J]．山东社会科学，2011(09)：8-11.

[73]王波，倪国江，韩立民．向海经济：内涵特征、关键点与演进过程[J]．中国海洋大学学报(社会科学版)，2018(06)：27-33.

[74]丁黎黎．海洋经济高质量发展的内涵与评判体系研究[J]．中国海洋大学学报(社会科学版)，2020(03)：12-20.

[75]黄灵海．中国向海经济绿色发展研究[D]．中国地质大学，2020.

[76]傅远佳．中国西部陆海新通道高水平建设研究[J]．区域经济评论，2019(04)：70-77

[77]洪小龙．落实总书记指示 打造好向海经济[J]．广西经济，2017(11)：23-24.

[78]胡麦秀，袁小丹．基于熵值法的我国沿海地区海洋产业综合实力评价[J]．海洋开发与管理，2021，38(03)：84-90.

[79]翟仁祥，冯铄媚．海洋产业结构优化对海洋经济增长影响效应实证分析[J]．海洋经济，2021，11(04)：19-26.

[80]宋军继．山东半岛蓝色经济区构建现代海洋产业体系的对策研究[J]．山东社会科学，2011(09)：8-11.

[81]王爱兰．加快建设天津现代海洋产业体系的战略思路与对策[J]．天津经济，2012(07)：12-15.

[82]蔡勇志．构建现代海洋产业体系 建设海峡蓝色经济试验区[J]．中共福建省委党校学报，2012(12)：74-79.

[83]广东省人民政府．关于加快建设现代产业体系的决定[Z]．2008-07.

[84]李学峰，岳奇，余静，马琛，陈吉祥，张祥国．基于生态系统的挪

威海海洋环境综合管理计划[J]. 海洋开发与管理,2021,38(06):24-30.

[85]常玉苗. 我国海洋经济发展的影响因素——基于沿海省市面板数据的实证研究[J]. 资源与产业,2011,13(05):95-99.

[86]姚瑞华,张晓丽,严冬,徐敏,马乐宽,赵越. 基于陆海统筹的海洋生态环境管理体系研究[J]. 中国环境管理,2021,13(05):79-84.

[87]赵鹏. "十四五"时期我国海洋经济发展趋势和政策取向[J/OL]. 海洋经济:1-8[2022-07-20].

[88]狄乾斌,高广悦,於哲. 中国海洋经济高质量发展评价与影响因素研究[J]. 地理科学,2022,42(04):650-661.

[89]盖美,何亚宁,柯丽娜. 中国海洋经济发展质量研究[J]. 自然资源学报,2022,37(04):942-965.

[90]李旭辉,何金玉,严晗. 中国三大海洋经济圈海洋经济发展区域差异与分布动态及影响因素[J]. 自然资源学报,2022,37(04):966-984.

[91]邓昭,段伟,李振福. 我国三大经济圈海洋经济空间差异研究[J/OL]. 海洋经济:1-9[2022-07-20].

[92]孙才志,李博,邹伟. 海洋经济高质量发展的研究进展及展望[J]. 海洋经济,2021,11(01):1-9.

[93]吴价宝,易爱军,方程,宋儒鑫,黎梓祺. 长三角一体化背景下江苏海洋经济"蓝色突围"路径及对策[J]. 江苏海洋大学学报(人文社会科学版),2021,19(03):10-18.

[94]丁黎黎,杨颖,李慧. 区域海洋经济高质量发展水平双向评价及差异性[J]. 经济地理,2021,41(07):31-39.

[95]钟鸣. 新时代中国海洋经济高质量发展问题[J]. 山西财经大学学报,2021,43(S2):1-5+13.

[96]周乐萍. 澳大利亚海洋经济发展特性及启示[J]. 海洋开发与管理,2021,38(09):3-8.

[97]赵巍,李威,翟仁祥. 沿海地区金融发展、科技创新和海洋经济系统的耦合协调发展研究[J]. 南京航空航天大学学报(社会科学版),2022,24(01):30-36.

[98]鲁亚运,原峰. 海洋经济与经济高质量发展的耦合协调机理及测度[J]. 统计与决策,2022,38(04):118-123.

[99]胡洁,徐丛春,李先杰. "十三五"以来广东省海洋经济发展政

策概析[J]. 海洋经济,2020,10(06):42-49.

[100]郭建科,邓昭,许妍,王绍博,谷月. 中国海洋产业就业结构变化及其影响因素[J]. 地域研究与开发,2018,37(02):36-40+57.

[101]张越,陈秀莲. 中国与东盟国家海洋产业合作研究[J]. 亚太经济,2018(02):19-27+149.

[102]张耀光,刘锴,王圣云,刘桓,刘桂春,彭飞,王泽宇,高源,高鹏. 中国和美国海洋经济与海洋产业结构特征对比——基于海洋GDP中国超过美国的实证分析[J]. 地理科学,2016,36(11):1614-1621.

[103]朱念,李伊. 广西与东盟国家的海洋产业合作研究[J]. 南宁职业技术学院学报,2016,21(06):27-31.

[104]毛艳,叶芸. "一带一路"倡议下广西北部湾经济区海洋产业竞争力研究[J]. 经济研究参考,2017(70):112-119.

[105]毛伟,居占杰. 中国战略性新兴海洋产业国际化发展评价[J]. 生态经济,2018,34(09):99-103+110.

[106]王舒鸿,孙晓丽. 海洋产业现代化、经济发展与生态保护[J]. 中国海洋大学学报(社会科学版),2018(04):15-26.

[107]狄乾斌,李霞. 中国沿海11省市海洋产业结构与海域承载力脉冲响应分析[J]. 海洋环境科学,2018,37(04):561-569.

[108]赵珍. 沿海省市海洋产业集聚水平比较与影响因素研究[J]. 浙江海洋大学学报(人文科学版),2018,35(05):58-63.

[109]曹加泰,管红波. 三大海洋经济区的海洋产业结构变动对海洋经济增长的贡献研究[J]. 海洋开发与管理,2018,35(11):76-84.

[110]于美香,赵飞. 中国海洋产业结构优化升级与海洋经济关系实证研究[J]. 海洋经济,2015,5(06):15-21.

[111]孙康,付敏,刘峻峰. 环境规制视角下中国海洋产业转型研究[J]. 资源开发与市场,2018,34(09):1290-1295.

[112]李大庆,李庆满. 国外海洋产业发展比较研究以及对我国海洋产业发展的启示[J]. 商业经济,2022(01):45-46+60.

[113]刘邦凡. 我国海洋产业"五项原则"治理体系:从集聚特性到空间逻辑[J]. 理论与现代化,2021(06):89-104.

[114]杨程玲,曹秋宁,陈紫瑶. 南部经济圈海洋产业集聚与海洋经济增长——基于空间杜宾模型的实证研究[J]. 环渤海经济瞭望,2021(11):40-44.

[115]陈春炳,毛蒋兴,李丽琴."一带一路"战略背景下广西北部湾经济区海洋产业调整研究[J].广西师范学院学报(自然科学版),2017,34(01):103-112.

[116]马学广,张翼飞.海洋产业结构变动对海洋经济增长影响的时空差异研究[J].区域经济评论,2017(05):94-102.

[117]章成,平瑛.海洋产业结构变动对海洋经济效率影响研究[J].海洋开发与管理,2017,34(11):91-96.

[118]孙才志,宋现芳.数字经济时代下的中国海洋经济全要素生产率研究[J].地理科学进展,2021,40(12):1983-1998

[119]纪建悦,孙筱蔚.海洋产业转型升级的内涵与评价框架研究[J].中国海洋大学学报(社会科学版),2021(06):33-40.

[120]杨林,温馨.环境规制促进海洋产业结构转型升级了吗?——基于海洋环境规制工具的选择[J].经济与管理评论,2021,37(01):38-49.

[121]宋泽明,宁凌.海洋创新驱动、海洋产业结构升级与海洋经济高质量发展——基于面板门槛回归模型的实证分析[J].生态经济,2021,37(01):53-58+95.

[122]王泽宇,郭婷.高质量发展背景下中国现代海洋产业体系时空分异及驱动机制研究[J].海洋经济,2021,11(01):19-29.

[123]王波,翟璐,韩立民,张红智.产业结构调整、海域空间资源变动与海洋渔业经济增长[J].统计与决策,2020,36(17):96-100.

[124]丁黎黎,杨颖,李慧.区域海洋经济高质量发展水平双向评价及差异性[J].经济地理,2021,41(07):31-39.

[125]林香红.国际海洋经济发展的新动向及建议[J].太平洋学报,2021,29(09):54-66.

[126]郑海琦.欧盟海洋治理模式论析[J].太平洋学报,2020,28(04):54-68.

[127]韦有周,杜晓凤,邹青萍.英国海洋经济及相关产业最新发展状况研究[J].海洋经济,2020,10(02):52-63.

[128]赵爱武,孙珍珍,高冰新.海洋经济发展示范区产业集群创新发展研究——基于文献综述的思考[J].中国海洋大学学报(社会科学版),2020(02):73-79.

[129]林香红.面向2030:全球海洋经济发展的影响因素、趋势及对

策建议[J]. 太平洋学报,2020,28(01):50-63.

[130]丁黎黎,张恒瑶. 我国现代海洋产业体系的内涵及重点发展领域研究[J]. 中国海洋大学学报(社会科学版),2022(04):14-22.

[131]盛朝迅,任继球,徐建伟. 构建完善的现代海洋产业体系的思路和对策研究[J]. 经济纵横,2021(04):71-78.

[132]叶昕,金成国,贾蕙萍. 新时代广西北部湾经济区海洋产业发展研究[J]. 绿色科技,2022,24(07):219-222.

[133]刘汉斌,朱坚真. 经济高质量发展视域下中国海洋产业转型升级方向与路径研究[J/OL]. 海洋经济:1-12[2022-07-20].

[134]米俣飞. 产业集聚对海洋产业效率影响的分析[J]. 经济与管理评论,2022,38(02):147-158.

[135]张洁. 菲律宾海洋产业的现状、发展举措及对中菲合作的思考[J]. 东南亚研究,2021(02):57-75+155.

[136]纪建悦,唐若梅,许瑶. 海洋产业转型升级的研究进展与未来方向[J]. 中国海洋经济,2020(02):19-40.

[137]李颖,马双,富宁宁,怡凯,彭飞. 中国沿海地区海洋产业合作创新网络特征及其邻近性[J]. 经济地理,2021,41(02):129-138.

[138]广东省人民政府办公厅关于印发广东省海洋经济发展“十四五”规划的通知[J]. 广东省人民政府公报,2021(35):16.

[139]向晓梅,张超. 粤港澳大湾区海洋经济高质量协同发展路径研究[J]. 亚太经济,2020(02):142-148+152.

[140]秦琳贵,沈体雁. 科技创新促进中国海洋经济高质量发展了吗——基于科技创新对海洋经济绿色全要素生产率影响的实证检验[J]. 科技进步与对策,2020,37(09):105-112.

[141]林昆勇,刘其铭. 我国海洋战略背景下广西海洋经济发展研究[J]. 广西大学学报(哲学社会科学版),2017,39(05):50-56.

[142]林昆勇. 我国海洋战略背景下广西海洋经济发展新举措[J]. 当代广西,2017(08):18-19.

[143]曾纪芬. 加快广西海洋经济发展的财政政策研究[J]. 经济研究参考,2017(05):4-10+13.

[144]朱念. 基于灰色模型的广西海洋经济增加值预测研究[J]. 数学的实践与认识,2016,46(01):102-109.

[145]李晓敏. 美国海洋科学技术两个“十年”计划比较分析及对我

国的启示[J]. 世界科技研究与发展,2021,43(06):691-700.

[146]孟凡明. 美国"海洋自由"政策的由来、本质及应对策略[J]. 领导科学,2019(14):122-124.

[147]靳匡宇,卢玮. 海洋强国战略下扩张海事司法管辖权的障碍及其破解——基于美国海事法经验的比较分析[J]. 中国海商法研究,2020,31(01):36-46.

[148]邢文秀,刘大海,朱玉雯,刘宇. 美国海洋经济发展现状、产业分布与趋势判断[J]. 中国国土资源经济,2019,32(08):23-32+38.

[149]李途. 自主—依赖困境:澳大利亚的海洋战略调整[J]. 亚太安全与海洋研究,2022(03):105-124+4.

[150]李尤健. 广西向海经济与"西部陆海新通道"协同推进研究[D]. 广西大学,2021.

[151]赵露,陈宁. 美国海洋战略及其启示[J]. 国土资源情报,2018(12):3-9.

[152]周乐萍. 澳大利亚海洋经济发展特性及启示[J]. 海洋开发与管理,2021,38(09):3-8.

[153]黄灵海. 中国向海经济绿色发展研究[D]. 中国地质大学,2020.

[154]穆鑫. "一带一路"背景下广西向海经济发展对策研究[D]. 广西民族大学,2019.

[155]宋泽明. 广东省海洋经济高质量发展的驱动机制研究[D]. 广东海洋大学,2021

[156]汪永生. 海洋强国背景下中国海洋经济-科技-环境复合系统研究[D]. 中央财经大学,2021.

[157]解佩佩. 中国海洋经济高质量发展能力的时空演化及影响因素研究[D]. 辽宁师范大学,2021.

[158]殷子琦. 海洋功能区划与海洋经济的耦合分析[D]. 天津大学,2020.

[159]史旻. 我国海洋经济高质量发展水平评价[D]. 哈尔滨工业大学,2020.

[160]张少丹. 北部湾海洋经济创新发展的科技支撑及对策研究[D]. 广东海洋大学,2019.

[161]李月明. 北部湾地区海洋经济创新发展路径研究[D]. 广东海

洋大学,2019.

[162]沈明艳.北部湾地区海洋经济发展效率实证研究[D].广东海洋大学,2019.

[163]黄金阳.低碳经济视角下中国海洋产业转型升级研究[D].青岛大学,2019.

[164]付敏.环境规制视角下中国海洋产业转型升级研究[D].辽宁师范大学,2019.

[165]吴甲戌.数字经济对我国产业转型升级影响研究[D].杭州电子科技大学,2021.

[166]毕重人.我国海洋传统优势产业转型升级问题研究[D].北京交通大学,2020.

[167]边少颖.产业转型升级对经济高质量发展的影响研究[D].西北大学,2019.

[168]蒋和生.科学用海,大力发展广西向海经济[N].广西日报,2017-09-22(003).

[169]李学勇,李宣良,梅世雄.习近平集体会见出席海军成立70周年多国海军活动外方代表团团长[N].人民日报,2019-04-24(001).

[170]陆燕,卢庆毅,许宁宁.钦州向海经济交出亮眼答卷[N].钦州日报,2022-06-28(001).

[171]冯敏.北海"多引擎"驱动向海经济快速发展[N].北海日报2022-05-16(001).

[172]周洋.北海"向海之路"越走越宽阔[N].北海日报,2022-07-08(001).

[173]罗远燕.为北海打造向海经济示范市强基固本[N].北海日报,2022-05-06(006).

[174]姚浩燕.激活向海图强"蓝色引擎"释放向海经济"蓝色潜能"[N].北海日报,2022-04-26(006).

[175]杨晓佼.一季度广西海洋经济加速向好[N].中国自然资源报,2021-05-07(005).

[176]李鹏,杨晓佼.上半年广西海洋经济主要指标逆势上扬[N].人民政协报,2020-08-03(002).

[177]李运涛,陆世初.广西海洋经济形成全面开放新格局[N].中华工商时报,2018-11-21(003).

[178]王自堃,杨晓佼.广西向海经济发展指数出炉[N].中国自然资源报,2022-06-09(005).

[179]莫迪,杨晓佼.广西向海经济发展潜力强劲[N].广西日报,2022-06-08(001).

[180]李艳晔.强强联合优势互补 做大做强向海经济[N].钦州日报,2022-02-15(001).

[181]白琳.大力发展向海经济 广西进一步加快海洋强区建设[N].中国产经新闻,2021-06-03(003).

[182]蒙源谋,彭丽芳.广西发展向海经济成效显著[N].中国商报,2021-05-27(004).

[183]陈蕾,梁胤程.一套"组合链"激活现代海洋产业体系[N].日照日报,2022-05-16(A01).

[184]赵宁,陈晓艳.推动海洋产业链与创新链融合发展[N].中国自然资源报,2021-08-05(005).

[185]Todays problem,tomorrows solutions:Lay theory explanations of marine space stakeholder management in the Malaysian context[J]. Nazirah Mohamad Abdullah,Abdullah Hisam Omar,Omar Yaakob. Marine Policy,2016.

[186]Dynamic Correlation Effects between Marine Economic Development and the Comprehensive Competitiveness of the Coastal Zone[J]. Lin An Du,Wei Xin Luan,Dan Li. Advanced Materials Research,2015(1073).

[187]Competition Analysis of Marine Industry in Coastal Provinces in China Based on Niche Theory[J]. Maria Rosaria Guarini,Fabrizio Battisti. Advanced Materials Research,2014(869).

[188]Zuo liang Lv,Xiaona Yang,Lin Jiang. Research on the Coordinated Development of Marine Economy and Marine Industrial Structure from the Perspective of Low-carbon Economy[J]. International Journal of Social Science and Education Research,2022,5(6).

[189]The Race between Man and Machine:Implications of Technology for Growth,Factor Shares,and Employment[J]. Daron Acemoglu,Pascual Restrepo. American Economic Review,2018(6).

[190]Return of the Solow Paradox? IT,Productivity,and Employment

in US Manufacturing[J]. The American Economic Review,2014(5).

[191]UK sea fisheries annual statistics report 2017. Marine Management Organization[EB/OL]. https://www.gov.uk/government/statistics/uk-sea-fisheriesannual-statistics-report-2017,2019.

[192]Blue growth and ecosystem services[J]. Luca Mulazzani,Giulio Malorgio. Marine Policy,2017.

[193]Blue Economy and Competing Discourses in International Oceans Governance[J]. Jennifer J. Silver,Noella J. Gray,Lisa M. Campbell,Luke W. Fairbanks,Rebecca L. Gruby. The Journal of Environment & Development,2015(2).

[194]Catch-based aquaculture in Norway - Institutional challenges in the development of a new marine industry[J]. Signe A. S? nvisen, Dag Standal. Marine Policy,2019.

[195] Industrial structure and aggregate growth [J]. Michael Peneder. Structural Change and Economic Dynamics,2002(4).

[196]Marine governance in an industrialised ocean: A case study of the emerging marine renewable energy industry[J]. Glen Wright. Marine Policy,2015.

[197]Marine renewables and coastal communities—Experiences from the offshore oil industry in the 1970s and their relevance to marine renewables in the 2010s[J]. Kate Johnson, Sandy Kerr, Jonathan Side. Marine Policy,2013.

[198]UN marks first ever international day spotlighting women working in the maritime industry[J]. M2 Presswire,2022.

[199] Economic Growth Quality, Environmental Sustainability, and Social Welfare in China - Provincial Assessment Based on Genuine Progress Indicator(GPI)[J]. Xianling Long, Xi Ji. Ecological Economics,2019.

[200]Does innovation matter for total factor productivity growth in India? Evidence from ARDL bound testing approach[J]. Seenaiah Kale,Badri Narayan Rath. International Journal of Emerging Markets, 2018(5).

[201]Do inventors talk to strangers? On proximity and collabora-

tive knowledge creation[J]. Riccardo Crescenzi, Max Nathan, Andrés Rodríguez-Pose. Research Policy, 2016(1).

[202]Marine protected areas overall success evaluation(MOSE): A novel integrated framework for assessing management performance and social-ecological benefits of MPAs[J]. Picone F., Buonocore E., Claudet J., Chemello R., Russo G. F., Franzese P. P. Ocean and Coastal Management, 2020.

[203]Analysis of Operational Efficiency Considering Safety Factors as an Undesirable Output for Coastal Ferry Operators in Korea[J]. Joohwan Kim, Gunwoo Lee, Hwayoung Kim. Journal of Marine Science and Engineering, 2020(5).